U0559190

国家级物理实验教学示范中心系列教材

大学物理实验

西南交通大学物理实验中心　编

科学出版社

北　京

内 容 简 介

本书是在总结长期的物理实验建设和教学改革经验基础上，按照教育部颁发的《理工科类大学物理实验课程教学基本要求》编写的. 全书分为 11 章，包括 26 个实验，涉及力学、电磁学、光学、声音与波、热学、地球、近代物理及技术性实验的内容.

本书可作为高等工科院校各专业大学物理实验课教材，也可供广大工程技术人员参考.

图书在版编目（CIP）数据

大学物理实验/西南交通大学物理实验中心编. —北京：科学出版社，2015.2

国家级物理实验教学示范中心系列教材

ISBN 978-7-03-043245-2

I. ①大… II. ①西… III. ①物理学-实验-高等学校-教材 IV. ①O4-33

中国版本图书馆 CIP 数据核字（2015）第 022851 号

责任编辑：窦京涛 / 责任校对：彭　涛
责任印制：徐晓晨 / 封面设计：迷底书装

科 学 出 版 社 出版
北京东黄城根北街 16 号
邮政编码：100717
http://www.sciencep.com

北京虎彩文化传播有限公司 印刷
科学出版社发行　各地新华书店经销

*

2015 年 2 月第 一 版　　开本：787×1092　1/16
2019 年 1 月第六次印刷　　印张：14
字数：300 000

定价：32.00 元
（如有印装质量问题，我社负责调换）

前　言

  大学物理实验课是理工科学生必修的一门重要基础实验课. 按照教育部颁发的《理工科类大学物理实验课程教学基本要求》，我们依照基本理论、基本实验技能和基本实验内容编写了这本教材.

  本书的编写是在西南交通大学物理实验中心建设和实验教学改革经验积累的基础上进行的，是集体智慧和集体劳动的结晶. 本书在编写过程中，得到了物理实验中心广大老师的大力支持，同时参考了许多高校的大学物理实验教材和一些仪器生产厂家提供的参考资料，在此表示感谢.

  参与本书编写的人员具体分工是姜向东编写第 1 章、第 2 章、第 4 章实验 4.1；巴璞编写第 3 章实验 3.1、第 11 章实验 11.1、实验 11.2；周勋秀编写第 3 章实验 3.2、第 6 章实验 6.1、第 11 章实验 11.4；陈汉军编写第 4 章实验 4.2、第 11 章实验 11.3；吴文军编写第 5 章实验 5.1；冯振勇编写第 5 章实验 5.2、实验 5.3；樊代和编写第 5 章实验 5.4、实验 5.5；庄建编写第 6 章实验 6.2；常相辉编写第 6 章实验 6.3、实验 6.4、实验 6.5；胡清编写第 6 章实验 6.6、第 9 章；陈桔编写第 6 章实验 6.7；魏云编写第 7 章；吴晓立编写第 8 章；青莉编写第 10 章；陈桔编写第 11 章实验 11.5.

  由于编者水平所限，书中难免存在缺点和不妥之处，恳请读者提出宝贵意见和建议.

编　者

2015 年 1 月

目 录

第1章　误差理论基础知识

科学实验离不开测量,测量必然要存在误差.因此必须对误差的来源、性质及规律进行研究,以便能及时发现误差,并采取减小误差的措施.随着科学技术的发展,测量方法和技术的不断提高,尽管可将误差控制在越来越小的范围内,但始终不能完全消除.必须正确处理数据,有效地提高测量精度和测量结果的可靠程度.

误差理论与数据处理是以数理统计和概率论为数学基础的专门学科,涉及内容较广.近年来,误差的基本概念和处理方法有了较大发展,逐步形成了新的表示方法.本章仅限于介绍误差分析的初步知识,不进行严密的数学理论论证.

1.1　测量的基本概念

1. 测量

测量是指为确定被测对象量值而进行的实验操作.在测量过程中,通常将被测量与同类标准量进行比较,得到被测量的量值.例如,用游标卡尺测得一个圆柱体的直径为38.64mm 等.由测量所得到的被测量的量值叫做测量结果,测量结果还应包括误差部分.

2. 测量的分类

测量按不同的方法分为直接测量与间接测量,按不同的形式分为等精度测量与不等精度测量,静态测量与动态测量等.

直接测量是指将被测量与标准量直接进行比较,或者用经标准量标定了的仪器或量具对被测量进行测量,从而直接获得被测量的量值.例如,用米尺测量长度,用温度计测量温度,用电流表测量电流等都是直接测量.

间接测量是依据相应的理论函数关系式,由直接测量量根据函数关系式计算出所要求的物理量.在物理实验中大多数物理量都是间接测量值.例如,单摆法测重力加速度 g 时,$g = 4\pi^2 L / T^2$,T 为周期,L 为摆长,都是直接测量值,而重力加速度 g 是间接测量值.

等精度测量是指在对某一物理量进行多次重复测量的过程中,每次的测量条件都相同.这些条件包括人员、仪器、方法等,由于测量条件相同,每次测量的可靠程度都相同,因此这样的测量是等精度测量.

不等精度测量是指在对某一物理量进行多次测量时,测量条件完全不同或部分不同,各测量结果的可靠程度自然也不同的一系列测量.例如,在对某一物理量进行多次测量时,选用的仪器不同、测量方法不同或测量人员不同等都属于不等精度测量.

一般来讲,保持测量条件完全相同的多次测量是极其困难的,但当某些条件的变化对结果影响不大时,可视为等精度测量.等精度测量的数据处理比较容易,所以物理实验中的测量通常认为是等精度测量.

3. 计量

计量是利用先进技术和法制手段实现单位统一和量值准确可靠的测量. 计量具有准确性、一致性、历史性和法制性. 尽管物理实验并不以计量为目的, 但是计量与物理学密切相关. 人类历史上三次大的技术革命都是以物理学的成就为理论基础的, 技术革命促进了计量的发展, 同时计量的发展也为物理现象的深入研究和广泛应用提供了重要手段.

4. 物理量的单位

物理量是由数值和单位两部分组成. 不同的物理量有各自不同的单位. 独立定义的单位称为基本单位, 相应的物理量称为基本物理量. 由基本单位导出的单位称为导出单位.

物理量单位基准的建立是随科学技术的发展而不断改进的. 在物理学的发展过程中, 使用过不同的单位制.

1960 年, 第十一届国际计量大会规定了用于一切计量领域的国际单位制(简称 SI 制), 国际单位制规定了 7 个基本物理量单位, 分别是长度单位米(m), 时间单位秒(s), 质量单位千克(kg), 热力学温度单位开[尔文](K), 电流单位安[培](A), 发光强度单位坎[德拉](cd), 物质的量单位摩尔(mol). 同时国际单位制中还规定了一系列配套的辅助单位和导出单位以及通用名称, 形成了一套严密、完整、科学的单位制. 为了确保计量单位的统一和量值的准确可靠, 国务院规定以国际单位制为我国法定计量单位.

1.2 测量误差的基本概念

1. 真值

真值是指被测量量在其所处的确定条件下实际具有的真实量值. 但由于测量误差的存在, 真值一般无法得到, 它是一个理想的概念, 因此通常所说的真值都是相对真值. 在实际测量中, 上一级标准的示值对下一级标准来说, 可视为相对真值. 在多次重复测量中, 可用修正过的测量值的算术平均值视为相对真值或约定真值.

2. 绝对误差

测量值与真值之差定义为误差, 又称绝对误差. 一般表示为

$$\Delta N = N - A \tag{1.2.1}$$

式中, N 为测量得到的值; A 为被测量量的真值; ΔN 为测量误差.

按照定义, 误差是测量结果与客观真值之差, 它既有大小又可正可负, 不要理解误差是绝对值. 误差是测量结果的实际误差值, 其量纲与被测量的量纲相同. 由于真值在绝大多数情况下无法知道, 因此误差也是未知的, 只能进行估计.

3. 相对误差

相对误差是测量值的绝对误差 ΔN 与其真值 A 之比, 常用百分数表示, 即

$$E = \frac{\Delta N}{A} \times 100\% \tag{1.2.2}$$

一般情况下,测量值与真值相差不会太大,故可以把误差与测量值之比作为相对误差,表示为

$$E = \frac{\Delta N}{N} \times 100\%$$ （1.2.3）

用相对误差能确切地反映测量效果. 例如,测量长度为 1000mm 时,其绝对误差为 5mm;而测量长度为 10mm 时,其绝对误差为 1mm. 尽管前者的绝对误差为后者的 5 倍,但前者的测量效果却比后者好,用相对误差的概念就能做出评价.

1.3 测量误差的分类

根据误差的性质和产生的原因,一般把误差分为系统误差、随机误差和粗大误差.

1. 系统误差

在同一量的多次测量过程中,符号和绝对值保持恒定或以确定的规律变化的测量误差称为系统误差.

系统误差决定测量结果的"正确"程度. 系统误差与测量次数无关,因此,不能用增加测量次数的方法使其消除或减小.

许多系统误差可以通过实验确定并加以修正,但有时由于对某些系统误差的认识不足或没有相应的手段予以充分肯定,而不能修正.

产生系统误差的原因是多方面的,主要有测量仪器误差、理论方法误差、环境误差和个人误差等.

测量仪器误差是由于仪器本身的缺陷或没有按规定使用仪器而造成的. 例如,仪器零点不准、天平两臂不等长等.

理论方法误差是由于测量所依据的理论公式本身的近似性,实验条件不能达到所规定的要求,或测量方法不适当所带来的误差. 例如,单摆的周期公式成立的条件是:摆角趋于零,摆球的体积趋于零. 这些条件在实验中是达不到的. 另外,用伏安法测电阻时,电表内阻的影响等也会引起误差.

环境误差是由于各种环境因素,如温度、气压、振动、电磁场等与要求的标准状态不一致,引起测量设备的量值变化或机构失灵等产生的误差.

个人误差是由观测者本人生理或心理特点造成的. 例如,估计读数时,有些人始终偏大,而有些人始终偏小等. 正因为引起系统误差的因素有多种多样,没有固定的模式,所以要减小和消除系统误差就要具体情况具体分析. 应分别采用对比法、理论分析法或数据分析法来找出系统误差,提高测量的准确程度.

2. 随机误差

实验中即使采取了措施,对系统误差进行修正或消除,但仍存在随机误差在同一量的多次测量中,各测量数据的误差值或大或小,或正或负,以不可确定的方式变化的误差称为随机误差.

随机误差决定测量结果的"精密"程度.

随机误差的特点是,表面上单个误差值没有确定的规律,但进行足够多次的测量后可以

发现,误差在总体上服从一定的统计分布,每一误差的出现都有确定的概率.

随机误差是由许多随机因素综合作用造成的,这些误差因素不是在测量前就已经固有的,而是在测量中随机出现的.其大小和符号的正负各不相同,又都不很明显,所以随机误差不能完全消除,只能根据其本身存在的规律用多次测量的方法来减小.

应该说,关于随机误差的分布规律和处理方法,涉及了较多的数理统计和概率论知识,是比较复杂的,在这里只简单介绍正态分布的性质及特征量,详尽的讨论请查阅有关误差理论与数据处理的书籍.

实践表明,绝大多数随机误差分布都服从正态分布.正态分布具有有限性、抵偿性、单峰性和对称性.

作为随机变量,随机误差 δ 的统计规律可由分布密度 $f(\delta)$ 给出完整的描述.由随机误差的特性,从理论上可得到

$$f(\delta) = \frac{1}{\sigma\sqrt{2\pi}}\exp\left(-\frac{\delta^2}{2\sigma^2}\right) \tag{1.3.1}$$

式中,参数 σ 称为标准差,其正态分布密度曲线如图 1.3.1 所示.

分布密度 $f(\sigma)$ 从 $-\infty$ 到 ∞ 的积分等于 1,即

$$\int_{-\infty}^{\infty} f(\delta)\,\mathrm{d}\delta = 1 \tag{1.3.2}$$

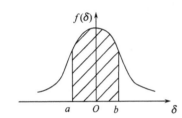

图 1.3.1　正态分布密度曲线

这一积分是整个分布密度曲线下的面积,代表测量的随机误差全部取值的概率.而在任意区间 $[a,b]$ 内的概率为

$$P = \int_a^b f(\delta)\,\mathrm{d}\delta \tag{1.3.3}$$

这一概率是区间 $[a,b]$ 上分布密度曲线下的面积.

分布密度给出了随机误差 δ 取值的概率分布.这是对随机误差统计性的完整描述,但在一般测量数据处理中,并不需要给出随机误差的分布密度,通常只需给出一个或几个特征参数,即可对随机误差的影响做出评定.

表示测量结果的精度参数,目前常用标准差或极限误差等,下面给出有关标准差的一些基本概念.

1）算术平均值

对同一量的 n 次重复测量中,设测量值分别为 $x_1, x_2, \cdots, x_n$,根据最小二乘法原理可以证明,其算术平均值

$$\bar{x} = \frac{1}{n}\sum_{i=1}^{n} x_i \tag{1.3.4}$$

是被测量真值的最佳估计值,可视为相对真值,这正是为什么常用算术平均值作为测量结果的原因.

2）标准差

标准差的计算可由贝塞尔(Bessel)公式得到

$$\sigma = \sqrt{\frac{\sum_{i=1}^{n}(x_i - \bar{x})^2}{n-1}} \tag{1.3.5}$$

标准差越小,相应的分布曲线越陡峭,说明随机误差取值的分散性小、测量精度高;标准差 σ 大,则测量精度低.图 1.3.2 所示为不同 σ 值的两条正态分布密度曲线的形状.通过计算还可以得到

$$P = \int_{-\sigma}^{\sigma} f(\delta)\,\mathrm{d}\delta = 0.683 \qquad (1.3.6)$$

$$P = \int_{-3\sigma}^{3\sigma} f(\delta)\,\mathrm{d}\delta = 0.997 \qquad (1.3.7)$$

其意义表示,某次测量值的随机误差在 $-\sigma \sim \sigma$ 的概率为 68.3%,在 $-3\sigma \sim 3\sigma$ 的概率为 99.7%,如图 1.3.3 所示.

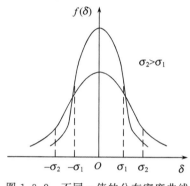

图 1.3.2　不同 σ 值的分布密度曲线

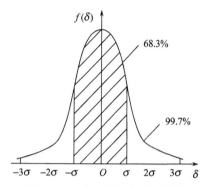

图 1.3.3　分布密度曲线与概率

3）算术平均值的标准差

实际测量中,由于测量次数有限,如果进行多组重复测量,则每一组所得到的算术平均值一般也不会相同,因此,算术平均值也存在误差,用算术平均值的标准差 $\sigma_{\bar{x}}$ 表示

$$\sigma_{\bar{x}} = \frac{\sigma}{\sqrt{n}} = \sqrt{\frac{\sum_{i=1}^{n}(x_i - \bar{x})^2}{n(n-1)}} \qquad (1.3.8)$$

其意义表示,测量值的平均值的随机误差在 $-\sigma_{\bar{x}} \sim \sigma_{\bar{x}}$ 的概率为 68.3%;在 $-3\sigma_{\bar{x}} \sim 3\sigma_{\bar{x}}$ 的概率为 99.7%,或者说测量值的真值在 $[\bar{x}-\sigma_{\bar{x}}] \sim [\bar{x}+\sigma_{\bar{x}}]$ 范围内的概率为 68.3%;在 $[\bar{x}-3\sigma_{\bar{x}}] \sim [\bar{x}+3\sigma_{\bar{x}}]$ 范围内的概率为 99.7%.

需要注意,σ 与 $\sigma_{\bar{x}}$ 是两个不同的概念,标准差 σ 反映了一组测量数据的精密程度,而算术平均值的标准差 $\sigma_{\bar{x}}$ 反映了算术平均值接近真值的程度.

从贝塞尔公式(1.3.5)可以看出,随着测量次数 n 的增加,标准差 σ 趋于稳定,而根据式(1.3.8),$\sigma_{\bar{x}}$ 随 n 的增加而减小,所以测量精度随 n 的增加会有所提高.因此,在实际测量中,应根据 σ 稳定值(由测量仪器的精度所决定)和对结果的精度要求,合理地选定测量次数.

例 1.1　用千分尺测一圆柱体的直径 10 次(单位:mm),数据分别为 2.474,2.473,2.478,2.471,2.480,2.472,2.477,2.475,2.474,2.476,表示出测量结果.

解

$$\bar{x} = \frac{1}{10} \sum_{i=1}^{10} x_i = 2.475\,\mathrm{mm}$$

$$\sigma = \sqrt{\frac{\sum_{i=1}^{n} (x_i - \bar{x})^2}{n-1}} = \sqrt{\frac{7 \times 10^{-3}}{9}} = 0.028 \text{mm}$$

$$\sigma = \frac{\sigma}{\sqrt{n}} = 0.009 \text{mm}$$

所以测量结果

$$x = \bar{x} \pm \sigma_{\bar{x}} = (2.475 \pm 0.009) \text{mm} \qquad (P = 68.3\%)$$

或

$$x = \bar{x} \pm 3\sigma_{\bar{x}} = (2.475 \pm 0.027) \text{mm} \qquad (P = 99\%)$$

上面分别讨论了系统误差与随机误差,一般情况下,两种误差同时存在且相互影响,这就需要用到误差的合成.

3. 粗大误差

粗大误差又称疏忽误差或过失误差,它是由于测量者技术不熟练,测量时不仔细,或外界的严重干扰等原因造成的.粗大误差超出了正常的误差分布范围,它会对测量结果产生明显的歪曲,因此,一旦发现含有粗大误差的测量数据(称为异常数据),应将其剔除不用.

对于粗大误差,除了设法从测量结果中发现和鉴别而加以剔除外,更重要的是以严格的科学态度来认真做实验,做好每一件事情.

在判别某个测量数据是否含有粗大误差时,要特别慎重,仅凭直观判断常难以区别出粗大误差和正常分布的较大误差.若主观地将误差较大但属正常分布的测量数据判定为异常数据而剔除,尽管看起来精度很高,然而那是虚假和不可靠的.

判别异常数据的方法一般采用 3σ 准则(微小误差准则).按照正态分布,误差落在 $\pm 3\sigma$ 以外的概率只有 0.3%.因而,可以认为,在有限次重复测量中误差超过 $\pm 3\sigma$ 的测量数据是由于过失或其他因素造成的,为异常数据,应当剔除.

4. 精密度、正确度和准确度

为了对测量结果做出评定,人们经常用"精度"一类的词来形容测量结果的误差大小.许多教材中均有正确度、精密度、准确度等名词术语,《计量名词术语定义》中规定其含义如下.

精密度:表示多次测量时,测量值的集中程度,它是测量值的随机误差大小的量度.与测量值的系统误差无关.

正确度:表示测量值与真值符合的程度,它是测量值的系统误差大小的量度.与测量值的随机误差无关.

准确度:是对测量数据精密度和正确度的综合评定.表示测量值与被测量真值之间的一致程度.准确度又称精确度.

作为一种形象的说明,可以参照图 1.3.4 来帮助理解上述三个概念.

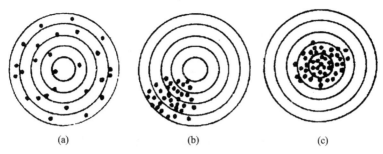

(a)   (b)   (c)

图 1.3.4　精密度、正确度和准确度

1.4　仪　器　误　差

实验中所用仪器给测量结果带来一定的误差,这种误差称为仪器误差. 仪器误差的来源很多,它与仪器的原理、结构和使用环境等有关. 一般情况下,仪器误差既包括系统误差,又包括随机误差. 究竟以哪种误差为主,对不同仪器是不尽相同的. 实际上,人们通常关心的是仪器提供的测量结果与真值的一致程度,是测量结果中各系统误差与随机误差的综合估计值. 在物理实验中,把由国家技术标准规定的仪器和量具的精度等级对应的误差和允许误差范围称为仪器最大允许误差(仪器误差限). 它是指在正确使用仪器的条件下,测量结果和被测量真值之间可能产生的最大误差. 在测量中常常可用仪器的最大允许误差的绝对值表示仪器的误差限. 下面简要介绍几种常用仪器和量具的最大允许误差.

1. 长度测量仪器

物理实验中最基本的长度测量仪器是钢直尺、钢卷尺、游标卡尺和螺旋测微计(又称千分尺). 这些长度测量仪器的主要技术指标及最大允许误差如表 1.4.1 所示.

表 1.4.1　常用长度测量仪器的技术指标及最大允许误差

仪器名称	量　程	分度值	最大允许误差
钢直尺	150mm	1mm	±0.10mm
	500mm	1mm	±0.15mm
	1000mm	1mm	±0.20mm
钢卷尺	1m	1mm	±0.8mm
	2m	1mm	±1.2mm
游标卡尺	125mm	0.02mm	±0.02mm
		0.05mm	±0.05mm
外径千分尺	25mm	0.01mm	±0.004mm

2. 天平

天平的感量定义为:天平指针偏转一个最小刻度时,在秤盘上所要增加的砝码. 天平的灵敏度定义为:天平感量的倒数. 按天平感量与最大称量之比将天平分为 10 级,如表 1.4.2

所示. 天平的技术参数和最大允许误差如表 1.4.3 所示.

表 1.4.2　天平级别的划分

精度级别	1	2	3	4	5	6	7	8	9	10
感量/最大称量	1×10^{-7}	2×10^{-7}	5×10^{-7}	1×10^{-6}	2×10^{-6}	5×10^{-6}	1×10^{-5}	2×10^{-5}	5×10^{-5}	1×10^{-4}

表 1.4.3　天平的技术参数和最大允许误差

仪器名称	量程	分度值	最大允许误差		
4~10 级天平(物理天平)	500g	0.05g	综合误差	满量程 $\frac{1}{2}$量程 $\frac{1}{3}$量程	0.08g 0.06g 0.04g
1~3 级天平(分析天平)	200g	0.1mg	综合误差	满量程 $\frac{1}{2}$量程 $\frac{1}{3}$量程	1.3mg 1.0mg 0.7mg

注:这里认为砝码是精确的,不考虑砝码误差.

3. 时间测量仪器

机械停表、石英电子秒表和数字毫秒表是物理实验中最常用的计时表. 在物理实验中, 用机械停表对较短时间进行测量,其最大允许误差可取为 0.01s.

对于石英电子秒表,最大允许误差与测量值有关,其关系为

$$最大允许误差 = (5.8\times10^{-6}t + 0.01) \quad (s)$$

式中,t 为时间的测量值.

对于数字毫秒表,最大允许误差取它的最小分度值. 例如,时基值为 1 ms,那么最大允许误差就取为 1ms.

4. 温度测量仪器

实验室中常用的测温仪器有水银温度计、热电偶和电阻温度计等. 表 1.4.4 给出了常用的温度计和热电偶的测量范围及最大允许误差.

表 1.4.4　常用温度计、热电偶的测量范围和最大允许误差

仪器名称	测量范围	最大允许误差
实验室用水银-玻璃温度计	−30~300℃	0.05℃
一等标准水银-玻璃温度计	0~100℃	0.01℃
工业用水银-玻璃温度计	0~150℃	0.5℃
标准铂铑—铂热电偶	600~1300℃	0.1℃
工作铂铑-铂热电偶	600~1300℃	0.33%×被测温度

5. 电学量测量仪器

电学仪表按国家标准根据准确度大小划分为 0.1,0.2,0.5,1.0,1.5,2.5,5.0 七个等级. 其对应的最大引用误差不超过 $\pm 0.1\%$、$\pm 0.2\%$、$\pm 0.5\%$、$\pm 1.0\%$、$\pm 1.5\%$、$\pm 2.5\%$ 和 $\pm 5.0\%$. 准确度等级表示仪表在标准工作条件下(位置放置正确、周围温度为 20℃、仪表周围磁场近似为零),可能发生的最大绝对误差与仪表的量程的百分比. 因此仪表的误差限可通过准确度等级的有关公式求出.

1) 电磁仪表(指针式电流表、电压表)

$$\Delta_{仪} = a\% \times N_m \tag{1.4.1}$$

式中,$\Delta_{仪}$ 为电表的误差限;N_m 为电表的量程;a 为电表的准确度等级.

例 1.2 一量限为 300V 的电压表,其最大绝对误差为 1.2V,求该电压表的最大引用误差和准确度等级.

解

$$r_m = \frac{1.2}{300} \times 100\% = 0.4\%,准确度等级为 0.5 级.$$

例 1.3 经检定发现,量程为 250V 的 2.5 级电压表在 10V 处的示值误差最大,误差值为 5V,问该电压表是否合格?

解 按电压表准确度等级规定,2.5 级表的最大引用误差不超过 $\pm 2.5\%$ 的范围,而该表的最大引用误差为 $r_m = \frac{5}{250} \times 100\% = 2\%$,故该电压表检定结果为合格.

应当指出,仪表的准确度等级只是从整体上反映仪表的误差情况,在使用仪表进行测量时,被测量的值的准确度往往低于仪表的准确度,而且如果其值离仪表的量限越远,其测量的准确度越低. 被测量的值最好大于 2/3 量程.

2) 电阻箱

测量用电阻箱按其准确度可分为 0.01,0.02,0.05,0.1,0.2,0.5,1.0 等级别. 准确度等级表示电阻箱在标准工作条件下(环境温度(20±8)℃,相对湿度小于 80%),电阻箱电阻相对误差的百分数. 电阻箱电阻的误差与电阻箱旋钮的接触电阻之和构成了电阻箱的最大允许误差. 那么电阻箱的仪器误差限可表示为

$$\Delta_{仪} = (aR + mb)\% \tag{1.4.2}$$

式中,$\Delta_{仪}$ 为电阻箱的误差限;a 为电阻箱的准确度等级;R 为所测电阻的阻值;m 为测量时所用电阻箱旋钮的个数;b 为与电阻箱的准确度级别有关的旋钮接触电阻,当准确度等级大于等于 0.1 级时,电阻箱的旋钮接触电阻 $b=0.5\Omega$,当准确度等级小于等于 0.05 级时,电阻箱的旋钮接触电阻 $b=0.2\Omega$.

3) 直流电势差计

直流电势差计的最大允许误差由两部分组成,一部分与测量值有关;另一部分与基准值有关. 直流电势差计的误差限表示为

$$\Delta_{仪} = a\% \times \left(u + \frac{u_0}{10}\right) \tag{1.4.3}$$

式中,$\Delta_{仪}$ 为直流电势差计的误差限;a 为直流电势差计的准确度等级;u 为测量值;u_0 为直

流电势差计的基准值,规定为最大测量盘第 10 点的电压值.

4) 直流电桥

与直流电势差计相似,直流电桥的误差限表示为

$$\Delta_{仪} = a\% \times \left(R + \frac{R_0}{10}\right) \tag{1.4.4}$$

式中,$\Delta_{仪}$ 为直流电桥的误差限;a 为直流电桥的准确度级别;R 为测量值;R_0 为直流电桥的基准值,规定为最大测量盘第 10 点的电阻值.

仪器误差限提供的是误差绝对值的极限值,并不是测量的真实误差,我们无法确定其符号,因此它仍然属于不确定度的范畴.

1.5 研究误差的意义

研究测量误差的规律具有普遍意义. 研究这一规律的直接目的,一是要减小误差的影响,提高测量准确度;二是要对所得结果的可靠性做出评定,给出准确度的估计.

只有掌握测量误差的规律性,才能合理地设计测量仪器,拟定最佳的测量方法,正确地处理测量数据,以便在一定的条件下,尽量减小误差的影响,使所得到的测量结果有较高的可信程度.

随着科学技术的发展和生产水平的提高,对测量技术的要求越来越高. 可以说,在一定程度上,测量技术的水平反映了科学技术和生产发展的水平,而测量准确度则是测量技术水平的主要标志之一. 在某种意义上,测量技术进步的过程就是克服误差的过程,就是对测量误差规律性认识深化的过程.

当然,无论采取何种措施,测量误差总是存在的,准确度的提高总要受到一定的限制.因而就要求对测量准确度做出评定,任何测量总是对应于一定的准确度的,准确度不同,其使用价值就不同,可以说,未知准确度的测量是没有意义的. 为了给出准确度,应掌握测量误差的特征规律,以便对测量的准确度做出可靠的评定.

1.6 测量结果的评定和不确定度

对测量结果的评定,目前国际上形成了较为统一的测量不确定度的表达方式,我国也实行了相应的技术规范. 物理实验中已逐步采用不确定度来评定测量结果. 由于不确定度的计算较为复杂,许多教材中采用了不同的简化模式,自然评定结果也不相同. 本教材遵从国家标准,所做的简化处理不应冲淡或模糊对基本概念的理解,以便在教学中施行.

1. 不确定度

不确定度是指由于误差存在而产生的测量结果的不确定性,表征被测量的真值所处的量值范围的评定.

误差的定义是测量值与真值之差,是一个确定值,但真值不能得到,误差也就无法知道.而标准误差、极限误差等是可以估算的,但它们表示的是测量结果的不确定性,与误差定义并不一致. 显然,从定义上看,不确定度比误差更合理一些.

2. 不确定度的两类分量

传统上把误差分为随机误差和系统误差,但在实际测量中,有相当多情形很难区分误差的性质是随机的还是系统的,有的误差还具有随机和系统两重性. 例如,电测量仪表的准确度等级误差就是系统和随机误差的综合,一般无法将系统误差和随机误差严格分开计算. 而不确定度取消了系统误差和随机误差的分类方法,不确定度按计算方法的不同分为 A 类分量和 B 类分量.

A 类不确定度是指可以用统计方法评定的不确定度分量,如测量读数具有分散性,测量时温度波动影响等. 这类不确定度被认为服从正态分布规律. 因此,可以用测量平均值的标准差

$$u_A = \sqrt{\frac{\sum (x_i - \bar{x})^2}{n(n-1)}} \tag{1.6.1}$$

来计算 A 类不确定度,也可以用最大偏差法、极限误差法等.

B 类不确定度是不能由统计方法评定的不确定度分量,在物理实验教学中,作为简化处理,一般只考虑由仪器误差及测试条件不符合要求而引起的附加误差. 具体分析 B 类不确定度的概率分布十分困难,而仪器的基本误差、仪器的分辨率引起的误差、仪器的示值误差、仪器的引用误差等仪器误差都满足均匀分布. 因此,教学中通常对 B 类不确定度采用均匀分布的假定,则 B 类不确定度为

$$u_B = \frac{\Delta_s}{\sqrt{3}} \tag{1.6.2}$$

式中,Δ_s 为仪器的基本误差或允许误差,或者根据准确度等级确定. 一般的仪器说明书中都由制造厂或计量检定部门注明仪器误差.

需要指出的是,A 类不确定度和 B 类不确定度与随机误差和系统误差并不存在简单的对应关系,不要受习惯概念束缚.

总不确定度是由不确定度的两类分量合成的,合成不确定度 u 可表示为

$$u = \sqrt{u_A^2 + u_B^2} \tag{1.6.3}$$

3. 直接测量的不确定度

直接测量的不确定度计算比较简单,下面通过例子加以说明.

例 1.4 用毫米刻度的米尺,测量物体长度 10 次(单位:cm),其测量值分别为 53.27, 53.25,53.23,53.29,53.24,53.28,53.26,53.20,53.24,53.21,试计算不确定度,并写出测量结果.

解 (1)计算平均值

$$\bar{x} = \frac{1}{n} \sum x_i = \frac{1}{10} \times (53.27 + 53.25 + \cdots + 53.21)$$

$$= 53.24 (\text{cm})$$

(2)计算 A 类不确定度

$$u_A = \sqrt{\frac{\sum (x_i - \bar{x})^2}{n(n-1)}}$$

$$= \sqrt{\frac{(53.27-53.24)^2+(53.25-53.24)^2+\cdots+(53.21-53.24)^2}{10\times(10-1)}}$$

$$=0.01(\text{cm})$$

（3）计算 B 类不确定度

米尺的仪器误差 $\Delta_s = 0.05\text{cm}$

$$u_B = \frac{\Delta_s}{\sqrt{3}} = 0.03\text{cm}$$

（4）总不确定度

$$u = \sqrt{u_A^2+u_B^2} = \sqrt{0.01^2+0.03^2} = 0.04(\text{cm})$$

（5）测量结果表示为 $x=(53.24\pm0.04)\text{cm}$

实际测量中,有的量不能进行多次测量,一般按仪器出厂检定书或仪器上注明的仪器误差 Δ_s 作为单次测量的总不确定度.

评价测量结果,有时需用相对不确定度,定义为

$$E = \frac{u}{\bar{x}} \times 100\% \quad （E \text{ 一般取两位数}）$$

有时还需将测量结果 $\bar{x}$ 与公认值 x_s 进行比较,得测量结果的百分偏差 B,定义为

$$B = \frac{|\bar{x}-x_s|}{x_s} \times 100\%$$

4. 间接测量的合成不确定度

间接测量是由直接测量量通过函数关系计算得到的.既然直接测量有误差,那么间接测量也必有误差,这就是误差的传递.

对于总不确定度的合成,可以先求出每个直接测量量的总不确定度,然后求出间接测量的总不确定度;也可以先分别求出总的 A 类不确定度和总的 B 类不确定度,然后再求总的合成不确定度,下面给出前者的合成公式.

设间接测量量为 Y,它由直接测量量 $x,y,z,\cdots$ 通过函数关系 f 求得,即

$$Y = f(x,y,z,\cdots)$$

设直接测量量的测量结果分别为

$$x = \bar{x} \pm u_x$$
$$y = \bar{y} \pm u_y$$
$$z = \bar{z} \pm u_z$$
$$\cdots\cdots$$

间接测量量的相对真值为

$$Y = f(\bar{x},\bar{y},\bar{z},\cdots) \tag{1.6.4}$$

间接测量的合成不确定度为

$$u = \sqrt{\left(\frac{\partial f}{\partial x}\right)^2 u_x^2 + \left(\frac{\partial f}{\partial y}\right)^2 u_y^2 + \left(\frac{\partial f}{\partial z}\right)^2 u_z^2 + \cdots} \tag{1.6.5}$$

间接测量的相对不确定度 E_Y 为

$$E_Y = \frac{u}{Y} = \sqrt{\left(\frac{\partial f}{\partial x}\right)^2 \left(\frac{u_x}{Y}\right)^2 + \left(\frac{\partial f}{\partial y}\right)^2 \left(\frac{u_y}{Y}\right)^2 + \left(\frac{\partial f}{\partial z}\right)^2 \left(\frac{u_z}{Y}\right)^2 + \cdots} \quad (1.6.6)$$

对于以乘除运算为主的函数关系,也可用下式计算:

$$E_Y = \frac{u}{Y} = \sqrt{\left(\frac{\partial \ln f}{\partial x}\right)^2 \sigma_x^2 + \left(\frac{\partial \ln f}{\partial y}\right)^2 \sigma_y^2 + \left(\frac{\partial \ln f}{\partial z}\right)^2 \sigma_z^2 + \cdots} \quad (1.6.7)$$

例 1.5 已知电阻 $R_1 = (50.2 \pm 0.5)\Omega$,$R_2 = (149.8 \pm 0.5)\Omega$,求它们串联的电阻 R 和合成不确定度.

解 (1) 串联电阻的阻值

$$R = R_1 + R_2 = 50.2 + 149.8 = 200.0(\Omega)$$

(2) 合成不确定度

$$\begin{aligned}
u_R &= \sqrt{\left(\frac{\partial R}{\partial R_1} u_1\right)^2 + \left(\frac{\partial R}{\partial R_2} u_2\right)^2} \\
&= \sqrt{u_1^2 + u_2^2} \\
&= \sqrt{0.5^2 + 0.5^2} \\
&= 0.7(\Omega)
\end{aligned}$$

(3) 相对不确定度

$$E_R = \frac{u_R}{R} = \frac{0.7}{200.0} \times 100\% = 3.5\%$$

(4) 测量结果

$$R = (200.0 \pm 0.7)\Omega$$

例 1.6 测量金属环的内径 $D_1 = (2.880 \pm 0.004)\text{cm}$,外径 $D_2 = (3.600 \pm 0.004)\text{cm}$,厚度 $h = (5.575 \pm 0.004)\text{cm}$,求环的体积 V.

解 环的体积公式为 $V = \frac{\pi}{4} h (D_2^2 - D_1^2)$.

(1) 体积

$$\begin{aligned}
V &= \frac{\pi}{4} h (D_2^2 - D_1^2) \\
&= \frac{\pi}{4} \times 5.575 \times (3.600^2 - 2.880^2) \\
&= 9.436(\text{cm}^3)
\end{aligned}$$

(2) 相对不确定度

先将环的体积公式两边取自然对数,再求偏导数后代入式(1.6.7).

$$\begin{aligned}
E_V = \frac{u_V}{V} &= \sqrt{\left(\frac{u_h}{h}\right)^2 + \left(\frac{-2D_1 u_{D_1}}{D_2^2 - D_1^2}\right)^2 + \left(\frac{2D_2 u_{D_2}}{D_2^2 - D_1^2}\right)^2} \\
&= 0.0081 = 0.81\%
\end{aligned}$$

(3) 总合成不确定度

$$u_V = V \times E_V = 9.436 \times 0.0081 = 0.08\,(\text{cm}^3)$$

（4）环体积的测量结果

$$V = (9.436 \pm 0.08)\,\text{cm}^3 = (9.44 \pm 0.08)\,\text{cm}^3$$

1.7 测量结果的表示

1. 数据修约原则

确定总不确定度往往要讨论实际合成的概率分布. 本教材中通常假定合成的分布近似满足正态分布, 置信概率为 $P = 68.3\%$. 测量结果的不确定度并非一律用概率为 0.683 的合成标准不确定度, 也可以用更高置信概率（如 0.954, 0.997 等）的合成标准不确定度表述.

合成不确定度通常并不是严格意义下的测量量的标准误差, 而只是它的估计值. 不确定度本身也有置信概率的问题. 因此除了某些特殊测量以外, 不确定度最多保留两位反映测量结果的可靠性, 再多就没有意义了.

建议使用下述符合国家计量技术规范的数据修约原则：

（1）测量结果的不确定度取两位.

（2）测量结果的最佳估计取位应与不确定度末位对齐.

（3）数据截断按"小于 5 舍去, 大于 5 进位, 等于 5 凑偶"的原则进行. "5 凑偶"是对"5"进行取舍的法则, 如果"5"的前一位是奇数, 则将"5"进位, 使误差末位为偶数；如果"5"的前一位是偶数, 则将"5"舍去. 例如, 某测量量的测量结果为 $l = 1.323\,5$ cm, 进行数据修约后应表示为 $l = 1.324$ cm.

至于在数据处理过程中, 对中间数据的位数取舍, 为了不引起人为的误差累积效应, 数据截断时可多取一位至二位.

2. 直接测量结果的最佳估计

等精度多次测量结果的最佳估计值为多次测量结果的平均值.

例 1.7 对小球直径的测量得到如表 1.7.1 所示的数据.

表 1.7.1 数据表

次　数	1	2	3	4	5
小球直径 D/mm	2.314	2.311	2.316	2.312	2.315

小球直径的最佳估计值是

$$\bar{D} = \frac{1}{5}(2.314 + 2.311 + 2.316 + 2.312 + 2.315) = 2.314\,(\text{mm})$$

3. 间接测量结果的最佳估计值

间接测量结果的最佳估计值可以通过各直接测量量的最佳估计值, 按间接测量量的函数关系计算.

例 1.8 在圆柱体体积测量中, 得到圆柱体的直径的最佳估计值为 $\bar{D} = 1.1423$ cm, 圆柱

体高的最佳估计值为 $\bar{H} = 2.26$ cm,则圆柱体体积的最佳估计值是

$$\bar{V} = \frac{\pi}{4}\bar{D}^2\bar{H} = \frac{\pi}{4} \times 1.1423^2 \times 2.26 = 2.32(\text{cm}^3)$$

4. 测量结果的最终表述

完成测量后,要正确表示测量结果. 测量结果的最终表示应该包括测量结果的最佳估计值、测量结果的不确定度及其对应的概率、测量量的单位.

最后测量结果应表示成下面的形式:

$$x = \bar{x} \pm u \,(\text{单位}) \tag{1.7.1}$$

测量结果的最佳估计值 $\bar{x}$ 和测量结果的不确定度 u 是经过数据修约原则处理以后的结果.

测量结果采用 $x = \bar{x} \pm u$(单位)($P = 68.3\%$)的形式,是对测量结果的统计表述. 它表示了测量量 x 的真值在 $[\bar{x} - u, \bar{x} + u]$ 范围内的概率是 68.3%.

对于很大和很小的测量数据,在测量结果的最终表述中,应采用科学记数法表示. 把测量结果写成小数乘以 10 的幂次方形式,小数由一位整数和若干位小数构成.

第2章 数据处理基础知识

每个物理量的测量结果都最终表示为数字,这些数字绝大多数都是近似值,因此取多少位数字对于测量数据的运算和表示是很重要的.

2.1 有 效 数 字

测量数据应该取几位并不是随意的,而是有确定的意义的. 测量仪器都有一定的最小分度值,即两相邻刻度所表示的量值,或最小测量单位. 一般情况下,在最小分度值以下的测量值需估计读数,这一位就是测量误差出现的位数. 能够从仪器上准确读出的数值是可靠数字,误差所在位的估读数字是可疑数字,可靠数字加可疑数字称为有效数字,它们均作为仪器的示值,可以有效地表示测量结果,如图 2.1.1 所示.

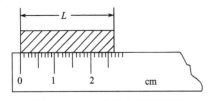

图 2.1.1 有效数字读数原理

用最小分度值为 1mm 的米尺测量物体,从米尺的刻度读出的 0.08cm 是可疑数字,它是从物体长度 L 在两相邻毫米刻线间的位置估计出来的数值,2.68cm 表示了测量结果的大小和误差所在的位数. 有效数字的位数,由测量仪器的精度决定,不能多记,也不能少记,即使估计是 0,也必须写上. 例如,用米尺测量物体长度为 2.68cm,有效数字是 3 位,仪器误差为十分之几毫米. 假定改用游标卡尺测量,测得值为 2.680cm,有效数字是 4 位,仪器误差为百分之几毫米. 显然,在这里 2.68cm 与 2.680cm 的意义是不同的,属于不同精度的测量仪器测量的结果.

有效数字的位数与十进制单位变换无关,上例中,用米尺测物体长度 L,不论用什么单位表示都是 3 位有效数字,$L=2.68$cm$=26.8$mm$=0.026\ 8$m. 这里应注意,用以表示小数点位置的 0 不是有效数字,而在非零数字后面的 0 都是有效数字,如 0.600V 的有效数字是 3 位,2.002 0m 的有效数字是 5 位等.

为了便于表示过大或过小的数值,又不改变测量结果的有效数字位数,常采用科学记数法,即用一位整数加上若干位小数再乘以 10 的幂的形式表示. 如上例,以 μm 为单位表示物体长度时 $L=2.68\times10^4\ \mu$m,又如某测量结果 $x=0.000\ 150$m$\pm0.000\ 003$m 可表示为 $x=(1.50\pm0.03)\times10^{-4}$m.

在有效数字运算和测量结果的表示中,存在数据的截断,尾数的舍入问题,根据国家标准规定,采用"四舍六入五凑偶"的规则,它的依据是使尾数的舍与入的概率相等.

"四舍六入五凑偶"原则可概述为:数字中最左边一位数小于 4(含 4)舍去;大于 6(含 6)入;等 5 时则看 5 后,为奇数则入,为偶数则舍.

2.2　有效数字的运算规则

有效数字运算时,其运算结果的数字位数应取得恰当:取少了会带来附加的计算误差,降低结果的精确程度;取多了,从表面上看似乎精度很高,实际上毫无意义,反而带来不必要的繁杂.

1.　有效数字的四则运算

四则运算,一般可以依据以下运算规则.

可靠数字间的运算结果为可靠数字,可靠数字与可疑数字或可疑数字之间的运算结果为可疑数字.运算结果只保留一位可疑数字.

例如,加减法运算

$$14.61+2.256=16.866=16.87$$

$$19.68-5.848=13.832=13.83$$

有效数字下面加横线表示可疑数字.

可以看出,加减法运算所得结果的最后一位,只保留到所有参加运算的数据中都有的最后那一位为止.

对于乘法和除法运算,例如

$$4.178\times10.1=42.2978=42.3$$

$$57\div4.678=12.185=12$$

一般来说,有效数字进行乘法或除法运算,乘积或商的结果的有效位数与参加运算的各量中有效位数最少的相同.

测量的若干个量,若要进行乘、除法运算,应按有效位数相同的原则来选择不同精度的仪器.

2.　其他函数运算的有效数字

进行函数运算时,不能搬用有效数字的四则运算法则,严格地说,应该根据误差传递公式来计算.

对于指数、对数、三角函数等,查表或用计算器运算即可.

乘方、开方运算的有效位数与其底的有效位数相同.

无理常数 $\pi,\sqrt{2},\sqrt{3},\cdots$ 的位数可以看成许多位,计算过程中这些常数参加运算时,其取的位数应比测量数据中位数最少者多一位.

需要说明的是,上述运算规则都是很粗略的,没有考虑到某些特殊情况,为防止多次运算中因数字的舍入带来的附加误差,中间运算结果要多取一位数字,但在最后结果中仍只保留一位可疑数字.

2.3　微小误差测量原则

直接测量量合成不确定度

$$u = \sqrt{u_A^2 + u_B^2}$$

若某一平方项小于另一平方项的 $\frac{1}{9}$，则该项可以略去不计.

间接测量量合成不确定度

$$u = \sqrt{\left(\frac{\partial f}{\partial x}\right)^2 u_x^2 + \left(\frac{\partial f}{\partial y}\right)^2 u_y^2 + \left(\frac{\partial f}{\partial z}\right)^2 u_z^2 + \cdots}$$

若 $\left|\frac{\partial f}{\partial x_n} u_n\right| < \frac{1}{3}\left|\frac{\partial f}{\partial x_m}\right|$，则 $\frac{\partial f}{\partial x_n} u_n$ 略去不计.

2.4 误差等量分配原则与测量仪器选择

对于间接测量量

$$u = \sqrt{\left(\frac{\partial f}{\partial x}\right)^2 u_x^2 + \left(\frac{\partial f}{\partial y}\right)^2 u_y^2 + \left(\frac{\partial f}{\partial z}\right)^2 u_z^2 + \cdots}$$

选择仪器时要兼顾各直接测量量对间接测量量的影响，通常是不确定度 u 中每一项都有大致相同的数值，即

$$\left(\frac{\partial f}{\partial x}\right)^2 u_x^2 = \left(\frac{\partial f}{\partial y}\right)^2 u_y^2 \tag{2.4.1}$$

由此决定各直接测量量的测量误差，进而选择仪器.

例 2.1 一杆长 $L \approx 50\text{mm}$，要求测量的相对不确定度 $\frac{u}{L} < 0.2\%$，试选择测量量具.

由题意

$$u < L \times 0.2\% = 50 \times 0.2\% = 0.10(\text{mm})$$

$$\Delta L = C \times u < \sqrt{3} \times 0.10 = 0.17(\text{mm})$$

示值误差小于而又接近要求的有 $1 \sim 300\text{mm}$ 的钢直尺和分度值为 0.1mm 的游标卡尺. 考虑到必然存在的测量误差，以选用分度值为 0.1mm 的游标卡尺比较合适.

2.5 数据处理的基本方法

实验中获得了大量的测量数据，而要通过这些数据来得到准确可靠的实验结果或实验规律，则需要学会正确的数据处理方法. 这里介绍数据处理的基本知识和基本方法.

1. 列表法

列表法是记录数据的基本方法，是将实验中的测量数据、中间计算数据和最终结果等按一定的形式和顺序列成表格记录的方法. 列表法可以简单而明确地表示出有关物理量之间的对应关系，便于随时检查测量结果是否正确合理，及时发现问题，利于计算和分析误差.

列表时应注意，根据实验内容和目的合理地设计表格，要便于记录、计算和检查，在表格中应标明物理量的名称和单位，表格中数据要正确反映出有效数字，重要数据和测量结果要表示突出，还应有必要的说明和备注. 在记录和处理数据时，把数据列成表格，可以简明地

表示有关物理量之间的对应关系,便于随时检查测量结果是否合理,及时发现和分析问题.在处理数据时,有时将计算的某些中间项列出来,可以随时从对比中发现运算的错误.因此,列表有利于我们找出有关量之间的规律性关系,对求出经验公式很有好处.列表要求如下:

(1)简单明了,便于看出有关量之间的关系.

(2)表明所列表格中各符号和数字所代表的物理意义,并在标题栏中标明单位.单位不要重复地记在各数值的后面.

(3)表中数据要正确地反映测量结果的有效数字.

2. 作图法

物理实验中所得到的一系列测量数据,也可以用图形直观地表示出来.作图法就是在坐标纸上描绘出一系列数据间对应关系曲线的方法.它是研究物理量之间变化规律,找出对应关系.

作图法比列表法能更形象地表示物理量之间的变化规律,并能简单地从图像上获得实验需要的某些结果,在同一图像上,还可直接读出没有进行观测的对应于 x 的 y 值(内插法).在一定条件下,也可从图像的延伸部分读到测量数据范围以外的点(外推法).

作图法还具有多次测量取平均值的效果,作图规则如下:

(1) 根据测得数据的有效数字,选择坐标轴的比例及坐标纸的大小.原则上讲,数据中的可靠数字在图中应是可靠的,数据中不可靠的一位在图中应是估读的.根据此原则,坐标纸上的一小格对应数值中可靠数字的最后一位,要适当选择 x 轴与 y 轴的比例和坐标的起点.坐标范围应恰好包括全部测量值并略有富裕,最小坐标不必都从零开始.

(2) 标明坐标轴.以自变量(实验中可以控制的量)为横轴,以因变量为纵轴.用粗实线在坐标纸上画坐标轴,在轴上注明物理量的名称、符号、单位(加括号),并在轴上每隔一定间距标明该物理量的数值.在图纸的明显位置写上图像的名称及某些必要的说明.

(3) 标点.根据测量的数据用"+"、"⊙"、"△"、"□"等符号标出实验点,在一张图上同时画两条曲线时,实验点要以不同的符号标出.

(4) 连线.由于每个实验点的误差情况不同,因此不能强求曲线通过每一个实验点而连成折线(仪表校正曲线除外),而应按照实验点的总趋势连为光滑的曲线,要做到线两侧的实验点与线的距离最为接近且分布大体均匀,曲线正穿过实验点时可以在该点处断开.

(5) 写明图像的特征.利用图上的空白位置注明实验条件,并图纸上得出的某些参数,如截距、斜率、极大值或极小值、拐点和渐近线等.

例2.2 用伏安法测电阻所得数据如下:

电压/V	0.00	1.00	2.00	3.00	4.00	5.00	6.00	7.00	8.00	9.00	10.00
电流/mA	0.00	2.00	4.01	6.05	7.85	9.70	11.83	13.75	16.02	17.86	19.94

解 在直角坐标纸上作图,如图 2.5.1 所示.

3. 图解法

根据已画出的实验曲线,可以用解析法求出曲线上各种参数及物理量之间的关系式,即

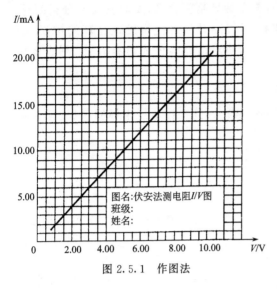

图 2.5.1　作图法

经验公式.特别是直线情况下,采用图解法最为方便.

1) 直线图解法

在直线上任取两点 P_1 和 P_2,用与实验点不同的符号标出,分别标出它们的坐标读数 (x_1,y_1) 和 (x_2,y_2). P_1、P_2 一般不取原实验点,相隔不能太近,也不允许超出实验点范围以外.

设直线方程为

$$y = a + bx \tag{2.5.1}$$

则可计算得斜率

$$b = \frac{y_2 - y_1}{x_2 - x_1} \tag{2.5.2}$$

截距

$$a = \frac{x_2 y_1 - x_1 y_2}{x_2 - x_1} \tag{2.5.3}$$

当然截距也可由图直接读出.

例 2.3　一金属丝,在温度 t(℃)条件下的长度可表示为 $l=l_0(1+\alpha t)$,式中 l_0 为 0℃时的金属丝的长度,α 为金属材料的线膨胀系数,求 l_0 与 α 的值.

解　经实验获得下列一组数据.

$t/℃$	15.0	20.0	25.0	30.0	35.0	40.0	45.0	50.0
l/cm	28.05	28.52	29.10	29.56	30.10	30.57	31.00	31.62

由上表可知,温度 t 的变化范围为 35℃,而长度的变化范围为 3.57cm. 根据坐标纸大小选择原则,既要反映有效数字,又能包括所有实验点,选 40 格×40 格的图纸;取自变量 t 为横坐标,起点为 10℃,每一小格代表 1℃;因变量 l 为纵坐标,起点为 28cm,每一小格为 0.1cm. 根据测量数据值在坐标图上标点,然后作直线,使多数点位于直线上或接近于直线,且均匀分布在直线两侧,如图 2.5.2 所示.

在直线上取两点(19.0,28.40)和(43.0,30.90),则

$$l_0\alpha = \frac{30.90 - 28.40}{43.0 - 19.0} = 0.104(\text{cm/℃})$$

$$l_0 = \frac{43.0 \times 28.40 - 19.0 \times 30.90}{43.0 - 19.0} = 26.40(\text{cm})$$

$$a = \frac{l_0\alpha}{l_0} = \frac{0.104}{24.40} = 4.26 \times 10^{-3}(℃^{-1})$$

故有

$$l = (26.40 + 0.104t)\ \text{cm}$$

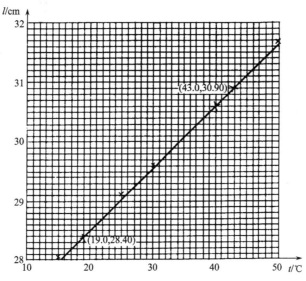

图 2.5.2　金属丝长度与温度的关系曲线

2）曲线的改直

实际中,多数物理量的关系不是线性的,但可通过适当的变换使它们成为线性关系,即把曲线改为直线. 曲线改直以后,对实验数据的处理会很方便,也容易求得有关参数.

例如,$pV=C$,可作 p-$\frac{1}{V}$ 图得直线;$s=v_0t+\frac{1}{2}at^2$,可作 $\frac{s}{t}$-t 图得直线等.

作图法虽然能直观形象地表示出物理量之间的关系,并由图求得经验公式,但因连线的任意性较大,由作图法得到的实验结果误差较大. 在科研中常采用最小二乘法.

4. 逐差法

逐差法又称逐差计算法,一般用于等间隔线性变化测量中所得数据的处理. 由误差理论可知,算术平均值是若干次重复测量的物理量的近似值. 为了减少随机误差,在实验中一般都采取多次测量. 但是在等间隔线性变化测量中,若仍用一般的求平均值的方法,我们将发现,只有第一次测量值和最后一次测量值起作用,所有的中间测量值全部抵消. 因此,这种测量无法反映多次测量的特点.

以测量弹簧倔强系数的例子来说明逐差法处理数据的过程. 如有一长为 x_0 的弹簧,逐次在其下端加挂质量为 m 的砝码,共加 7 次,测出其对应长度分别为 $x_1,x_2,\cdots,x_7$,从这组数据中,求出每加单位砝码弹簧的伸长量 Δx. 这时,若用通常的求平均值的方法,则有

$$\overline{\Delta x}=\frac{1}{7m}\left[(x_1-x_0)+(x_2-x_1)+(x_3-x_2)+\cdots+(x_7-x_6)\right]=\frac{1}{7m}(x_7-x_0)$$

这种处理仅用了首尾两个数据,中间值全部抵消,因而损失掉很多信息,是不合理的. 若将以上数据按顺序分为 x_0,x_1,x_2,x_3 和 x_4,x_5,x_6,x_7 两组,并使其对应项相减,就有

$$\overline{\Delta x}=\frac{1}{4}\left[\frac{(x_4-x_0)}{4m}+\frac{(x_5-x_1)}{4m}+\frac{(x_6-x_2)}{4m}+\frac{(x_7-x_3)}{4m}\right]$$

$$=\frac{1}{16m}\left[(x_4+x_5+x_6+x_7)-(x_0+x_1+x_2+x_3)\right]$$

这种逐差法使用了全部的数据信息,因此,更能反映多次测量对减少误差的作用.

5. 最小二乘法

求经验公式除采用上述图解法外,还可以用最小二乘法,通常称为方程的回归问题.

方程的回归首先要确定函数的形式,一般要根据理论推断或从实验数据变化的趋势推测出来.下面讨论一元线性回归.

设所研究的两个物理量 x 和 y,它们之间存在的线性关系为

$$y = a + bx \tag{2.5.4}$$

现要求出 a 与 b 的值,为此,可通过实验在 x_1 与 x_2 的条件下分别测得 y_1 与 y_2,于是

$$\left.\begin{array}{l} y_1 = a + bx_1 \\ y_2 = + a + bx_2 \end{array}\right\}$$

由此可解出 a 与 b.

事实上,由于测量结果含有误差,所解得的 a 与 b 值也含有误差,为减小误差,应增加测量次数.

设在 $x_1, x_2, \cdots, x_n$ 条件下分别测得 $y_1, y_2, \cdots, y_n$ 共 n 个结果,可列出方程组

$$\left.\begin{array}{l} y_1 = a + bx_1 \\ y_2 = + a + bx_2 \\ \cdots\cdots \\ y_n = + a + bx_n \end{array}\right\}$$

但由于方程式的数目 n 多于待求量的数目,所以无法直接利用代数法求解上述方程组.

显然,为充分利用这 n 个测量结果所提供的信息,必须给出一个适当的处理方法来克服上面所遇到的困难,而最小二乘法恰恰较为理想地提供了这样一种数据处理方法.

最小二乘法的原理是,在所求得的直线上,各相应点的值与测量值误差的平方和比其他的直线上都要小,即

$$Q = \sum_{i=1}^{n} \left[y_i - (a + bx_i) \right]^2 = \text{最小值} \tag{2.5.5}$$

选取 a 与 b 使 Q 取最小值的必要条件是

$$\begin{cases} \dfrac{\partial Q}{\partial a} = -2 \sum_{i=1}^{n} \left[y_i - (a + bx_i) \right] = 0 \\ \dfrac{\partial Q}{\partial b} = -2 \sum_{i=1}^{n} \left[y_i - (a + bx_i) \right] x_i = 0 \end{cases}$$

由上式可得

$$\overline{y} - a - b\overline{x} = 0$$

$$\overline{xy} - a\overline{x} - b\,\overline{x^2} = 0$$

式中

$$\overline{x} = \frac{1}{n} \sum_{i=1}^{n} x_i \quad (\text{即 } x \text{ 的平均值})$$

$$\bar{y} = \frac{1}{n} \sum_{i=1}^{n} y_i \quad (\text{即 } y \text{ 的平均值})$$

$$\overline{x^2} = \frac{1}{n} \sum_{i=1}^{n} x_i^2 \quad (\text{即 } x^2 \text{ 的平均值})$$

$$\overline{xy} = \frac{1}{n} \sum_{i=1}^{n} x_i y_i \quad (\text{即 } xy \text{ 的平均值})$$

解方程得

$$b = \frac{\bar{x}\,\bar{y} - \overline{xy}}{\bar{x}^2 - \overline{x^2}} \qquad (2.5.6)$$

$$a = \bar{y} - b\bar{x} \qquad (2.5.7)$$

a 与 b 的值求出后，还应该考虑 a 与 b 的误差，在这里不予讨论.

例 2.4 用最小二乘法求解例 2.3 中的 l_0 和 a.

解 金属丝长度与温度的关系为

$$l = l_0(1 + at) = l_0 + l_0 at$$

令 $y = l, x = t, a = l_0, b = l_0 a$，则上式变为

$$y = a + bx$$

把实验数据列表，并进行计算.

i	x_i	x_i^2	y_i	y_i^2	$x_i y_i$
1	15.0	225.0	28.05	786.8	420.8
2	20.0	400.0	28.52	813.4	570.4
3	25.0	625.0	29.10	846.8	727.5
4	30.0	900.0	29.56	873.8	886.8
5	35.0	1 225	30.10	906.0	1 054
6	40.0	1 600	30.57	934.5	1 223
7	45.0	2 025	31.00	961.0	1 395
8	50.0	2 500	31.62	999.8	1 580
平均值	32.5	1 187.5	29.815	890.269	982.219

计算可得

$$\bar{x} = 32.5, \qquad \overline{x^2} = 1187.5$$

$$\bar{y} = 29.815, \qquad \overline{y^2} = 890.269$$

$$\overline{xy} = 982.219$$

根据式(2.5.6)、式(2.5.7)得

$$b = l_0 a = \frac{\bar{x}\,\bar{y} - \overline{xy}}{\bar{x}^2 - \overline{x^2}} = 1.101 \text{cm/℃}$$

$$a = l_0 = \bar{y} - b\bar{x} = 26.50 \text{cm}$$

$$\alpha = \frac{b}{l_0} = 3.18 \times 10^{-3} \text{℃}^{-1}$$

则经验公式为

$$l=(26.50+0.101t)\ \text{mm}$$

用最小二乘法与用作图法求得的经验公式有一定的差别,说明作图法有一定的随意性.

思 考 题

1. 什么叫直接测量量和间接测量量? 试举例说明.

2. 试述系统误差、随机误差的区别及产生原因.

3. 绝对误差、相对误差、引用误差是怎样定义的? 它们的作用是什么?

4. 量程为 10A 的 0.2 级电流表经检定在示值为 5A 处出现最大示值误差为 15mA,问该电流表是否合格?

5. 用量程 250V 的 2.5 级电压表测量电压,问其最大误差应为多少?

6. 多次测量某个钢球的直径分别为 2.004,2.000,1.999,1.996(单位:mm). 试求钢球直径的平均值、标准差,并写出测量结果的表达式.

7. 为什么要引入不确定度的概念? 说明不确度与误差的区别.

8. 一个铅圆柱体,测得直径 $d=(2.04\pm0.01)\text{cm}$,高度 $h=(4.12\pm0.01)\text{cm}$,质量 $m=(149.18\pm0.05)\text{g}$,求出铅的密度 ρ,试用不确度写出测量结果的表达式.

9. 指出下列各量有几位有效数字:

(1) $L=0.10\text{cm}$;　(2) $g=9.8403\text{m/s}^2$;

(3) $m=10.00\text{g}$;　(4) $E=2.7\times10^{25}\text{J}$.

10. 按照误差理论和有效数字运算规则,改正下列错误:

(1) $N=(10.800\pm0.2)\text{cm}$;　(2) $a=(0.0705\pm0.00219)\text{N/m}$;

(3) $28\text{cm}=280\text{mm}$.

11. 试用有效数字运算规则计算下列各式:

(1) $1.048+0.3$;　(2) $98.754+1.3$;

(3) $2.0\times10^5+2345$;　(4) $170.50-2.5$;

(5) 111×0.100;　(6) $273.5\div0.10$.

12. 测得一弹簧的长度与所加砝码质量的数据如下:

m/g	0	1.0	2.0	3.0	4.0	5.0	6.0
l/cm	6.55	10.28	14.05	17.30	21.51	25.25	29.03

由图解法求出弹簧的劲度系数.

13. 用伏安法测得电阻数据如下,试用直角坐标纸作图,并求出 R 值.

U/V	1.00	2.00	3.00	4.00	5.00	6.00	7.00	8.00
I/mA	2.00	4.01	6.05	7.85	9.70	11.83	13.75	16.02

14. 试用最小二乘法求出 $y=kx+n$ 中的 k 和 n,实验数据如下:

x_i	2.0	4.0	6.0	8.0	10.0	12.0	14.0
y_i	14.34	16 35	18.36	20.34	22.39	24.38	26.33

第3章　常用仪器的原理及使用

3.1　电学实验基础知识

电学实验的第一步是看懂电路图,然后根据电路图的要求正确地选择合适的电学仪表和电气元件,合理地布线连接实验电路,最后是正确地使用这些电学仪表进行测量.下面就相关知识予以一一介绍,并要求每一个实验者必须掌握.

1. 实验常用电表面板标记及意义(表 3.1.1)

表 3.1.1　常用电表面板标记及意义

名称	符号	名称	符号
批示测量仪表的一般符号	O	磁电系仪 表	∩
检流计	G	静电系仪表	⊓
安培表	A	直流	—
毫安表	mA	交流(单相)	∼
微安表	μA	交直流两用	≃
伏特表	V	以满标百分数表示的准确度等级,如 1.5 级	1.5
毫伏表	mV	以指示值百分数表示的准确度等级,如 1.5 级	①.5
千伏表	kV	标度尺为垂直放置	⊥
欧姆表	Ω	标度尺为水平放置	⌐
兆欧表	MΩ	绝缘强度实验电压为 2kV	☆2
负端钮	−	接地	⏚
正端钮	+	调零器	⟱
公共端钮	*	Ⅱ 级防外磁场及电场	⟦⟧

2. 电表

(1) 直流电压表.

电压表的用途是测量电路中两点间电压的大小,它的主要参数是:

① 量程,指针偏转满度时的电压值.例如,电压表量程为 $0\sim2.5V\sim10V\sim25V$,表示该表有三个量程,第一个量程在加上 2.5V 时偏转满度,第二、三个量程加上 10V、25V 时偏转满度.

② 内阻,即电表两端的电阻.同一电压表不同量程内阻不同,例如,$0\sim2.5V\sim10V\sim25V$ 电压表,它的三个量程分别为 2500Ω、$10\,000\Omega$、$25\,000\Omega$,但因为各量程的每伏欧姆数都是 $1000\Omega/V$,所以电压表内阻一般用 Ω/V 统一表示,可用下式计算某量程的内阻:

$$内阻＝量程×(欧姆数/伏)$$

（2）直流电流表.

电流表的用途是测量电路中电流的大小,它的主要参数有:

① 量程,即指针偏转满度时的电流值.

② 内阻,其大小与量程有关,安培表的内阻一般在 1Ω 以下,而毫安、微安表内阻可达一二百欧到一二千欧.

（3）指针式灵敏电流计.

灵敏电流计是磁电式仪表.它和其他磁电式仪表一样都是根据载流线圈在磁场中受力矩作用而偏转的原理制成的,只是在结构上有些不同.普通电表中的线圈安装在轴承上,用弹簧游丝来维持平衡,用指针来指示偏转.而灵敏电流计则是用极细的金属悬丝代替轴承,且将线圈悬挂在磁场中,由于悬丝细而长,反抗力矩很小,所以当有极弱的电流流过线圈时,就会使它明显的偏转,因而它比一般的电流表要灵敏得多,可以测量 $10^{-6}\sim10^{-11}\,\mathrm{A}$ 范围的微弱电流和 $10^{-3}\sim10^{-6}\,\mathrm{V}$ 范围的微小电压.电流计的另一种用途是平衡指零,即根据流过电流计的电流是否为零来判断电路是否平衡.

灵敏电流计的主要参数有:

① 电流计常数,即偏转一小格代表的电流值,如 AC5 型指针式检流计的电流计常数约为 $10^{-6}\,\mathrm{A}/$格.

② 内阻.灵敏电流计的内阻一般都比较小,通常为 10Ω 数量级.

③ 临界电阻.当有电流通过电流计时其指针就会发生偏转,其运行状态有以下三种.

（a）欠阻尼状态:指针在其平衡位置来回摆动,要经过较长时间才能静止下来.

（b）过阻尼状态:指针缓慢地向平衡位置移动,到达平衡位置便静止下来而不摆动.

（c）临界状态:指针迅速地向平衡位置移动,到达平衡位置便静止下来而不摆动.

电流计指针的运动状态与外电路的电阻阻值有关,电流计处于临界状态时的外电路电阻称为临界电阻(也称为外临界电阻),例如,AC5 型检流计的临界电阻一般为二百多欧.通常情况下,电流计应该在临界或微欠阻尼状态下使用.

（4）指针式电表的仪器误差限和准确度等级.

仪器误差限指在规定条件下,电表所具有的允许误差范围.准确度等级定义为仪器误差限与电表量程之比

$$a_{\mathrm{m}}\% = \frac{\Delta a}{N_{\mathrm{m}}} \tag{3.1.1}$$

式中,N_{m} 表示电表的量程;Δa 为仪器误差限.

（5）电表测量值的相对不确定度.

电表测量值的相对不确定度定义为仪器误差限 Δa 与测量值 x 之比

$$E = \frac{\Delta a}{x} \tag{3.1.2}$$

显然,E 因 x 的增大而减小,故从减小测量误差考虑,应选择合适的量程,使测量值接近满量程,一般不应小于 2/3 量程,至少不小于 1/2 量程.

（6）电表的读数.

电表的指针与表盘有间距,因视差而使读数不准,为消除视差,眼睛需正对指针. 1.0 级以上的电表在表盘上有反射镜面,观察时,只有指针与镜面中的指针象重合时才是正确的读

数位置,这时因视差造成的读数误差可以忽略.电表的表盘分度与准确度级别是相匹配的,一般应读到仪表最小分度的1/10或1/5,特殊情况时可以只读到1/2.

(7) 电表的正确使用.

① 从表盘或说明书了解该电表的技术规格及使用条件,按使用要求正确地(水平或垂直或成某一角度)放置在便于观测的位置.

② 量程的选择.根据待测电流或电压大小,选择合适的量程.量程太小时,过大的电压、电流会使电表损坏;量程太大时,指针偏转太小,读数不准确.使用时应事先估计待测量的大小,选择稍大的量程,试测一下,如不合适,选用更合适的量程.如果测量值大小无法估计,可由较大量程开始,逐次减小量程,以保证测量值既接近量程又不超过量程.

③ 电流方向.直流电表指针的偏转方向与所通过的电流方向有关,所以接线时必须注意电表上接线柱的"＋"、"－"标记,"＋"表示电流流入端,"－"表示电流流出端,切不可把极性接错,以免损坏仪表.

④ 电表的联法.电流表是用来测量电流的,用时必须串接在电路中,电压表是用来测量电压的,用时应当与被测电压两端并联.

3. 电阻器

(1) 电阻箱.一般由锰铜线绕制的精密电阻串联而成,通过十进位旋钮使阻值改变.以 ZX-21 型旋钮式直流电阻箱为例,总电阻为 $9 \times (0.1+1+10+\cdots +10\,000)\Omega$,有 6 个十进制旋钮盘,4 个接线柱.若所需电阻在 $0 \sim 0.9\Omega$ 范围内,用"0"、"0.9Ω"接线柱,这可避免电阻箱其余部分的接触电阻和导线电阻对低电阻的附加误差.如图 3.1.1 所示,在电路图中用

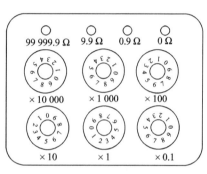

图 3.1.1　电阻箱

⎓⎓⎓—表示.

电阻箱的规格是:

① 总电阻,即最大电阻,如图 3.1.1 所示的电阻箱总电阻为 99 999.9Ω.

② 额定功率,即电阻箱电阻的功率额定值,一般电阻箱的额定功率为 0.25W. 可以用它计算额定电流,例如,用 1000Ω 挡的电阻时,允许的电流

$$I = \sqrt{\frac{W}{R}} = \sqrt{\frac{0.25}{1000}} = 0.016(\text{A}) = 16(\text{mA})$$

(3.1.3)

可见,电阻值越大的挡,允许电流越小,过大的电流会使电阻发热,从而使电阻值不准确,甚至烧毁电阻.

③ 电阻箱的等级.电阻箱根据其误差的大小分成若干个准确度等级,一般分为 0.02、0.05、0.1、0.2 等,它表示电阻值相对误差的百分数.例如,0.1 级,当电阻为 662Ω 时,其误差为 662×0.1%＝0.7Ω.

(2) 滑线变阻器.滑线变阻器是将电阻丝

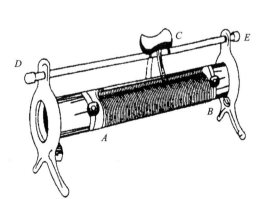

图 3.1.2　滑线变阻器

均匀密绕在瓷管上制成的，它有两个固定的接线端和一个在线圈上滑动的滑动端，如图 3.1.2 所示. 变阻器的主要规格是 AB 间的电阻值和额定电流（允许通过的最大电流）.

滑线变阻器在电路中常用作串联可变电阻，起控制电流大小的作用；或并联于电路中组成分压电路，起调节电压高低的作用. 根据它在电路中的作用及外接负载的情况来选用适当阻值和额定电流的电阻器.

在设计测量线路时，必须了解待测元件的规格，使加在它上面的电压和通过的电流均不超过额定值. 此外，还必须了解测量时所需其他仪器的规格（如电源、电压表、电流表和滑线变阻器等的规格），不得超过其量程和使用范围. 根据这些条件所设计的线路，应尽可能将测量误差减小到合理范围.

4. 电学实验的注意事项

（1）必须清楚实验原理，看懂电路图，了解各种仪表及元器件的作用.

（2）必须清楚电路中各种仪表及元器件所能承受的最大电流或电压，如果是自行设计电路，还必须有相应的安全保护措施，以避免对电源误操作时产生过大的电流或电压.

（3）接线前应安排好各种仪表及元器件的摆放位置，需要常操作的部件（如电阻箱、滑线变阻器等）以及需要读数的电表应放在顺手或便于观察的位置，电路总开关必须放置在顺手且明显位置，便于出现意外时能立即断开电源.

（4）应按回路接线，接好后必须认真检查，千万不能出现短路的情况.

（5）通电前必须确认各种元器件的状态，如开关的状态、滑线变阻器滑头端的位置、电阻箱的阻值等.

（6）在闭合开关或调节电阻箱及滑线变阻器时，眼睛一定要注意各种仪表指针的偏转情况，一旦出现反偏或突然满偏的情况应立即断开电路，查明原因.

（7）实验过程中，如果电源的输出突然变成了零，这通常是电路出现了短路情况，当电源检测到输出电流过大时会采取自保护措施，自动切断输出.

（8）实验中如果闻到焦糊味、遇到仪器出现冒烟或不正常的声响等异常情况，应立即切断 220V 的供电电源并报告老师，情况严重时应立即快速、有序地离开实验室.

3.2 光学实验基础知识

1. 实验室常用光源

1）白炽灯

白炽灯通常用钨丝作为发光物体，灯泡内的钨丝在低压氮、氩等气体中通电，温度达到 2500K 左右时发光，它的光谱是连续的，光谱能量分布曲线与钨丝的温度有关. 实验中所用的白炽灯多属低电压类型，常用的有 6.3V、12V 等. 与一般民用照明白炽灯相比，实验用灯泡的灯丝较短，发光面集中，发光效率高，具有亮度高、体形小的特点. 使用时，应注意供电电压必须与灯泡上的标称值相等，否则灯泡的亮度不足或者被烧毁.

2）钠光灯和汞灯

钠光灯和汞灯都是气体放电光源，这种光源往往比白炽灯发光效率高，而且光的主要能量集中在某些谱线（频率）上. 气体放电灯的工作原理如下：在电场的作用下，阴极不断发射电子与灯内气体分子发生碰撞，引起分子激发或电离产生光辐射.

钠光灯灯管内,呈蒸气状态的金属 Na 原子受激而发出线状光谱. 在额定供电电压下,钠光灯发出波长 589.0nm 和 589.6nm 的两种单色黄光. 在实际使用中,由于这两种单色黄光波长接近不易区分,常以它们的平均值 589.3nm 作为钠光灯的波长值. 钠灯必须与一定规格的镇流器(限流器)串联后才能接到交流电源上去,否则会毁坏光源. 光源点燃后一般要几分钟后发光才能稳定.

汞灯是以金属 Hg 蒸气原子受激发光为基础的气体放电光源. 汞灯有低压汞灯与高压汞灯之分,实验室中常用低压汞灯,其外形及使用方法与钠光灯相同. 低压汞灯正常点燃时发出青紫色光,主要包括五种单色光,波长分别是 579.07nm(黄光),576.96nm(黄光),546.07nm(绿光),435.83nm(蓝光)及 404.66nm(紫光). 若在光路中配以不同的滤色片,则可获得纯度较高的某单色光.

普通日光灯是在低压汞灯内壁涂上适当的荧光物质,所发的光中既有与日光接近的谱线,也有汞的特征光谱线.

3) He-Ne 激光光源

He-Ne 激光器是一种气体激光器,激光管外形结构如图 3.2.1 所示. He-Ne 激光器有杆状阳极、铝质圆筒的阴极,以及玻璃毛细管. 两端是具有高反射率的反射镜,管内充有 He-Ne 混合气体作为工作物质. 激光器正常发出激光以前,需要外加一个高电压(一般几千伏),击穿管内气体,激励气体放电,因此 He-Ne 激光器配有专用电源.

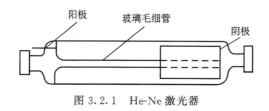

图 3.2.1　He-Ne 激光器

与普通光源相比,激光具有单色性好、发光强度大和方向性强(平行光)等优点. 物理实验常用的 He-Ne 激光器发出的光波波长为 632.8nm,输出激光功率在几毫瓦到十几毫瓦. 因激光器加有高压,操作时应严防触及,以免造成电击事故. 所用激光器功率虽小,但光束极细,光强很高,切勿用眼直接看激光,以防视网膜遭到永久性损伤.

4) 半导体激光源

半导体激光器是以半导体材料为工作物质的一类激光器,常用材料有砷化镓(GaAs)、硫化镉(CdS)等,激励方式有电注入、电子束激励和光泵浦三种形式. 半导体激光器件,可分为同质结、单异质结、双异质结等几种. 实验室常用的是电注入式双异质结激光器,室温下可实现连续工作.

半导体激光器的工作原理是通过一定的激励方式,在半导体物质的能带(导带与价带)之间,或者半导体物质的能带与杂质(受主或施主)能级之间,实现非平衡载流子的粒子数反转. 当处于粒子数反转状态的大量电子与空穴复合,即电子在能带间跃迁时,便产生受激辐射光效应.

半导体激光器工作波长一般为 600～1550nm,连续输出功率可达 10 mW 以上,脉冲输出功率可达千瓦量级. 除了具有一般激光源的单色性好、发光强度大和方向性强的优点外,半导体激光器在体积、质量、可靠性、耗电、效率、寿命等方面有更强的优势.

目前物理实验常用小功率型的半导体激光器,输出功率在 5mW 以下,波长为 650nm

左右. 由于使用方便,在不少实验中取代了 He-Ne 激光器. 半导体激光器配有专用电源,激光器不可直接接入市电. 使用时应尽可能减少半导体激光器的开关次数,延长使用寿命.

2. 常用光学仪器

1) 望远镜

望远镜有增大视角的作用,利用望远镜可以测量远方物体的线度.

图 3.2.2 是一个最简单的望远镜结构图,从右至左依次是目镜、内筒和镜筒,内筒的左端设有准线(十字形准线或其他形). 内筒与镜筒之间滑动配合,拧紧固定内筒螺钉,可以防止两筒相对移动;目镜与内筒之间是螺纹连接. 从结构上看,望远镜可以进行两个方面的调节:转动目镜,改变目镜到准线的距离以便看清准线;松开内筒的固定螺钉,推拉内筒,改变物镜到目镜(同时改变物镜到准线)的距离(这称为调焦),直到看清物体.

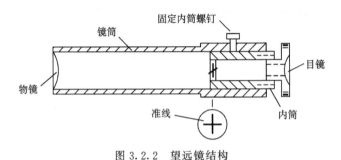

图 3.2.2　望远镜结构

2) 测微目镜

测微目镜量程小,准确度高,可以单独使用,也可以用作光学仪器的附件(如作为测量用显微镜的目镜).

物理实验室常用的测微目镜结构如图 3.2.3(a)所示. 带有目镜(1)的镜筒与本体盒(2)相连,靠近目镜物方焦平面的内侧,固定了一块有标尺的玻璃板(5),标尺分度值为 1mm,共 8mm. 与该玻璃板相距 0.1mm 处平行地放置另一玻璃板(6),称为分划板,其上刻有十字线与二条平行短线,作为测量准线,如图 3.2.3(b)所示. 眼贴近目镜筒观察时,可看到放大的标尺刻线(在玻璃标尺上)及与其相叠的准线(在分划板上). 分划板(6)与读数鼓轮(7)的丝杠(8)通过弹簧(9)相连,当鼓轮顺时针旋转时,丝杠推动分划板沿导轨向左移动,同时将弹簧压缩;鼓轮反时针旋转时,分划板在弹簧恢复力作用下向右移动.

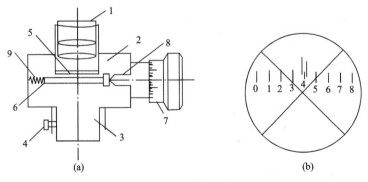

图 3.2.3　测微目镜

1. 目镜;2. 本体盒;3. 接头套筒;4. 螺丝;5. 玻璃标尺;6. 分划板;7. 读数鼓轮;8. 丝杠;9. 弹簧

测微目镜的调节方法因使用场合而异,一般有以下两种.

第一种:用测微目镜测量双缝干涉条纹间距,调节目镜与分划板(6)的间距,至观察者能清楚地看到标尺与测量准线为止.

第二种:测微目镜与其他光学仪器配套使用时,首先完成如上目镜与分划板间距离的调整,然后调节整个测微目镜与待测"物"的间距,使在视场中看清待测物的像,并消除视差.

读数鼓轮每转动1圈,分划板(测量准线)横向移动1mm.读数鼓轮上的刻线将轮缘分成100小格,所以每转过1小格,准线相应地平移0.01mm.

读数=标尺(5)上的毫米数+鼓轮上读数×0.01mm.

因为阴阳螺纹间有间隙,在测量过程中,要始终沿一个方向移动测量准线,即沿一个方向旋转读数鼓轮,以免读数中附加空程误差.

3)读数显微镜

读数显微镜是一种应用很广的光学测量仪器.可以用于测量长度(如孔间距、线间距、刻线宽度、狭缝宽度等)、测量角度、检查加工质量(如工件表面光洁度、检定印刷照相制版的质量等).

图3.2.4(a)为读数显微镜的光路示意图.外界光线可通过反光镜垂直向上至载物台,照亮置于载物台上的待测透明物体,物体由物镜放大后,经转向棱镜,成像在测微目镜的分划板上(分划板上刻有十字准线),再经目镜进入观察者的眼中.

图3.2.4(b)为读数显微镜的结构.目镜套筒(图中未标)上接目镜,下接可绕铅直轴转动的棱镜座,目镜套筒内装有分划板,其上有准线,松开目镜止动螺丝,转动目镜可以改变准线在视场中的取向.物镜直接旋在镜筒上,转动调焦手轮可使显微镜镜筒上升或下降,用于调焦.镜筒可用固定螺丝紧固在立柱的适当位置处.

载物台有 X 与 Y 方向的平动与转动.旋转 X 轴测微鼓轮时,载物台沿 X 轴方向移动.

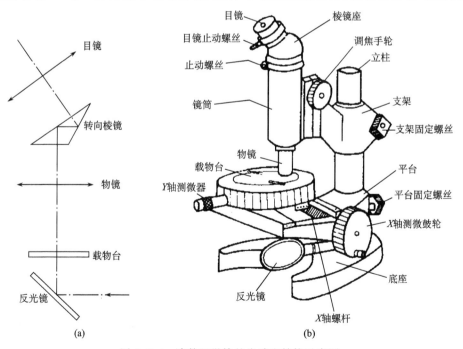

图 3.2.4 读数显微镜的光路和结构示意图

测微鼓轮上的刻线将轮缘分成 100 个小格,丝杠螺距是 1mm,因此,鼓轮每转 1 格,载物台沿 X 方向移动 0.01mm;Y 轴测微鼓轮上的刻线将轮缘分成 50 个小格,而丝杠的螺距为 0.5mm,每小格也对应平移 0.01mm. 测量工作台的圆周上刻有角度值,台面绕铅直轴旋转的角度可由角游标读出,角游标分度值为 $6'$. 载物台装配在平台上,平台与立柱可用平台固定螺丝紧固. 反光镜装在底座上,根据光源方向可以任意转动,以使视场明亮.

读数显微镜的调节方法如下.

(1) 调整反光镜的方位,从目镜中看到明亮的视场.

(2) 调目镜:缓慢转动目镜,从目镜中观察十字准线,看清为止.

(3) 调焦:待测物置于载物台上的物镜下,先从侧面观察,转动调焦手轮,使显微镜向下移至接近(但不触及)待测物. 然后从目镜中边观察边使镜筒向上移,完成调焦.

(4) 消除视差.

(5) 选择十字准线的方向:在用 X 轴螺旋测微器测量物体长度时,物长方向、十字准线的横丝方向、载物台 X 轴移动方向三者要一致. 例如,测圆盘直径,由于圆盘的对称性,只要

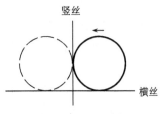

图 3.2.5　测圆盘直径

求十字准线的横丝方向与工作台 X 轴移动方向一致,先使横竖两丝与圆盘都相切,在转动 X 轴鼓轮的过程中,横丝还应始终与圆盘相切,如图 3.2.5 所示.

测量与读数仍以测圆盘直径为例说明. 如图 3.2.5 所示,读初值 x_0,转动 X 轴测微鼓轮,使竖丝与圆盘的另一侧相切,读末值 x,圆盘直径为 $|x-x_0|$. 为了避免空程误差,在两次读数之间,测微器鼓轮只能单向转动. 为了测出不同径向的圆盘直径,可将载物台转过一定角度,进行测量.

3. 使用光学仪器的注意事项

大部分光学元件用玻璃制成,光学表面经过精细的抛光加工. 使用时,应轻拿轻放,勿使元件相碰撞;暂时不用的元件要放回原处,以免在黑暗中碰落摔损;光学表面(使光线反射或折射的表面)有灰尘时,宜用吹气球或软毛刷清除,严禁用纸、布或手指擦拭,以防损伤抛光表面;取放元件时,手只能拿磨砂面(阻止光线经过的面一般都磨成毛面,如透镜的侧面,棱镜的上下底等),如图 3.2.6 所示;不要对着光学元件说话、打喷涕、咳嗽.

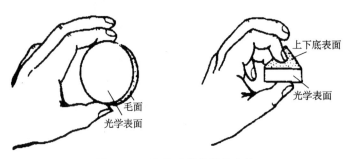

图 3.2.6　取放光学元件的方法

光学仪器中,机械部分加工精密,如摄谱仪的狭缝、迈克耳孙干涉仪丝杆的螺纹、分光计的刻度盘等. 操作光学仪器时,动作要轻,全神贯注. 不许随意拆卸仪器,乱拔旋钮,以防造成仪器损坏或精密度下降.

第4章 力　　学

实验 4.1　杨氏弹性模量的测量

任何物体(或材料),在外力的作用下都会发生形变,物体在一定的弹性范围内形变,其胁强与胁变(相对形变)之比为一常数,叫弹性模量;如果物体是柱形或条形,则(由拉力或压力所导致)沿纵向的弹性模量叫杨氏弹性模量.杨氏弹性量是机械设计、建筑工程及材料性能研究中必须考虑的重要力学量.目前实验室测量杨氏弹性模量的方法主要有静态法和动态法等,本实验采用静态拉伸法测定杨氏弹性模量.

【实验目的】

1. 用拉伸法测量金属丝的杨氏弹性模量.
2. 掌握用光杠杆测量微小长度的原理及方法.
3. 学会用逐差法处理实验数据.

【实验仪器】

杨氏模量测量仪、光杠杆、镜尺组、钢卷尺、螺旋测微计、钢直尺、砝码.

【实验原理】

设一粗细均匀的金属丝长度为 L,横截面积为 S,将其上端固定,下端悬挂砝码,金属丝受砝码重力 F 的作用而发生形变,伸长量为 ΔL,比值 F/S 是金属丝截面上单位面积所受的作用力,称为胁强,而比值 $\Delta L/L$ 是金属丝单位长度的相对形变,称为胁变.在物体一定的弹性范围内,物体所受的胁强与胁变成正比,称为胡克定律,即

$$\frac{F}{S} = E\frac{\Delta L}{L} \tag{4.1.1}$$

其比例系数

$$E = \frac{F/S}{\Delta L/L} \tag{4.1.2}$$

E 称为杨氏弹性模量,简称杨氏模量.式中各量的单位均用 SI 单位时,E 的单位为帕斯卡(即 Pa,$1\text{Pa}=1\text{N/m}^2$).由于相对形变 $\Delta L/L$ 无量纲,故杨氏模量 E 和胁强 F/S 具有相同的量纲.

杨氏模量是表征物体(材料)性质的一个参量,与物体的几何尺寸以及外力大小无关,对于一定材料,E 是一个常数,它仅与材料的结构、化学成分及其加工制造的方法有关.杨氏模量的大小标志了材料的刚性.

该金属丝的直径为 d,则

$$S = \frac{\pi d^2}{4} \qquad (4.1.3)$$

将式(4.1.3)代入式(4.1.2)得

$$E = \frac{4FL}{\pi d^2 \Delta L} \qquad (4.1.4)$$

式中,F、L、d 均可用一般方法测得,但钢丝的形变 ΔL 是一个微小量,很难用一般方法测得,因此本实验关键的问题是如何测准 ΔL,实验中采用光杠杆镜尺法测量 ΔL.

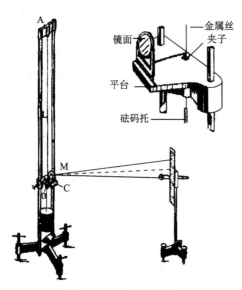

图 4.1.1　杨氏模量仪

1. 杨氏模量仪

杨氏模量仪如图 4.1.1 所示. 三角底座上装有两个立柱和三个调整螺丝(调整螺丝可使钢丝铅直),立柱的上端装有横梁,横梁中间小孔中有个上夹头 A,用来夹紧金属丝 L 的上端. 立柱的中部有一个可以沿立柱上下移动的平台 C,用来承托光杠杆 M. 平台上有一个圆孔和一条横槽,圆孔中有一个可以上下滑动的小圆柱形的下夹头 B,用来夹紧金属丝的下端,小夹头下面挂一砝码托盘,用于承托使金属丝拉长的砝码.

2. 镜尺组

镜尺组包括一个支架上安装的望远镜 R 和标尺 S. 望远镜水平安装,标尺贴近望远镜,竖直安装,与被测长度变化方向平行.

3. 光杠杆

如图 4.1.2 所示,光杠杆是将一小圆形平面反射镜 M 固定在下面有三个足尖 f_1、f_2 和 f_3 的"T"形三角支架上,f_1、f_2、f_3 三点构成一个等腰三角形. 后足尖 f_1 到前足尖 f_2、f_3 连线的垂直距离 b 称为光杠杆的杆长.

光杠杆镜尺法测量微小长度变化的原理如下.

如图 4.1.2 所示,测量时,将光杠杆两前足尖 f_2、f_3 放在平台上的横槽内,后足尖 f_1 放在小圆柱体下夹头的上面,镜面 M 垂直于平台. 望远镜对准镜面时,能从望远镜中看到标尺在镜中的反射像,并可读出与望远镜叉丝横线相重合的标尺读数. 设未增加砝码时,平面镜 M 的法线与望远镜轴线一致,从望远镜中读得的标尺读数为 N_0. 当增加砝码时(图 4.1.3),金属丝伸长 ΔL,光杠杆后足尖 f_1 随之下降 ΔL,平面镜 M 转过 α 角至 M' 位置,平面镜法线也转过 α 角,从 N_0 发出的光线被反射到标尺上某一位置(设为 N_2). 根据光的反射定律,反射角等于入射角,即

$$\angle N_0 O N_1 = \angle N_1 O N_2 = \alpha \quad (ON_1 \text{ 为平面镜转过 } \alpha \text{ 角后的法线位置})$$

所以

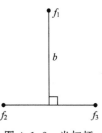

图 4.1.2　光杠杆

$$\angle N_0ON_2 = 2\alpha$$

由光的可逆性原理,从 N_2 发出的光经平面镜 M' 反射后进入望远镜而被观察到. 从图 4.1.3中的几何关系可得

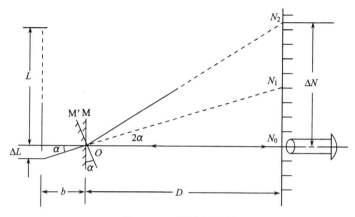

图 4.1.3 测量原理图

$$\tan\alpha = \frac{\Delta L}{b} \tag{4.1.5}$$

$$\tan2\alpha = \frac{\Delta N}{D} \tag{4.1.6}$$

式中,D 为标尺到平面镜的距离($D = ON_0$);ΔN 为标尺两次读数的变化量,此处 $\Delta N = |N_2 - N_0|$.

因 ΔL 很小,且 $\Delta L \ll b$,故 α 很小,所以

$$\tan\alpha \approx \alpha \approx \frac{\Delta L}{b} \tag{4.1.7}$$

又因为 $\Delta N \ll D$,故 2α 亦很小,所以

$$\tan2\alpha \approx 2\alpha \approx \frac{\Delta N}{D} \tag{4.1.8}$$

由式(4.1.7)和式(4.1.8)消去 α,得

$$\frac{\Delta L}{b} = \frac{\Delta N}{2D}$$

即

$$\Delta L = \frac{b \cdot \Delta N}{2D} \tag{4.1.9}$$

此式即为光杠杆测量微小伸长量的原理公式,也可表示为

$$\Delta N = \frac{2D}{b} \cdot \Delta L = K \cdot \Delta L \tag{4.1.10}$$

式中,$K = 2D/b$ 为光杠杆的放大倍数.

本实验中,b 为 $4\sim8\text{cm}$,D 为 $1\sim2\text{m}$,放大倍数可达 $25\sim100$ 倍,因为 $D \gg b$,所以 $\Delta N \gg \Delta L$. ΔL 原本是很难测准的微小长度变化,但经过光杠杆镜尺组转换为标尺上较大范

围的读数变化量 ΔN 后,变得容易得到. 其作用与杠杆的作用原理一样,是一种光学放大的方法,故这种装置称为"光杠杆". 这种方法不但可以提高测量的准确度,而且可以实现非接触测量.

将式(4.1.9)代入式(4.1.4)中,得到杨氏弹性模量 E 的测量公式

$$E = \frac{8FLD}{\pi d^2 b \Delta N}$$

式中,L 为待测金属丝的长度(0.5～1.5m);D 为标尺到平面镜的距离(1.5～2.0m);d 为金属丝的直径(0.003～0.005m);b 为光杠杆后足尖到两前足尖连线的垂直距离(0.04～0.08m);F 为待测金属丝沿长度方向所受的外力(一个砝码重 1kg);ΔN 为标尺读数的变化量.

【实验内容】

1. 调节仪器

基本要求:望远镜全视场内清晰无视差且叉丝位于标尺零刻度附近(±1cm);光杠杆足尖距选择适当、放置合理.

(1) 调节支架底座的三个螺丝,使支架垂直(钢丝铅直),并使夹持钢丝下端的夹头(小金属圆柱体)能在平台小孔中无摩擦地自由活动.

(2) 将光杠杆放在平台上,两前足尖放在平台的沟槽中,后足尖放在下夹头的上表面(不得与钢丝相碰,不得放在夹子和平台之间的夹缝中,以使后足尖能随下夹头一起升降,准确地反映出钢丝的伸缩),然后用眼睛估计,使小平面镜镜面垂直平台.

(3) 调节望远镜标尺至光杠杆平面镜的距离.

(4) 调节望远镜与小平面镜大致等高(先用钢卷尺测量一下平面镜离地面的高度,然后再用钢卷尺测量并调节望远镜的高低与此大致等高).

(5) 移动望远镜,使其对准平面镜,并使望远镜上方两端的缺口准星与平面镜三点成一线.

(6) "外视"观察寻找标尺像. 沿望远镜上方用眼睛对着平面镜直接看去,找到标尺像. 如果看不到标尺像,适当调节望远镜的位置与倾斜度和平面镜的倾斜度.

(7) "内视"调节望远镜. 先转动目镜,使叉丝清晰;后调节物镜(转动右边手轮),即望远镜调焦,使标尺像清晰且无视差(注意:未加砝码时,要使叉丝水平线处于标尺"0"点附近±1mm 之内).

2. 测量数据

(1) 测量 D、L、b、d(自行选择测量仪器).

测量 D 时,将钢卷尺的始端放在平台上的沟槽里,另一端水平拉长对齐标尺.

测量 L 时,钢卷尺的始端放在钢丝下夹头的上表面,另一端对齐上夹头的下表面.

测量 b 时,将白纸平整地放在桌面,光杠杆平放在纸上,轻轻压出三个足尖的痕迹,量出后足尖至两前足尖的垂直距离,即为 b. 数据记入表 4.1.1 中.

测量 d 时,用螺旋测微计在钢丝的不同部位共测量 6 次. 注意记下螺旋测微计的零差. 数据记入表 4.1.2 中.

（2）测量标尺读数 N，从"0"kg 开始读标尺读数 N_0，以后在砝码托上每加一个砝码（1kg），读一次 N_i 值（读到 mm 的小数点后一位），直到 8 个砝码全部加完．然后再将砝码从砝码托上一个个取下，分别记录相应的减砝码读数 N'_i．数据记入表 4.1.3 中．

【预期结果】

（1）b、L、D、F 的数据处理．

表 4.1.1　数据表

b/mm	Δb/mm	L/mm	ΔL/mm	D/mm	ΔD/mm	F/kg	ΔF/kg
	0.5		2.0		5.0		0

根据 B 类不确定度计算公式(1.6.2)，可以得到

$$u_b = \frac{0.5}{\sqrt{3}}, \quad E_b = \frac{u_b}{b}, \quad u_L = \frac{2.0}{\sqrt{3}}$$

$$E_L = \frac{u_L}{L}, \quad u_D = \frac{5.0}{\sqrt{3}}, \quad E_D = \frac{u_D}{D}$$

$$u_F = 0, \quad E_F = 0$$

（2）钢丝直径 d 的数据处理．

表 4.1.2　数据表　　　　　　零差 $\Delta d_0 = $ 　　mm

次　数	1	2	3	4	5	6	平　均
d/mm							

$$u_{Ad} = \sqrt{\frac{\sum\limits_{i=1}^{6}(\bar{d}-d_i)^2}{n(n-1)}}, \quad u_{Bd} = \frac{0.004}{\sqrt{3}}, \quad u_d = \sqrt{u_{Ad}^2 + u_{Bd}^2}, \quad E_d = \frac{u_d}{d}$$

其中 u_{Ad}、u_{Bd} 分别是钢丝直径 d 的 A 类和 B 类不确定度分量．

（3）增、减砝码时标尺读数的数据．

表 4.1.3　数据表

砝码数	望远镜读数/mm			砝码数	望远镜读数/mm			读数差
	加　载	减　载	平均 N_i		加　载	减　载	平均 N_i	$\Delta \bar{N}_{i,i+4} = \bar{N}_{i+4} - \bar{N}_i$
1				5				
2				6				
3				7				
4				8				
				9				平　均

$$u_{A\Delta N} = \sqrt{\frac{\sum\limits_{i=1}^{3}[\Delta(\Delta N_i)]^2}{4 \times (4-1)}}, \quad u_{B\Delta N} = \frac{0.1}{\sqrt{3}}$$

$$u_{\Delta N} = \sqrt{u^2_{A\Delta N} + u^2_{B\Delta N}}, \quad E_{\Delta N} = \frac{u_{\Delta N}}{\Delta N}$$

其中, $u_{A\Delta N}$, $u_{B\Delta N}$ 是 ΔN 的 A 类和 B 类不确定度分量, $u_{\Delta N}$ 是钢丝拉伸量 ΔN 的合成不确定度.

（4）计算杨氏弹性模量 E 的最佳测量值.

$$E = \frac{8FLD}{\pi d^2 b \overline{\Delta N}}$$

（式中, $F = 4\text{kg}$,注意有效数字的取位及 E 的单位.）

计算 E 的不确定度

$$E_E = \frac{u_E}{E} = \sqrt{\left(\frac{u_b}{b}\right)^2 + \left(\frac{u_F}{F}\right)^2 + \left(\frac{u_L}{L}\right)^2 + \left(\frac{u_D}{D}\right)^2 + \left(\frac{2u_d}{d}\right)^2 + \left(\frac{u_{\overline{\Delta N}}}{\Delta N}\right)^2}$$

$$= \sqrt{E^2_b + E^2_F + E^2_L + E^2_D + 4E^2_d + E^2_{\overline{\Delta N}}}$$

其中,取 $E_F = 0$,同时由于 $(E_b, E_L, E_D) < \frac{1}{3}E_d$,利用微小误差准则, (E_b, E_L, E_D) 忽略不计.

$$u_E = E E_E = E \sqrt{4E^2_d + E^2_{\overline{\Delta N}}}$$

最后结果表达式

$$E = E \pm u_E$$

不确定度保留两位有效数字.

【实验拓展】

由于用拉伸法测量金属杨氏弹性模量的负荷大,加载速度慢,存在弛豫过程,因此不能对材料的内部结构进行很真实的反映.在拉伸过程中样品的横向、纵向都有形变,而此法忽略横向形变,对脆弱材料无法用这种方法测量.而动态悬挂法则能克服这些缺点,它是将一根截面均匀的试样（圆棒或矩形棒）悬挂在两个传感器（一个激振器,一个谐振器）下面,在两端自由的条件下,使其作自由振动.实验时测出试样振动的固有频率,根据试样的几何尺寸、密度等参数,即可测得材料的杨氏弹性模量.

【实验意义】

实验中采用光杠杆测量方法,光杠杆测量是物理实验中非接触测量微小位移变化的一种有效和广泛使用的方法.

【思考题】

（1）逐差法处理数据的优点是什么？什么样的数据才能用逐差法处理？

（2）实验中用不同的测量仪器测量多种长度量,为什么？哪些量的测量误差对结果影响大？

实验 4.2　刚体转动惯量的测定

转动惯量是刚体转动时惯性大小的量度,是表明刚体特性的一个物理量,其量值的大小与物体的形状、质量分布及转轴的位置有关. 对于几何形状简单,且质量分布均匀的刚体,可以直接用公式计算出它相对于某一确定转轴的转动惯量. 但对于形状比较复杂,或质量分布不均匀的刚体,用数学方法计算其转动惯量是非常困难的,因而大多采用实验方法来测定.

【实验目的】

1. 通过实验掌握恒力矩转动法测定刚体转动惯量的原理和方法.
2. 观测刚体的转动惯量随其质量、质量分布及转轴不同而改变的情况,验证平行轴定理.
3. 学会使用通用电脑计时器来测量时间.

【实验仪器】

实验仪器(图 4.2.1)包括 XD-GLY 转动惯量实验仪及测试件,XD-GLY 通用电脑计时器,砝码组.

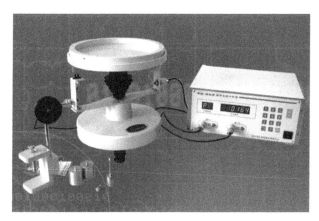

图 4.2.1　转动惯量实验仪

1. XD-GLY 转动惯量实验仪

转动惯量实验仪的组成如图 4.2.2 所示,由转动架、载物台、光电门、砝码、吊线支架及滑轮等组成. 绕线塔轮通过特制的轴承安装在主轴上,转动时的摩擦力矩很小. 塔轮半径为 15mm,20mm,25mm,30mm,35mm 共五挡,可与 6g 的砝码托及一个 5g、四个 10g 的砝码组合,产生大小不同的力矩.

载物台用螺钉与塔轮连接在一起,随塔轮转动. 被测试件有一个圆环,两个圆柱;试件上标有几何尺寸及质量,便于转动惯量的测试值与理论计算值作比较. 圆柱试件配重块可插入载物台上的不同孔,这些孔与载物台中心的距离依次为

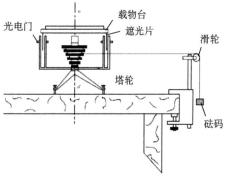

图 4.2.2　转动惯量实验仪结构图

50mm、75mm 和 100mm.

铝制小滑轮的转动惯量与实验台相比可忽略不计. 实验仪上的两个光电门,只使用其中一个,另一个作备用,可通过电脑计时器上的按钮进行切换.

2. XD-GLY 通用电脑计时器.

该计时计数器用来测量物体转动几周所用时间,它由主机和光电探头两部分组成,在载物台下方有两个挡光杆,载物盘转动时,挡光杆通过发光管和接收管(光电探头)之间的狭缝,计时计数器就记录下挡光相应的次数和时间. 载物台每转动一周挡光两次.

接通电源后,电脑计时器进入自检状态. 8 位数码管显示器同时点亮,否则本机出现错误. 数码显示器显示"P-----0 1 6 4",为系统默认值. 按"OK"键进入工作等待状态,数码显示"00 000000",进入计时工作状态.

本计时器的数据查询方法:在仪器工作中,按任意键(复位键除外)均可中断工作进程,面板显示停留在最近记录的数据,并进入数据查询状态. 计时结束后,本机自动进入数据查询状态,面板显示停留在最近记录的数据. 再连续两次键入数字,则面板显示由此数字组成的记录组数及时间;但是,如果输入的数据大于你所设定的最大记录组数,输入将无效,显示停留在最近查询的记录组数及时间. 每次按一次"OK"键,则面板显示的记录组数递增一位,每次按下"_____"键则递减一位.

系统复位,任何时候按"复位"键,本机回到机器自检状态,并清除原有的所有时间记录数据.

【实验原理】

1. 恒力矩转动法测定转动惯量

根据刚体的定轴转动定律,有

$$\boldsymbol{M} = J\boldsymbol{\beta} \qquad (4.2.1)$$

式中,$\boldsymbol{M}$ 为刚体所受的合外力矩,J 为刚体对转动轴的转动惯量,$\boldsymbol{\beta}$ 为角加速度.

本实验中,转动系统所受外力矩有:挂有砝码的绳子给予的力矩 $\boldsymbol{T}_r$ 和转动轴受到的摩擦力矩 $\boldsymbol{M}_\mu$. 假设以某初始角速度转动的实验台转动惯量为 J_1,塔轮上没有绕线,即未加砝码时,在摩擦阻力矩 $\boldsymbol{M}_\mu$ 的作用下,实验台将以角加速度 $\boldsymbol{\beta}_1$ 做匀减速运动,即

$$-\boldsymbol{M}_\mu = J_1\boldsymbol{\beta}_1 \qquad (4.2.2)$$

将质量为 m 的砝码和砝码托,用细线绕在半径为 R 的实验台塔轮上. 它们在重力作用下开始下落,并带动实验台开始转动. 系统在恒外力作用下将做匀加速运动. 若砝码的加速度为 $\boldsymbol{a}$,则细线所受张力为 $\boldsymbol{T} = m(\boldsymbol{g} - \boldsymbol{a})$. 若此时实验台的角加速度为 $\boldsymbol{\beta}_2$ 则有 $\boldsymbol{a} = R\boldsymbol{\beta}_2$,细线施加给实验台的力矩为 $\boldsymbol{TR} = m(\boldsymbol{g} - R\boldsymbol{\beta}_2)R$,此时有

$$m(\boldsymbol{g} - R\boldsymbol{\beta}_2)R - \boldsymbol{M}_\mu = J_1\boldsymbol{\beta}_2 \qquad (4.2.3)$$

将式(4.2.2)和式(4.2.3)联立消去 $\boldsymbol{M}_\mu$ 后,可得

$$J_1 = \frac{mR(\boldsymbol{g} - R\boldsymbol{\beta}_2)}{\boldsymbol{\beta}_2 - \boldsymbol{\beta}_1} \qquad (4.2.4)$$

同理,若在实验台上加上被测物件后系统的转动惯量为 J_2,加砝码前后的角加速度分别为

β_3 与 β_4，则有

$$J_2 = \frac{mR(g - R\beta_4)}{\beta_4 - \beta_3} \tag{4.2.5}$$

由转动惯量的叠加原理可知，被测试件的转动惯量 J_3 为

$$J_3 = J_2 - J_1 \tag{4.2.6}$$

测得相应的塔轮半径 R、砝码和砝码托的质量 m 及 β_1、β_2、β_3、β_4，由式(4.2.4)~(4.2.6)即可计算被测试件的转动惯量.

2. 刚体转动的角加速度 β 的测量

本实验中采用 XD-GLY 通用电脑计时器，可以存储遮挡光电门的次数和相应的时间. 固定在载物台圆盘下方的边缘上有两遮光细棒，每转动半圈遮挡一次固定在底座上的光电门，即产生一个计数光电脉冲. 计数器记录下遮挡次数 k 和相应的时间 t. 若从第一次遮挡光($k=0, t=0$)开始，记录下遮挡次数和相应的时间，且初始角速度为 ω_0，则对于匀变速运动，测量得到的任意两组数据(k_m, t_m)、(k_n, t_n)，相应的角位移 θ_m、θ_n 分别为

$$\theta_m = K_m\pi = \omega_0 t_m + \frac{1}{2}\beta \times t_m^2 \tag{4.2.7}$$

$$\theta_n = K_n\pi = \omega_0 t_n + \frac{1}{2}\beta \times t_n^2 \tag{4.2.8}$$

从式(4.2.7)和(4.2.8)中消去 ω_0，可得

$$\beta = \frac{2\pi(K_n t_m - K_m t_n)}{t_n^2 t_m - t_m^2 t_n} \tag{4.2.9}$$

K_m 和 K_n 分别为 t_m 和 t_n 时间内转动的半圈数，由式(4.2.9)即可计算角加速度 β.

3. 平行轴定理

质量为 m 的物体围绕通过质心的转轴转动时，其转动惯量 J_0 最小. 当转轴平行移动距离 d 后，围绕新转轴转动的转动惯量为

$$J = J_0 + md^2 \tag{4.2.10}$$

当刚体距离转轴的距离 d 改变时，系统的转动惯量也有相应的变化.

【实验方法】

测定转动惯量常采用三线摆法、扭摆法和复摆法等，本实验采用恒力矩转动法对刚体的转动惯量进行测定.

1. 实验准备

利用 XD-GLY 转动惯量实验仪基座上的三颗调平螺钉，将仪器调平. 将滑轮支架固定在实验台面边缘，调整滑轮高度及方位，使滑轮槽与选取的绕线塔轮槽等高度，方位相互垂直，如图 4.2.3 所示.

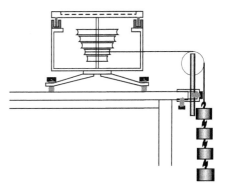

图 4.2.3 仪器调节示意图

将通用电脑计时器上二路光电门的开关置于一路接通,另一路断开作备用状态.由于砝码下落距离有限,同时本实验专用计算软件设置次数为8,一次测量记录8组数据.

2. 测量并计算实验台的转动惯量 J_1

(1) 测量 β_1.

接通电脑计时器电源开关后,进入设置状态,不用改变默认值;用手拨动载物台,使实验台有一初始转速并在摩擦阻力矩的作用下做匀减速运动;按"OK"键,仪器开始测量光电脉冲次数(正比于角位移)及相应的时间;待显示8组测量数据后,停下实验台的转动,再次按"⟵"或"OK"键,仪器进入查阅状态,将数据记入表 4.2.1 中,采用逐差法处理数据.

(2) 测量 β_2.

选择塔轮半径 R 及砝码质量,将一端打结的细线沿塔轮上开的细缝塞入,并且不重叠地密绕于所选定半径的轮上,细线另一端通过滑轮后连接砝码托上的挂钩,用手将载物台稳住;按"复位"键,进入设置状态后再按"⟵"键,使计时器进入工作等待状态;释放载物台,砝码重力产生的恒力矩使实验台产生匀加速转动,进行相关数据的测量.

3. 测定圆环的转动惯量

将待测试样圆环放于载物台上,并使试样几何中心轴与转轴中心重合,按测量 J_1 的同样方法,分别测量并记录计算未加砝码的角加速度 β_3(减速)和加砝码后的角加速度 β_4(加速)所需的相关数据.

圆盘、圆柱绕几何中心轴转动的转动惯量理论值公式为

$$J = \frac{1}{2}mR^2$$

圆环绕几何中心轴的转动惯量理论值公式为

$$J = \frac{m}{2}(R_内^2 + R_外^2)$$

根据被测试样铭牌上的参数,计算它的理论值,并与试样的转动惯量的测量值进行比较.

4. 验证平行轴定理

将两圆柱体(即配重块)对称地插入载物台上与中心距离为 d_1(如 50mm)的小孔中,测量两圆柱体在此位置的转动惯量所需的实验参数.再将两圆柱体对称地插入载物台上与中心距离为 d_2(如 100mm)的小孔中,测量两圆柱体在这一位置的转动惯量.

5. 用作图法测定样品的转动惯量

将待测试样(圆环)放在载物台上,保持塔轮半径 R 不变,分别加载不同质量的砝码,改变外力的大小,进行测量,根据所测得的数据,计算可得到不同的 β 值.根据 $M=J\beta$,得 $m(g-a)R=J\beta$.因 $g\gg a$,有 $mgR=J\beta$,在 m-β 坐标系上作图,其斜率为 $k=\dfrac{J}{gR}$,由此计算得到转动惯量,可证明转动惯量与外力矩无关.

【预期结果】

1. 测定实验台的转动惯量 J_1

载物台上不放试样圆环,测定实验台在摩擦力下的减速运动 β_1;测定在确定质量的砝码(含砝码托)通过绕线所加的外力作用下,载物台转动的加速度 β_2;记录上述两种转动状态的半圈数和相应的时间. 将数据记入表 4.2.1 中,采用逐差法处理数据. 根据加速度值,计算出实验台的转动惯量 J_1.

表 4.2.1 测量实验台的角加速度数据表

匀减速						匀加速					
次数 K					平均	次数 K					平均
时间 t/s						时间 t/s					
次数 K						次数 K					
时间 t/s						时间 t/s					
$\beta_1(1/\mathrm{s}^2)$						$\beta_2(1/\mathrm{s}^2)$					

2. 测定试样圆环的转动惯量

将待测刚体圆环放在载物台上,分别测出减速和加速运动的相关数据,记录在自拟的数据表中,由式(4.2.5)和(4.2.6)分别计算 J_2 和试样的转动惯量 J_3(即 $J_{环}$). 根据所使用的圆环铭牌上的参数,计算其理论值,并与实验值比较,计算出误差.

3. 验证平行轴定理

分别测量 2 个配重块放置于距离转轴 50mm 和 100mm 处,将测得数据记录在数据表中. 对实验值和理论值进行分析和比较,并计算实验值和理论值的误差.

4. 作图法测定刚体的转动惯量

改变砝码组的质量进行实验,把测得的时间数据,填入表 4.2.2 中. 计算出不同外力矩作用下的角速度值,在坐标纸上作 m-β 图,根据斜率,计算系统的转动惯量.

表 4.2.2 作图法测定转动惯量数据表

m/g ＼ k	1	2	3	4	5	6	7	8	$\bar{\beta}(1/\mathrm{s}^2)$
26.00									
31.00									
36.00									
41.00									
46.00									
51.00									

本实验将对试样圆环的转动惯量进行测量,并利用配重块相对于转轴的距离变化对平行轴定理进行验证.

【实验拓展】

本装置中在砝码(含砝码托)的质量一定时,采用不同半径的塔轮进行实验,也可以改变外力矩的大小,从而对刚体的转动惯量进行测定.

【实验意义】

由于转动惯量具有重要的物理意义,刚体的转动惯量有着重要的物理意义,在科学实验、工程技术、航天、电力、机械、仪表等工业领域也是一个重要参量.

【思考题】

1. 本实验中采用逐差法进行加速度的计算时,应该注意什么问题?
2. 验证平行轴定理时,为什么使用两个配重块对称放置?
3. 试分析本实验误差产生的主要因素.

第5章 电 磁 学

实验5.1 示波器的使用

电子示波器(也称阴极射线示波器,或称示波器)是一种常用的电学仪器,能够简洁地显示各种电信号的波形,可以直接测定电信号的电压、相位、周期和频率等参数. 凡一切可以转化为电压的电学量(如电流、电功率、阻抗等)和某些非电学量(如温度、压力、形变、光、声、磁场等)以及它们随时间变化的过程,都可以用示波器进行观察. 此外用示波器还可以显示两个电压之间的函数关系,如李萨如图、二极管伏安特性曲线等. 因此,示波器是用途极为广泛的通用电子测量仪器之一,在无线电制造工业和电子测量技术等领域,是不可缺少的测试设备.

【实验目的】

1. 了解示波器的工作原理.
2. 掌握示波器的基本调整方法和工作模式.
3. 掌握用示波器观测信号的方法.
4. 掌握示波器和函数信号发生器面板各功能区域和功能按钮.

【实验仪器】

双踪示波器1台,函数信号发生器1台及同轴电缆.

【实验方法】

1. **熟悉示波器面板及函数发生器面板**

(1) 按示波器面板设置,熟悉各区(垂直 Y 向调整功能区域,水平 X 向(扫描)调整功能区域,触发同步功能区域三大区域)按钮功能,检查设置好各开关或旋钮的状态. 将函数发生器的两个输出分别接到 CH1 和 CH2 接口.

(2) 按下电源开关,调节辉度旋钮、聚焦旋钮、水平位移旋钮和垂直位移旋钮位置居中,扫描触发方式选择"自动",触发源选择与"Y方式"选择一致,垂直衰减 VOLTS/DIV 旋钮选择 0.5 V 挡,扫描信号 TIME/DIV 旋钮选择 0.2 ms 挡,约 15s 后屏幕上就会出现光点轨迹,这是"Y方式"所选择的通道的信号轨迹. 通过查看"Y方式"确认此轨迹是来源于 CH1? CH2? 双踪显示? 还是叠加显示?

(3) 如果接通对应通道的"接地"开关,使信号电压为零,那么屏幕上的图形为一水平线. 逆时针旋转 TIME/DIV,即降低扫描信号频率,光点的运动速度会逐步变慢,由此可了解扫描信号的工作方式.

(4) 将 CH1 和 CH2 两个通道的"AC-GND-DC"按钮开关都处于 AC 位置. Y方式选在

CH1 挡位,触发源选在 CH1 处,观察 CH1 的波形;适当调整 CH1 通道的垂直位移旋钮和 VOLT/DIV 挡位开关,使图形在 Y 方向上获得较好显示(图形在 Y 竖直方向不超出荧光屏,占据过半高度,位置居中);调整水平位移旋钮和 TIME/DIV 挡位开关,使图形在 X 方向上获得较好显示(图形在 X 水平方向不超出荧光屏,一个周期占据过半长度,位置居中).观察荧光屏上的光点轨迹变化情况,深入理解波形变化的原理;用同样方式观察 CH2 的波形;观察 CH1 和 CH2 的同时显示(双踪显示):Y 方式选在"双踪 DUAL"挡位,触发源选在 CH1 处或 CH2 处或按下交替触发按钮(观察现象,思考原因).分别调整 CH1 和 CH2 的波形,方法同上;观察 CH1 和 CH2 的相加波形:Y 方式选在"相加"挡位,这时屏幕上出现的波形为 CH1 与 CH2 信号的叠加波形.注意:这个叠加为同向叠加,而不是正交叠加(李萨如图).分别改变 CH1 与 CH2 的频率,观察叠加图形的变化情况.

(5)改变函数发生器的输出波形,在示波器荧光屏上观察相应改变信号.

2. 测量待测信号

将 CH1 和 CH2 两个通道的"AC-GND-DC"按钮开关都处于 AC 位置.测量信号的电压、周期(频率).用示波器测量信号的电压过程可分为两步:

(1)定标.定出屏幕 Y 向上一格表示多大的电压值,也即定出 VOLTS/DIV 的值.其过程是:先输入一已知电压值 U 的信号,然后调节 VOLTS/DIV 旋钮,定出该信号在屏幕 Y 向上占的格数 a,U/a 则表示每格所代表的电压值.

注意:该值一旦确定下来,则在以后的测量过程中绝不允许再调节 VOLTS/DIV 旋钮.但多数型号的示波器出厂时已完成定标工作,此种方法可校验 VOLTS/DIV 旋钮是否错位.

(2)测量.进入待测信号通道,读出该信号的电压峰峰值 V_{p-p}(最高峰与最低峰之间的值)在屏幕 Y 向上的格数 b,则其电压值就为 $b(U/a)$.

用示波器测量信号的周期与测量信号的电压过程一样,不同的是测信号电压时读垂直方向的格数,测信号周期时读水平方向的格数.

(3)按表格 5.1.1 中的参数调整函数发生器信号的输出,从示波器中观察不同的信号(至少三种),读出其电压峰峰值和周期,计算出其对应频率,将相关数据填入表 5.1.1 中.

3. 观察李萨如图,测量待测信号的频率

将已知频率的正弦信号接入 CH1,待测信号接入 CH_2(即将函数信号发生器的"100Hz 正弦"接 CH1,"信号输出"接 CH2);示波器调整到李萨如图工作状态(将 TIME/DIV 旋至"X−Y"、MODE 选在 CH2、SOURCE 选在 CH1).按表 5.1.2 中要求仔细调整未知信号的频率,使屏幕上出现稳定的李萨如图,分别测出水平方向和垂直方向的切点数或交点数,根据式(5.1.5)计算出待测信号的频率.将对应的李萨如图形、CH1 和 CH2 信号的频率记录在表 5.1.2 中.

【预期结果】

本实验的主要内容是在充分理解示波器组成、原理的基础上,把函数发生器的有关信号送入示波器,调出波形,然后测量信号电压、周期等参数.调出波形问题不大,只是一次不一定能调好,一般需要两三次的反复调节.接下来的参数测量,绝大多数学生能得到正确结果

（与函数发生器的输出参数设置相吻合），有一点误差也是正常的. 极少数学生的测量结果与函数发生器的输出设置值相差较大，主要原因是相关微调旋钮（Volts/Div，Time/Div）没有转到相应的校准位置上. 下面的表5.1.1和表5.1.2是数据记录表.

表 5.1.1　测量信号的电压和频率记录表

信号源	CH1/CH2	信号图形	电压峰峰值 V_{p-p}，周期 T，频率 f
正弦波 电压峰峰值＿＿V， 频率＿＿Hz			$V_{p-p}=$＿＿ VOLTS/DIV×＿＿ DIV＝＿＿（　） $T=$＿＿ TIME/DIV×＿＿ DIV＝＿＿（　） $f=1/T=$＿＿（　）
方波 电压峰峰值＿＿V， 频率＿＿Hz			$V_{p-p}=$＿＿ VOLTS/DIV×＿＿ DIV＝＿＿（　） $T=$＿＿ TIME/DIV×＿＿ DIV＝＿＿（　） $f=1/T=$＿＿（　）
三角波 电压峰峰值＿＿V， 频率＿＿Hz			$V_{p-p}=$＿＿ VOLTS/DIV×＿＿ DIV＝＿＿（　） $T=$＿＿ TIME/DIV×＿＿ DIV＝＿＿（　） $f=1/T=$＿＿（　）
正脉冲波 电压峰峰值＿＿V， 频率＿＿Hz			$V_{p-p}=$＿＿ VOLTS/DIV×＿＿ DIV＝＿＿（　） $T=$＿＿ TIME/DIV×＿＿ DIV＝＿＿（　） $f=1/T=$＿＿（　）

表 5.1.2　李萨如图形记录表

频率比 $f_x : f_y$	李萨如图形（任一相位）	CH1-f_x/Hz	CH2-f_y/Hz
1 : 1			
1 : 2			
1 : 3			
2 : 3			

【实验原理】

　　示波器的结构一般可由示波管、放大/衰减器、扫描信号发生器、触发同步系统和电源供给系统组成.（双踪）示波器的结构框图如图5.1.1所示.

　　1. 示波管的构造和工作原理

　　示波管主要由电子枪、偏转系统和荧光屏三个部分组成，它们被全密封在抽成真空的玻璃外壳内，如图5.1.1所示.

　　示波管的阴极被灯丝加热后发射出大量电子，这些电子穿过控制栅（控制电子逸出量）后，受第一、第二阳极的聚焦和加速作用，形成一束电子束，电子束通过两对相互垂直的偏转

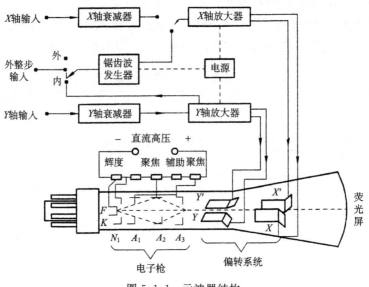

图 5.1.1　示波器结构

板打在示波管的荧光屏上,形成亮点.亮点的亮度与通过控制栅极中心小孔的电子密度成正比,改变控制栅极的电压,就可以改变光点亮度,此即为辉度(亮度)调节.改变聚焦阳极和加速阳极的电压可以影响电子束的聚焦程度,使光点的直径最小,图像清晰,这就是聚焦调节.

　　示波管中的偏转系统是由两对相互垂直的偏转板构成,一般称之为 X(或水平)偏转板和 Y(或垂直)偏转板.在 Y 偏转板上加上电压,则两平行极板之间就会形成均匀电场,当电子束经过这两极板之间时,由于受电场力的作用,其运动方向将随之发生改变,如图 5.1.2 所示,打在荧光屏上光点的竖直位置就是发生在 Y 方向的位移. X 偏转板的作用原理与 Y 偏转板相同. X 偏转板控制电子束在水平方向的运动轨迹,而 Y 偏转板控制电子束在垂直方向的运动轨迹,故依靠这两对偏转板就可以改变电子束的运动轨迹,使电子束到达荧光屏的任意位置.

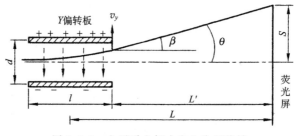

图 5.1.2　电子受电场力发生位置偏转

　　荧光屏上涂有荧光粉,在电子束的轰击下可发出可见光,此发光过程的持续时间称为余辉时间,由于眼睛的视觉暂留与荧光粉的余辉效应,光点的运动可形成稳定的亮线.

2. 放大/衰减器

　　由于示波管偏转板的灵敏度不高,当加在偏转板上的电压信号过小时,电子束不能发生足够的偏转,以致屏上光点位移太小,不便观察.这就需要预先把小信号电压加以放大后再加在偏转板上,同理,当加在偏转板上的电压信号过大时,需要衰减器将信号减小后再加载.

3. 扫描信号发生器

当将交变信号接到垂直 Y 偏转板上时,电子只产生竖直方向的运动,故应看到光点沿垂直方向振动.由于荧光屏上的光点有一定的余辉,这时只能看到一条垂直直线,而不可能看到信号随时间变化的波形.要想看到波形,必须将光点的振动沿水平方向展开,这就需要在水平 X 偏转板上加上一个随时间线性变化的电压,而且当光点移动到屏幕一侧时,需使电压突然变为零,以使光点回到屏幕另一侧,然后重新开始移动,模拟均匀流逝的时间 t. 满足这一需求的电压信号实际上就是锯齿波电压.扫描信号发生器的作用是产生扫描锯齿波,加于 X 偏转板上,使荧光屏上显示波形,如图 5.1.3 所示.具体作用详见"示波器显示波形的原理".

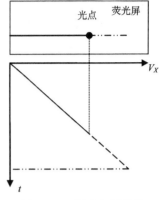

图 5.1.3　锯齿扫描信号
及对应的光点

4. 触发同步系统

锯齿波信号与被测信号来自于两个不同的信号源,周期之间的整数倍关系难以长时间维持不变.当周期之间的整数倍关系相差很小时,荧光屏上的波形在水平方向发生左右移动;当整数倍关系相差较大时,显示出杂乱无章的波形.为了使两个信号的频率成整数倍,用 Y 轴输入信号频率去控制扫描信号发生器的频率,电路的这个控制作用,称为"整步"或"同步".用 Y 轴输入信号频率控制扫描锯齿波信号频率实现的同步称为"内同步";用外加信号频率控制扫描锯齿波信号频率而实现的同步则称为"外同步".同步功能的实现是由示波器上的"TRIGGER"功能区来完成的.

5. 示波器显示波形的原理

X 偏转板的作用是使光点水平运行,而 Y 偏转板的作用是使光点垂直运动.如果在 X 偏转板上不加电压,而只加一个正弦信号到 Y 偏转板上时,在荧光屏上只能看到一条竖直的亮线,仅当信号频率足够小时,我们才能清晰地看到光点的运动过程——正弦振动.

为了能看见正弦波波形图,还必须让光点在水平方向做匀速运动,能满足这一要求的信号只有锯齿形信号.例如,在 Y 偏转板上加上正弦波电压 $V_Y=V_0\sin\omega t$,在 X 偏转板加上周期相同的锯齿波电压 $V_x=Kt$,K 为常数.光点沿 Y 方向的移动代表变化着的信号电压 V_Y,而光点沿 X 轴的移动代表时间 t. 图 5.1.4 显示的是 Y 偏转板正弦信号与 X 偏转板锯齿信号的频率比为 1：1 时,示波器屏幕上看到的二者合成图形.

当二偏转板上的电压都为零时,此时光点打到荧光屏的中央位置.而当二偏转板上的电压都不为零时,此时光点在水平方向、竖直方向对屏的中央分别有偏移量(坐标)X、Y. 由于偏移量与偏转板电压成正比(参看电子束聚焦与偏转实验),即有

$$X=K_1V_X \tag{5.1.1}$$

$$Y=K_2V_Y \tag{5.1.2}$$

其中，K_1 和 K_2 为比例系数，V_X 和 V_Y 分别是水平偏转板、竖直偏转板上所加的信号电压．这里便于大家理解示波器显示波形原理，不妨设 K_1 和 K_2 都为 1 的最简单的情况，则式（5.1.1）和式（5.1.2）化简为

$$X = V_X \tag{5.1.3}$$

$$Y = V_Y \tag{5.1.4}$$

即此时光点在水平方向、竖直方向的偏移量 X、Y 分别是相应偏转板的电压 V_X、V_Y. 这样在图 5.1.4 中将加在水平偏转板上的扫描信号旋转 90°，即可容易地画出（通过简单平移）各个时刻光点在屏上的位置坐标．

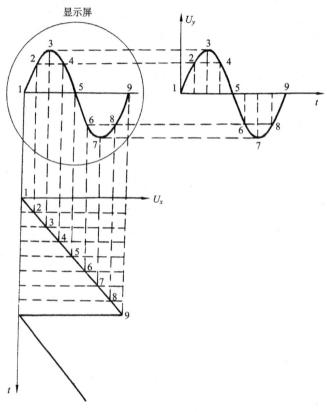

图 5.1.4　示波器波形合成原理图

如果某一瞬间 V_Y 为 1 点，而在同一时刻 V_X 也在 1 点，则屏上相应的光点位置记为 1；下一瞬间，V_Y 为 2 点时，V_X 在 2 点，屏上相应的光点位置记为 2. 如此类推，当 v_Y 变化一个完整的周期时，荧光屏上的光点将正好描绘出与 V_Y 随时间的变化规律完全相同的波形. 我们把在水平偏转板上加上这种电压所起的作用称为"扫描".

上面是 V_X 与 V_Y 周期相同的情况，荧光屏上出现的是一个完整的正弦波形. 若周期不相同，$T_x = nT_y$ 的情况，即 $f_x = f_y/n$，$n = 1,2,3,\cdots$，荧光屏上将出现一个、两个、三个完整的正弦波形. 只有当 f_y 是 f_x 的整数倍时，波形才能稳定.

总之，通过在水平偏转板上加一与时间呈线性关系的锯齿波信号，就可将竖直偏转板上的待测信号（这里是正弦信号）随时间的函数关系在示波器的屏幕上展现开来. 波形曲线在各个时刻的偏移量分别为 X、Y，单位为"大格"（DIV），结合示波器面板上的垂直衰减"VOLTS/

DIV"、扫描时间"TIME/DIV"旋钮,即可容易地算出待测信号的电压、周期、频率等参数.

6. 同步原理

同步的目的是为了稳定波形,这就必然要求被测信号频率 f_y 是锯齿波扫描信号频率 f_x 的整数倍,即 $f_y = nf_x (n=1,2,3,\cdots)$. 此关系式称为同步(整步)条件. 波形稳定的实质是保证每次扫描的起始点都对应待测信号电压的同一相位点. 这样,在扫描信号的每一个周期内,在荧光屏上呈现的波形都相同,加之光点余辉和视觉暂留效应,这样就可以在屏上看到一个稳定不动的波形.

如何才能始终保持二者的频率成整数倍,从而使波形稳定呢? 常用"强制同步"或"触发扫描"的方法. 以往的示波器常用"强制同步",而现在的示波器大多采用"触发扫描".

"强制同步"的方法是将 Y 轴输入的信号接到锯齿波发生器中,通过一固定偏置电压受待测信号调制,改变电容器的充放电时间,进而改变扫描信号的频率,强迫 f_x 跟着 f_y 变化,以保证 $f_y = nf_x$ 条件得到满足,使波形稳定;或者用机外接入某一频率稳定的信号,作为同步用的信号源,使波形稳定. 面板上的"同步增幅"、"同步水平"等旋钮即为此而设.

"触发扫描"不仅可以用于观察像正弦波、三角波、方波等周期性连续信号,而且特别适合用于观察窄脉冲这样前后沿时间很短的信号. 其基本原理是使扫描电路仅在被测信号触发下才开始扫描,过一段时间自动恢复始态,完成一次扫描. 这样每次扫描的起点始终由触发信号控制,每次屏上显示的波形都重合,图像必然稳定. 实际上,示波器中并非直接用被测信号触发扫描,而是从 Y 轴放大器的被测信号取出一部分,使其变成与波形触发点相关的尖脉冲,去触发闸门电路,进而启动扫描电路输出锯齿波. 由于脉冲"很窄",因此它准确地反映了触发点的位置,从而保证了扫描与被测信号总是"同步",屏上即会显示稳定图像. GOS620 示波器面板上的 TRIGGER MODE(触发模式)选择开关置于"NORM"时,为触发扫描;置于"AUTO"时,为连续扫描. 连续扫描的特点是没有被测信号时,扫描发生器自动扫描,屏上显示出一条时间基线;而当被测信号过来时,则会自动转入触发扫描模式.

7. 李萨如图形

李萨如图形是两个互相垂直的正弦(简谐)振动叠加所得到的图形. 如果在示波管的 X、Y 偏转板都加上随时间变化的正弦信号,当这两个正弦信号频率成简单整数比时,荧光屏上亮点的轨迹就为一稳定的闭合曲线——李萨如曲线,如图 5.1.5 所示.

李萨如图形提供了一种比较两个频率的简便方法. 令 f_y 和 f_x 分别代表 Y 偏转板和 X 偏转板上正弦信号的频率,当荧光屏上显示出稳定的李萨如图形时,在水平和垂直方向分别作两直线与图形相切或相交,李萨如图形与振动频率之间的关系如下:

$$\frac{f_y}{f_x} = \frac{\text{水平直线与图形的切(交)点数}}{\text{垂直直线与图形的切(交)点数}} \tag{5.1.5}$$

图 5.1.6(a)中水平直线与图形的相切点数有 1 点(a),垂直直线与图形的相切点数为 2 点(b,c),则 $f_y/f_x = 1/2$;图 5.1.6(b)中水平直线与图形的相交点数为 2 点,垂直直线与图形的相交点数为 4,则 $f_y/f_x = 2/4 = 1/2$.

把一个未知信号与一个频率已知的信号相比较,就可以测出未知信号的频率.

【实验拓展】

相位差的测量有多种方法,其中示波器测量相位差是一种重要的方法. 该法操作简单、

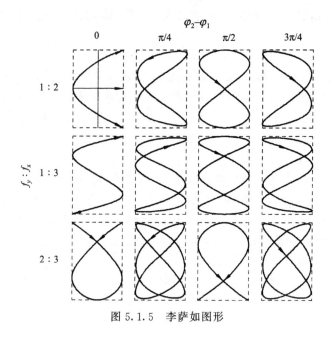

图 5.1.5　李萨如图形

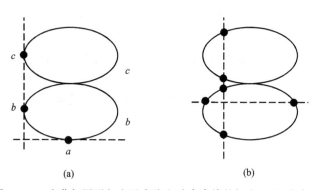

图 5.1.6　李萨如图形与水平直线和垂直直线的切点(a)和交点(b)

直观、具有较高的准确度. 示波器测量相位差又可以分两种方法——时间差测量法、李萨如图形法. 其中,时间差测量法是测量出两同频率的正弦交流信号过零点的时间差,即可计算两信号的相位差;李萨如图形法是测量出示波器屏幕上李萨如图形在水平方向、垂直方向上的最大值,及与坐标轴的交点,即可计算出两信号的相位差.

【实验意义】

　　本实验可以把在电子束聚焦与偏转实验中得到的结论——电子束在示波器屏幕上的偏转位移正比于偏转板的电压,直接应用于示波器显示波形原理的过程中,有助于学生建立波形显示的二维图像,凡一切可以转化为电压的电学量(如电流、电功率、阻抗等)和某些非电学量(如温度、压力、形变、光、声、磁场等)以及它们随时间变化的过程,都可以用示波器进行观察,此外用示波器还可以显示两个电压之间的函数关系,如李萨如图、二极管伏安特性曲线等;又是后面示波器测量声速、光速实验的基础,这两个实验都是把有关参数(波长 λ)的测量转化为相位差的测量,而相位差的测量正是示波器测量信号参数的重要内容. 可以说,本实验起到了一个承上启下的作用.

【实验思考与注意】

1. 双踪示波器是一种较为复杂的电子仪器,其面板上的旋钮和开关较多,因此在做每一步的操作前尽量做到清楚自己想做什么及要操作的旋钮或开关有什么作用,避免盲目操作,禁止用力转动旋钮以免损坏仪器.

2. 如果打开 VOLTS/DIV 旋钮下或 TIME/DIV 旋钮下的微调开关或按钮,此时通过屏幕来测量电压或频率会准吗?

【附录】

GOS620 通用示波器

1. 概述

GOS620 通用示波器是频宽从 DC 至 20MHz(−3dB)的可携带式双频道示波器,垂直灵敏度最高可达 1mV/DIV,并具有长达 0.2μs/DIV 的扫描时间,放大 10 倍时最高扫描时间为 100ns/DIV. 显示部分采用了带内刻度的 8cm×10cm 示波管,无须触发调整的触发电平锁定功能.无论是显示规则信号、视频信号或是占空比大的信号,均能自动同步. TV 同步触发,可同步分离电路,在触发 TV 场及行信号时,能够跟随"TIME/DIV"开关自动转换.其需预热 15min 以上,可连续工作 8h,如图 5.1.7 所示.

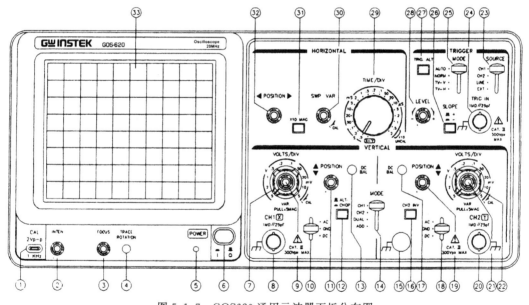

图 5.1.7　GOS620 通用示波器面板分布图

2. 前面板各区域说明

(1) CRT 显示屏.

① CAL(2V_{p-p})　　　　　:此端会输出一个 2V_{p-p},1kHz 的方波,用以校正测试棒及检查垂直偏向的灵敏度.

② INTEN　　　　　　　:轨迹及光点亮度控制钮.

③ FOCUS　　　　　　　:轨迹聚焦调整钮.

④ TRACE ROTATION :使水平轨迹与刻度线成水平的调整钮.

⑤ POWER　　　　　　:电源主开关,压下此钮可接通电源,电源指示灯⑤会发亮;再按一次,开关凸起时则切断电源.

㉝ FILTER　　　　　　:滤光镜片,可使波形易于观察.

(2) VERTICAL 垂直偏向.

⑦㉒ VOLTS/DIV　　　:垂直衰减选择钮,用此钮选择 CH1 和 CH2 的输入信号衰减幅度,范围为 5mV/DIV~5V/DIV,共 10 挡.

⑧ CH1(X)输入　　　:CH1 的垂直输入端;在 X-Y 模式中,为 X 轴的信号输入端.

⑨㉑ VARIABLE　　　:灵敏度微调控制,至少可调到显示值的 1/2.5. 在 CAL 位置时,灵敏度即为挡位显示值. 当此旋钮拉出时(×5 MAG 状态),垂直放大器灵敏度增加 5 倍.

⑩⑱ AC-GND-DC　　　:输入信号耦合选择按键组.

　　　　AC　　　　:垂直输入信号电容耦合,截止直流或极低频信号输入.

　　　　GND　　　:按下此键则隔离信号输入,并将垂直衰减器输入端接地,使之产生一个零电压参考信号.

　　　　DC　　　　:垂直输入信号直流耦合,AC 与 DC 信号一起输入放大器.

⑪⑲ ↕ POSITION　　:轨迹及光点的垂直位置调整钮.

⑫ ALT/CHOP　　　　:当在双轨迹模式下,放开此键,则 CH1&CH2 以交替方式显示(一般使用于较快速之水平扫描文件位);按下此键,则 CH1&CH2 以切割方式显示(一般使用于较慢速之水平扫描文件位).

⑬⑰ DC BAL　　　　　:调整垂直直流平衡点.

⑭ VERT MODE　　　:CH1 及 CH2 选择垂直操作模式.

　　　　CH1　　　:设定本示波器以 CH1 单一频道方式工作.

　　　　CH2　　　:设定本示波器以 CH2 单一频道方式工作.

　　　　DUAL　　:设定本示波器以 CH1 及 CH2 双频道方式工作,此时并可切换⑫模式来显示两轨迹.

ADD 　　　　　 :用以显示 CH1 和 CH2 的相加信号；当⑯为压下状态时，即可显示 CH1 和 CH2 的相减信号.

⑮ GND 　　　　 :本示波器接地端子.

⑯ CH2 INV 　　 :此键按下时，CH2 的信号将会被反向. CH2 输入信号于 ADD 模式时，CH2 触发截选信号（trigger signal pickoff）亦会被反向.

⑳ CH2(Y)输入 　:CH2 的垂直输入端；在 X-Y 模式中，为 Y 轴的信号输入端.

（3）HORIZONTAL 水平偏向

㉙ TIME/DIV 　　:扫描时间选择钮，扫描范围为 0.2μs/DIV～0.5s/DIV，共 20 个挡位.

㉚ SWP. VAR 　　:扫描时间的可变控制旋钮，若按下 SWP. UNCAL 键㉙，并旋转此控制钮，扫描时间可延长至少为指示数值的 2.5 倍；若此键未压下时，则指示数值将被校准.

㉛ ×10 MAG 　　:水平放大键，按下此键可将扫描放大 10 倍.

㉜ ◀POSITION▶ :轨迹及光点的水平位置调整钮.

（4）TRIGGER 触发

㉓ SOURCE 　　 :内部触发源信号及外部触发输入信号选择器.

　　CH1 　　　　:当 VERT MODE 选择器⑭在 DUAL 或 ADD 位置时，以 CH1 输入端的信号作为内部触发源.

　　CH2 　　　　:当 VERT MODE 选择器⑭在 DUAL 或 ADD 位置时，以 CH2 输入端的信号作为内部触发源.

　　LINE 　　　 :将 AC 电源线频率作为触发信号.

　　EXT 　　　　:将 TRIG. IN 端子输入的信号作为外部触发信号源.

㉔ EXT TRIG. IN :TRIG. IN 输入端子，可输入外部触发信号. 欲用此端子时，须先将 SOURCE 选择器㉓置于 EXT 位置.

㉕ TRIGGER MODE :触发模式选择开关.

　　AUTO 　　　:当没有触发信号或触发信号的频率小于 25Hz 时，扫描会自动产生.

　　NORM 　　　:当没有触发信号时，扫描将处于预备状态，荧光屏上不会显示任何轨迹. 本功能主要用于观察 ≤25Hz 的信号.

　　TV-V 　　　 :用于观测电视信号的垂直画面信号.

TV-H	：用于观测电视信号的水平画面信号.
㉖ SLOPE	：触发斜率选择键.
＋	：凸起时为正斜率触发,当信号正向通过触发准位时进行触发.
－	：压下时为负斜率触发,当信号负向通过触发准位时进行触发.
㉗ TRIG. ALT	：触发源交替设定键,当 VERT MODE 选择器⑭在 DUAL 或 ADD 位置,且 SOURCE 选择器㉓置于 CH1 或 CH2 位置时,按下此键,本仪器即会自动设定 CH1 与 CH2 的输入信号以交替方式轮流作为内部触发信号源.
㉘ LEVEL	：触发准位调整钮,旋转此钮以同步波形,并设定该波形的起始点.将旋钮向"＋"方向旋转,触发准位会向上移;将旋钮向"－"方向旋转,则触发准位向下移.

实验 5.2 电势差计的研究

电势差计是利用补偿法原理和比较法测量电压或电动势的测量仪器.用电势差计测电压,不干扰待测电路,其测量结果的准确度仅依赖准确度很高的标准电池和高灵敏检流计等,用电势差计测电压,具有使用方便、测量结果稳定可靠和准确度非常高的特点.电势差计还被用于电流、电阻的精确测量和电学仪表的校正,在非电参量(温度、压力、位移速度等)的电测法中也有广泛的应用,在现代精密测量中,电势差计是应用最广泛的测量仪器之一.

【实验目的】

1. 掌握用补偿法原理和比较法测量电压或电动势的基本原理和方法.
2. 用十一线电势差计测量干电池的电动势.
3. 用十一线电势差计测量干电池的内阻.
4. 用自组电势差计测量干电池的电动势.
5. 用十一线电势差计校正电压表并绘制校正曲线.

【实验仪器】

十一线电势差计、待测电池、标准电池、标准电阻、可调电阻、检流计、工作电源、保护开关、开关、电压表等.

【实验原理】

把电压表接至电池的两端,电压表所显示的是电池的端电压而不是电池的电动势,其原因是由于电池的内电阻不为零,流经电压表的电流在电池内产生了内压降,只有当电池内部电流为零时,电池两端的电压才等于电动势.但是,无电流流经电池,电压表的示值也为零,所以,从原理上讲,不可能用电压表测电池的电动势.

1. 电势差计的补偿原理

用补偿法测量电动势的基本原理可用图 5.2.1(a)所示电路说明,E_0 是可调节输出电压的电源,G 是高灵敏度检流计,R 是分压电阻,E_x 是待测电池的电动势.在图 5.2.1(a)中,由电源 E_0、分压电阻 R 组成的电流回路叫工作电流回路,其主要目的是在分压电阻 R 上产生一稳定的均匀分布并可标定的电压分布.由待测电池 E_x、检流计 G 和分压电阻的部分电阻 R_{CB} 组成的电路回路叫测量电流回路.在测量电流回路中,待测电池的极性与分压电阻 R 上的输出电压 V_{CB} 的极性相对而接,其等效电路如图 5.2.1(b)所示,移动分压电阻上的滑动头 C,当测量回路的电流为零时(可由检流计的显示值为零而得知),则有

$$E_x = V_{CB} = I_0 R_{CB} \tag{5.2.1}$$

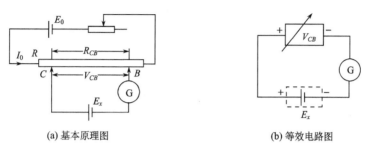

(a) 基本原理图   (b) 等效电路图

图 5.2.1 补偿法的基本原理图与等效电路图

式中,V_{CB} 为分压电阻 R_{CB} 上的压降;R_{CB} 为分压电阻 R 上 B 到 C 段的阻值;I_0 为工作电流回路中的电流值.若分压电阻 CB 段的电压 V_{CB} 已知,则可得到电池电动势 E_x 的值,这种测量方法叫补偿法,V_{CB} 叫补偿电压.

2. 一般电势差计测量电动势的原理

从补偿法原理得知,要精确地测出 E_x,则必须要求分压电阻 R 上的电压标度稳定而且准确.因此,为了获得准确的补偿电压值,实际的电势差计除采用补偿法外,还要采用比较法去获得准确的测量结果,其原理如图 5.2.2 所示.

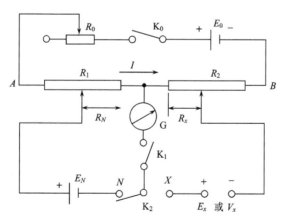

图 5.2.2 一般电势差计测量电动势的原理图

在图 5.2.2 中,E_0 为输出电压可调的电源,R_0 为工作电流调节电阻,R_1、R_2 为分压电阻,由 E_0、K_0、R_1、R_2、R_0 组成的电流回路叫工作电流回路.在电势差计的使用过程中,若 E_0 发生了变化则可通过调节 R_0 使 R_1、R_2 两端的电压保持不变,即维持整个工作电流回路

中的电流 I_0 保持不变,若分压电阻 R_1 和 R_2 上的电压已事先被标定,则可维持其标度值的稳定和准确. 由标准电池 E_N、检流计 G 和 R_1 的部分电阻 R_N 加上开关 K_1、K_2 组成的电流回路叫标准化电路回路,该回路的主要任务是精确确定分压电阻上的电压标度值. 由 R_2 的部分电阻和 R_x、待测电池电动势 E_x、检流计 G 和开关 K_1、K_2 组成的电流回路叫测量电流回路. 由于在电势差计的使用中,R_1、R_2 两端的电压始终保持不变,即工作回路电流 I_0 始终保持不变,且分别对 E_N 和 E_x 的两次补偿法测量中,$I_g = 0$,则有

$$E_N = I_0 R_N \tag{5.2.2}$$

$$E_x = I_0 R_x \tag{5.2.3}$$

两式相除并消去 I_0,则得到

$$E_x = \frac{E_N}{R_N} R_x \tag{5.2.4}$$

由上式可得知,待测电动势的测量值取决于电阻比和标准电池的电动势 E_N. 式(5.2.4)还意味着,如果永远保持 I_0 为定值,则可把 R_x 之值直接标定为被测电压或电动势之值,I_0 是否为定值可用标准化工作电流回路中对 E_N 的补偿结果来检验.

综上所述,电势差计是一个精密的电阻分压装置,用来产生一个有一定调节范围且标度值准确稳定的电压,并用它来与被测电压或电动势相补偿,以得到被测电压或电动势的量值. 电势差计的基本电路由三部分组成,分别是工作电路回路、标准化电路回路和测量电流回路. 在电势差计的测量过程中,其标准化电流回路和测量电流回路中的电流均为零,表明测量时,即不从标准电池 E_N 或待测电池 E_x 中产生电流,也不从电势差计工作电流回路中分出电流,因而是一种不改变被测对象状态的测量方法,从而避免了测量回路的导线电阻、标准电池内阻、待测电池内阻等对测量结果的影响,使得测量结果的准确度仅取决于电阻比和标准电池的电动势,因而可以达到很高的测量准确度.

3. 线式电势差计测量电池电动势的原理

线式电势差计由输出电压可调的工作电源 E_0、可变电阻 R_0、控制开关 K_0 及一电阻率均匀的电阻丝 AB 组成工作电流回路,R_0 用于调节电阻丝 AB 两端的端电压. 由标准电池 E_N,检流计 G_1、开关 K_1 及 $C'D'$ 段电阻丝组成标准化电流回路,由待测电池 E_x、电阻丝 CD、检流计 G_2、开关 K_2 组成测量电流回路,如图 5.2.3 所示.

当标准化电流回路中的标准电池 E_N 在分压电阻 R 的 $C'D'$ 段得到补偿,测量电流回路中的待测电动势 E_x,它在分压电阻 R 的 CD 段得到补偿,设 $C'D'$ 段电阻丝和 CD 段电阻丝的长度分别为 L_N 和 L_x,则有

$$E_N = I_0 \gamma_0 L_N \tag{5.2.5}$$

$$E_x = I_0 \gamma_0 L_x \tag{5.2.6}$$

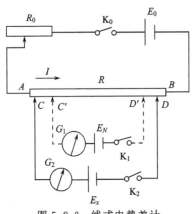

图 5.2.3 线式电势差计
测量电池内阻的线路图

式中,I_0 的工作电流回路中的电流,在两次补偿过程中保持不变,γ_0 为电阻丝 AB 单位长度的电阻值,从上两式中消去 $I_0 \gamma_0$ 可得

$$E_x = \frac{L_x}{L_N} E_N \tag{5.2.7}$$

即待测电池电动势的值仅取决于电阻丝的长度比和标准电动势的值.

4. 线式电势差计测量电池内阻的原理

图 5.2.4 是用线式电势差计测量电池内阻的原理图. 图中, E_0、R_0、K_0 和电阻丝 AB 组成工作电流回路, 测量回路中 R_x 为电池内阻, R_1 是标准电阻.

当 K_1 开关断开时, 调节 CD 使电路达到补偿状态, 有

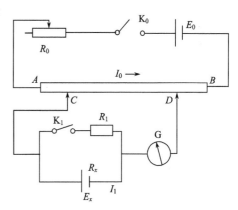

$$E_x = I_0 \gamma_0 L_x \qquad (5.2.8)$$

式中, I_0 为工作电流回路中的电流, γ_0 为电阻丝 AB 单位长度的电阻值, L_x 是 E_x 被补偿后 CD 两点间电阻丝的长度.

闭合开关 K_1, 改变 CD 的位置, 使电路再达到补偿状态, 此时检流计中的电流虽然为零, 但由 E_x、R_x、K_1、R_1 所组成的闭合回路中却有电流 I_1 存在, 根据全电路欧姆定律

$$E_x = I_1 R_1 + I_1 R_x$$

图 5.2.4 线式电势差计测量电池内阻的线路图

再根据部分电路欧姆定律和电路被补偿的条件有

$$V = I_1 R_1 \qquad (5.2.9)$$
$$V = I_0 \gamma_0 L_V \qquad (5.2.10)$$

式中, V 为电池的端电压, L_V 为电池的端电压被补偿后 CD 两点间电阻丝的长度. 将以上各式联立求解可得电池内阻的计算公式为

$$R_x = \frac{L_x - L_V}{L_V} R_1 \qquad (5.2.11)$$

【实验方法】

1. 用十一线电势差计测量待测电池的电动势

十一线电势差计测电池电动势的电路如图 5.2.5 所示, 电阻丝 AB 长 11m, 往复绕在木板上的十一插孔 $B, 0, 1, 2, \cdots, 10$ 之间, 每两个连续标号的插孔间电阻丝的长为 1m, 插头 C 可置于任一插孔内, 电阻丝 $B0$ 段下有一最小毫米刻度的米尺, 压触键 D 可在上连续滑动, 因此插头 CD 间的电阻丝长度可在 0~11m 间连续变化, 压触键 D 压下时电路接通, 松开后电路断开.

保护开关为将一较大电阻并接到一普通开关两端而成, 在本实验中其作用是保护检流计等, 当电路未得到精确补偿时, 可能有较大电流流经检流计 G, 此时应打开开关, 让电流流经大电阻, 使电阻起到限流作用, 当电路接近或得到补偿时应闭合开关, 使开关间的电阻为零, 以便充分利用检流计的高灵敏度, 使待测电动势或待测电压得到准确度很高的补偿.

标准电池是提供标准电压的装置, 不能作为电源使用, 不许通过大的电流, 不允许将两端短接, 不许用电压表去测其端电压, 不许振动和倒置.

检流计是一种高灵敏度的电流检测仪表, 实验室所用的检流计的灵敏度一般可达 10^{-9}

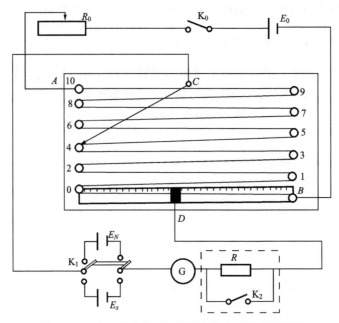

图 5.2.5 十一线电势差计测量电池电动势实验线路

A 或以上,使用中严禁通过较大电流以免损坏仪表.

实验步骤如下:

(1) 按图 5.2.5 连接好实验线路,特别要注意电源、标准电池和待测电池的极性不能接错,错接极性不但不能找到补偿点而且还可能损坏标准电池和检流计.

(2) 确定电阻丝 AB 两端点的电压值 V_{AB},由于待测电池电动势一般在 1.5V 以上,为充分利用电阻丝的长度以提高测量精度,一般 V_{AB} 选为 1.6~2.0V,V_{AB} 必须大于 E_x,调 R_0 将电阻丝 AB 端电压调到所选值,并作记录,在整个测量过程中保持该值不变.

(3) 测量 L_N. 根据 V_{AB} 估计 L_N 的近似值 $L_N' = E_N / V_{AB} \times 11 \text{(m)}$,打开保护电键 K_2,把 K_1 开关倒向 E_N 一侧后,将 $C'D'$ 间电阻的长度置 L_N' 附近,压下 D 键,在 $0B$ 段电阻丝上滑动使检流计的通过电流为零,然后再闭合 K_2 保护开关,继续滑动 D 键,找到使检流计中流过的电流为零的补偿点,记录此时 $C'D'$ 两点电阻丝的长度即 L_N(为了进一步提高测量值的准确度可采用左右逼近法求 L_N).

(4) 测量 L_x. 先用公式 $L_x' = 1.5 / E_N \times L_N$ 求得 L_x 的近似值,把开关 K_1 倒向 E_x,将保护开关 K_2 打开,然后 CD 间电阻丝的长度调为 L_x',压下 D 键并在 $0B$ 段滑动至检流计通过的电流为零,再闭合 K_2 保护开关,继续移动 D 至检流计通过的电流为零,记录下此时 CD 间电阻丝的长度 L_x(为提高测量的准确度,同样可以采用左右逼近求 L_x).

(5) 求电池的电动势

$$E_x = \frac{L_x}{L_N} E_N(t) \qquad (5.2.12)$$

式中,$E_N(t)$ 为标准电池在温度为 t 时的电动势,其值为

$$E_N(t) = E_{N(20)} - [39.9(t-20) + 0.49(t-20)^2 + 0.009(t-20)^3] \times 10^{-6} \text{(V)}$$

$$(5.2.13)$$

$E_{N(20)}=1.0186V$ 为温度 20℃时标准电池的电动势.

2. 用十一线电势差计测待测电池的内阻

实验步骤如下:

(1) 根据图 5.2.4 设计并连接好用十一线电势差计测量待测电池内阻的实验线路,注意待测内阻的电池的极性和电源的极性要对接,不能接反.

(2) 调节 R_0 将 V_{AB} 调到 1.6~2.0V 某一确定值并作记录.

(3) 测量 L_x,用公式 $L'_x=1.5/V_{AB}\times11(m)$ 估算 L_x 的近似值,把检流计保护开关打开,打开 K_1 开关,把 CD 两点间长度置 L'_x,然后压下 D 键待检流计示值电流为零后,再闭合检流计保护开关 K_2,断续移动 D 至检流计通过的电流为零,此时 CD 间的电阻丝长度即为 L_x,记录之.

(4) 测量 L_V,闭合 K_1 开关,重复步骤(3)使电路得到补偿后,CD 间电阻丝的长度即为 L_V,并记录之.

(5) 用公式

$$R_x=\frac{L_x-L_V}{L_V}R_1 \qquad (5.2.14)$$

计算电池的内阻.

【预期结果】

可精确地测量干电池的电动势和内阻.

【实验拓展】

用线式电势差计较正电压表.

1. 实验任务

校准所提供的电压表,绘制校正曲线.

2. 可供选择的仪器

十一线电势差计、检流计、单刀双掷开关、保护开关、单刀开关、标准电池、滑线变阻器 2 个、电压表、直流稳压电源等.

3. 设计提示

(1) 设计并连接好十一线电势差计的工作电流回路、标准化电流回路和测量电流回路,测量回路中的待测电压和电压表所测的为同一电压,电势差计测量的量程(V_{AB})要略大于被校正电压表的量程,并以此设计其工作电流 I_0.

(2) 把一电源和一滑线变阻器接成电压连续可调的分压器,把分压器的输出电压接到电压表的电压输入端测量其电压值.

(3) 把分压器的输出电压同时并接到电势差计的测量电流回路中进行测量,注意该分压器输出的电压的极性和电势差计电源极性相对而接,不能接错.

(4) 让分压器输出的电压连续改变,选取一定间距的电压值,分别用十一线电势差计和电压表同时测出,并记录之.

(5)分别求出用两种方法测得同一电压测值之差

$$\Delta V_i = V_{i电势差} - V_{i电压表} \qquad (5.2.15)$$

作 ΔV-V 曲线(即校正曲线).

【实验意义】

通过本实验可以使同学们了解补偿法和比较法的优点和应用范围,掌握一种测量干电池电动势和内阻的方法,体会在实验中如何合理地选择实验条件.

【思考题】

1. 标准电池在电势差计的测量中起什么作用,怎样正确地使用标准电池而不会损坏它?

2. 什么叫补偿法,它有哪些优点?

3. 在用十一线电势差测量过程中,假定检流计只偏向一边,试分析可能有哪些原因,会造成哪些损害?

4. 用电势差计测电压,有哪些电流回路,分别起什么作用,是否同时工作?

实验 5.3 静电场的模拟实验

随着静电应用、静电防护和对静电现象研究的日益深入,常常需要确定带电体在空间产生的静电场分布. 通常对静电场的分布可以通过计算或直接测量得到,特别是今天,随着计算机的广泛运用,用计算方法求静电场分布越来越容易,但是对于形状和边界条件等较复杂的带电体的静电场分布,用计算方法将使得计算程序的编制亦较为复杂,而且准确度还很难保证;直接对静电场进行测量,不仅需要复杂的仪器,更主要的是相应测量仪器的引入又会导致原来的场发生变化,所以,人们常常用模拟法测绘静电场.

一般说来,模拟法分为物理模拟和数学模拟,物理模拟即保持模拟对象物理本质相同的模拟,如把缩小的飞机模型放在风洞(一种人工高速气流装置)中模拟飞机在大气中的飞行;数学模拟是指两个不同性质的现象或物理过程,如果它们遵从的规律在形式上相似,有相同的数学方程式和相同的边界条件,就可以利用其相似性,用对容易测量和研究的现象或过程的研究来代替对不容易测量和研究的现象或过程的研究,如本实验中用稳恒电流场来模拟静电场. 模拟法还可用来研究结构的保温性能、水坝渗透规律、地下矿物勘探、电真空器件内电场分布等. 今天,计算机模拟正广泛用于物理实验、工农业生产、气象及自然科学研究的各个领域.

【实验目的】

1. 了解模拟法测静电场分布的原理和方法.

2. 测绘实验室所给各种形状带电体在空间的静电场分布.

3. 测自己设置的带电体在空间的静电场分布.

4. 学会画等势线和电场线并确定空间任一点电场强度.

【实验仪器】

静电场模拟实验仪、各种模拟电极.

【实验原理】

1. 用稳恒电流场模拟静电场

用一种现象去模拟另一种现象,在理论和实验上都有一定的要求.从理论上看,用稳恒电流场模拟静电场的基础是它们必须遵从相同的数学方程,如在均匀介质中,无源处静电场的电势分布服从拉普拉斯方程和安培环路定律;而在均匀导电介质中,无源区电流场的电势分布亦服从拉普拉斯方程和安培环路定律;另外它们还必须有相同的边界条件等.从实验上看,为满足电流场与被模拟的静电场边界条件等相似或相同的要求,设计实验时就应该满足下列条件:

(1)静电场中的带电体与电流场中的电极必须相同或相似,而且在场中的位置也要一致.

(2)被模拟的静电场中带电导体如果表面是等位面,则电流场中的电极也必须是等位面,如果带电体表面附近的场强或电场线处处与表面垂直,则要求电流场中的电极要使用良导体,电流场中导电介质的电导率要远小于电极导体的电导率,这样电流场中电极附近的场强和电力线才处处垂直于电极表面,因此一般用电流场模拟静电场时,导电介质均采用电导率较小的导电纸或水.

(3)电流场中导电介质的分布必须相对应于静电场中介质的分布,如果模拟的是空气(或真空)中的静电场分布,则电流场中的导电介质也必须均匀分布.如果被模拟的静电场中介质是非均匀分布的,电流场中导电介质的电导率亦要作相应的非均匀分布.

2. 无限长同轴圆柱面形带电体静电场的模拟

1)静电场的分布

设有一圆柱面形带电体如图 5.3.1 所示,两同轴圆柱面带有异号电荷,内圆柱面带正电荷,每单位长圆柱面带电量为 λ,内外圆柱面半径分别是 a 和 b,外圆柱面接地,内圆柱面电势为 V_0,两圆柱面间充满均匀介质,根据电磁理论可知,两圆柱面间的静电场与 z 轴无关,为二维平面场,在两柱面间与 z 轴垂直的截面内,电场具有轴对称性,电力线与圆柱面垂直,呈辐射状.根据高斯定理,在截面内距轴为 $r(a\leqslant r\leqslant b)$ 的一点 P,其静电场强度为

$$E_r=\frac{\lambda}{2\pi\varepsilon_0}\cdot\frac{1}{r} \qquad (5.3.1)$$

该点的电势

$$V_r=\int_r^b E_r\cdot\mathrm{d}r=\frac{\lambda}{2\pi\varepsilon_0}\int_r^b\frac{\mathrm{d}r}{r}=\frac{\lambda}{2\pi\varepsilon_0}\ln\frac{b}{r}$$

$$(5.3.2)$$

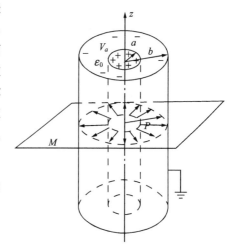

图 5.3.1 同轴圆柱面的电场分布

两柱面间的电势差为

$$V_0 = \int_a^b E_r \cdot \mathrm{d}r = \frac{\lambda}{2\pi\varepsilon_0}\ln\frac{b}{a} \tag{5.3.3}$$

由式(5.3.2)和式(5.3.3)可得两柱面间任一点的电势

$$V_r = V_0\,\frac{\ln\dfrac{b}{r}}{\ln\dfrac{b}{a}} \tag{5.3.4}$$

2) 电流场的分布

由于静电场的分布与 z 轴无关,且具有轴对称性,因此只需对垂直于 z 轴的一个截面的静电场分布予以模拟即可. 模拟电流场的电极为两带电圆柱面截面相同形状的同轴金属圆环,如图 5.3.2 所示. 由于静电场中的介质为真空(或空气),因此,可以把两金属电极间的导电介质取作电导率均匀的导电纸或水. 将外环接地,在内环电极上加电压 V_0. 为了计算电流场的电势分布,先计算两极间的电阻,然后计算电流,最后得出两电极间任意两点的电势差.

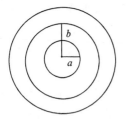

图 5.3.2 同轴圆柱的截面

设两电极间导电介质为水,厚度为 L,电阻率为 ρ,则 $r \sim r+\mathrm{d}r$ 的总电阻为

$$\mathrm{d}R = \rho\,\frac{\mathrm{d}r}{s} = \frac{\rho}{2\pi L} \cdot \frac{\mathrm{d}r}{\gamma} \tag{5.3.5}$$

外环电极到两电极间任一点的电阻为

$$R_{\gamma-b} = \frac{\rho}{2\pi L}\int_r^b \frac{\mathrm{d}r}{\gamma} = \frac{\rho}{2\pi L}\ln\frac{b}{r} \tag{5.3.6}$$

外环电极到内环电极间电阻为

$$R_{a-b} = \frac{\rho}{2\pi L}\int_a^b \frac{\mathrm{d}r}{r} = \frac{\rho}{2\pi L}\ln\frac{b}{a} \tag{5.3.7}$$

两电极间总电流

$$I = \frac{V_0}{R_{a-b}} = \frac{2\pi L}{\rho} \cdot \frac{V_0}{\ln\dfrac{b}{a}} \tag{5.3.8}$$

由于外环接地,因此两电极间半径为 r 处任一点的电势

$$V_r = IR_{r-b} = \frac{V_0}{R_{a-b}} \cdot R_{r-b} \tag{5.3.9}$$

将式(5.3.6)和式(5.3.7)代入式(5.3.9)可得

$$V_r = V_0\,\frac{\ln\dfrac{b}{r}}{\ln\dfrac{b}{a}} \tag{5.3.10}$$

将式(5.3.10)与式(5.3.4)相比较,可见电流场和静电场的电势分布都遵从相同的数学形式和边界条件.

3. 几种常见的带电体的静电场分布和模拟电极形状

图 5.3.3(a)是同轴电缆状带电体的模拟电极和电场分布;图 5.3.3(b)是两平行无限长输电线状带电体的模拟电极和电场分布图;图 5.3.3(c)是两无限长平行板带电体的模拟电极及电场分布.

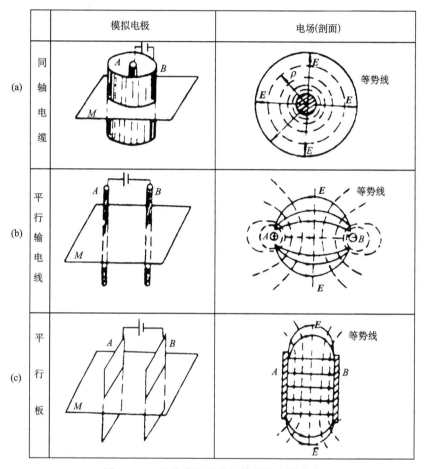

图 5.3.3　几种常见的带电体的静电场分布

【实验方法】

测量给定电极间电场的分布.

1. 接好线路,先把电表指示拨到"极间",调节电源输出,使两电极间电压为设定电压,一般设定两电极间电压 10V 左右.

2. 在载纸盘上放上白纸,把测量仪的电压输出一端与电流场的一个电极相接,另一端与下探针相连接,注意表的接入极性,不要错接.

3. 打点描迹,将电表指示拨向"探测"移动探针,在两电极间分别找出电势为 2V、4V、6V、8V 的点和同位点,并用上探针在纸上将这些同位点打出相对应的小孔.注意根据等势线的形状确定等势点的多少和分布,不可太疏.

4. 用探针把电极的形状点在纸上.

5. 完成所有给定电极的电场分布描迹.

6. 自己设计带电体的形状和边界条件,并设计和它相应的电流场去模拟带电体的空间静电场分布.

提示:根据实验室提供的可自由放置位置的电极和电极盘,设计电极位置和电极间电压,找出其等位线和电场线分布,并指出所模拟的静电场分布及带电体的形状和静电场空间介质的分布状态.

【预期结果】

使用静电场模拟仪能直观地描绘出带电体的二维(平面)电力线分布图,进而能计算平面某点的电场强度的大小.

1. 描绘各种电极间的等位线和电场线.

2. 画无限长同轴导体圆柱面间静电场的等位线和电场线及 V_r-r 分布曲线.

(1) 用直尺量出各等位线的半径,填入表 5.3.1 中.

表 5.3.1 V_r-r 电势分布曲线数据表

V_r/V	0.0	2.0	4.0	6.0	8.0	10.0
r/cm						

(2) 作 V_r-r 关系曲线,以 r 为横坐标,V_r 为纵坐标,用曲线板画出 V_r 电势分布曲线.

3. 作图法求场强.

由电场强度与电势的关系式 $E=-\Delta V/\Delta r$ 可知,若求场中距圆心为 γ 处一点的场强,即可通过 V_r-r 曲线上该点作该处曲线的切线,则该切线的斜率 $\Delta V/\Delta r$ 即为该点处的场强. 试用此法求 $r=4$cm 处的场强.

【实验拓展】

地面大气电场测量仪

大气电场强度是大气电学的基本参数,在晴天电学、雷暴电学以及闪电的研究中,都有重要意义,在雷暴和闪电监测中具有重要作用.

电场探测一般采用导体在电场中产生感应电荷的原理. 在静电场 E 中放置一块金属导体,导体表面就会产生感应电荷,金属导体通过一个电阻接地,就会有电流通过,当电场变化时,测出此电流的变化就可知电场的变化. 但在静电场中,电场基本不变或变化缓慢,根据动态感应原理,要测量这种电场,必须使处在于静电场中的导体产生变化的电荷,因此可采用对一个导体屏蔽和去屏蔽装置的方法. 从测量的对象上可分为地面大气电场探测、空中电场探测及空间电场探测. 地面电场仪可以测量地面大气电场的强度和极性,可对对流云的起电过程进行连续监测.

【实验意义】

通过本实验可使同学们了解数学模拟法的基本原理和实际应用,掌握一种直观描绘带电体电力线图形和计算电场强度的方法.

1. 什么是模拟法？有什么优点？
2. 两电极间等位线的分布和形状与两电极间的电势差的大小有关系吗？
3. 将两电极电压的正负极接反,其等位线和电力线的形状有变化吗？

实验 5.4　电子束聚焦和偏转的研究

很多仪器是应用带电粒子在电场和磁场中的运动规律设计而成的,例如,示波器、显像管、粒子加速器、质谱仪等.此类仪器均需要控制带电粒子束在互相垂直的两个方向的偏转,而这些控制通常用外加偏转电场或偏转磁场来实现.本实验就是要研究电子束在外电场和磁场中的偏转规律.

【实验目的】

1. 研究电子在横向电场中的运动规律.
2. 研究电子在横向磁场中的运动规律.
3. 了解示波管的基本结构和工作原理.

【实验仪器】

电子束实验仪 ZKY-JD-DZS、直流稳压电源、万用表、直流(毫)安培表、导线、开关.

【实验原理】

1. 示波管

实验中用到的主要仪器是示波管,图 5.4.1 是示波管的结构原理图.它主要包括:

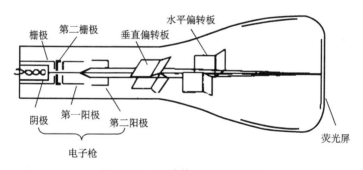

图 5.4.1　示波管的结构原理图

（1）电子枪.它可产生电子,并把电子加速到一定的速度,同时聚焦成电子束.

（2）由两对金属板（X 偏转板和 Y 偏转板）组成的偏转系统.它可使经过的电子束发生偏转.

（3）荧光屏.在电子的轰击下发出可见光,用来显示电子束的轰击点.

电子枪自左至右分别是灯丝、阴极 K、控制栅极 G、第二栅极 A'、第一阳极 A_1 和第二阳

极 A_2. 阴极表面涂有锶和钡的氧化物,灯丝加热阴极 K 至 1200K 时,阴极表面逸出自由电子(热电子).栅极 G 的工作电势低于阴极电势 5~30V,只有那些能够克服这一电势差的较高能量电子才能穿过 G.因此,改变 G 极电势,便可以限制通过栅极的电子数量,从而控制屏上光点的亮度.第二栅极 A' 和第二阳极 A_2 相连,它们的电势用 V_2 表示,V_2 高于阴极电势约 1kV,用于加速阴极发出的电子.第一阳极 A_1 位于 A' 和 A_2 之间,A_1 的工作电势 V_1 低于 V_2,A_1 与 A' 之间、A_1 与 A_2 之间的电场把从栅极 G 射出来的不同方向的电子聚焦,当 V_1、V_2 选取适当时,电子束能够聚焦成一个小点打在荧光屏上.通常将 V_2 固定,改变 V_1,实现聚焦,因此 A_1 被称为聚焦电极,总之电子枪内各电极电势的高低顺序为 $V_G < V_K < V_1 < V_2$.

电子枪的各电极均由金属镍材料制成,它既能屏蔽外电场,又能屏蔽外磁场.

2. 电致偏转

偏转板上所加的电压称偏转电压,当电子束经过两板间时便会在电场的作用下发生电偏转.从阴极发射出来的电子,由第二阳极 A_2 射出时,具有速度 v_z,参见图 5.4.2. v_z 值取决于阴极 K 和第二阳极 A_2 之间的电势差 V_2.如果电子逸出阴极时的初始动能可以忽略不计,那么电子从第二阳极 A_2 射出时的动能由下式确定

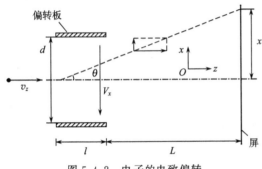

图 5.4.2 电子的电致偏转

$$\frac{1}{2}mv_z^2 = eV_2 \qquad (5.4.1)$$

进入偏转板的电子,在 x 方向做初速为零的匀加速运动.设偏转板上所加电压为 V_x,板长为 l,板间距为 d,板右端至屏的距离为 L,则有 $a_x = F_x/m$,$F_x = eV_x/d$,$v_x = a_x t$.其中,$t = l/v_z$ 表示电子通过偏转板的时间.

因此,电子在离开偏转板的时刻,x 方向的速度为

$$v_x = \frac{elV_x}{mdv_z} \qquad (5.4.2)$$

此刻电子的运动方向与 z 方向的夹角为 $\tan\theta = \dfrac{v_x}{v_z} = \dfrac{elV_x}{mdv_z^2}$.考虑到式(5.4.1),则有

$$\tan\theta = \frac{lV_x}{2dV_2} \qquad (5.4.3)$$

电子到屏上时,在 x 方向偏移量为

$$x = L\tan\theta = \frac{Ll}{2dV_2}V_x \qquad (5.4.4)$$

上述结果表明,光点在屏上的偏移量正比于偏转板上所加电压 V_x,反比于加速电压 V_2.这里要指出,如果仔细考虑偏转板的结构与电子的运动情况,可以证明,式(5.4.4)中的 L 取偏转板中心至屏的距离更为准确.

y 方向电偏转原理与方向 x 相同.

3. 磁致偏转

本节讨论电子束在横向磁场中的偏转. 图 5.4.3 示出了电子在磁场中及离开磁场后的运动情况. l 是磁场 z 向的范围,L 是磁场右边缘至荧光屏的距离. 设电子以速度 v_z 垂直射入指向纸面外的均匀磁场中,由于电子运动的方向始终垂直于磁场,所以电子所受洛仑兹力的大小为

$$F = ev_z B \tag{5.4.5}$$

在此力作用下,电子做圆周运动,其半径 R 服从关系式

$$\frac{mv_z^2}{R} = ev_z B \tag{5.4.6}$$

假设整个磁场引起的偏转很小,则有 $\sin\theta \approx \theta$,$\cos\theta \approx 1-\theta^2/2$. 由图 5.4.3 可知,在电子离开磁场区的时刻,电子轨道的切线与原入射方向间的夹角

$$\theta \approx \tan\theta = \frac{l}{R} = \frac{elB}{mv_z} \tag{5.4.7}$$

电子离开磁场时刻的偏移量

$$a = R - R\cos\theta \approx \frac{mv_z\theta^2}{2eB} \tag{5.4.8}$$

电子到达屏上引起光点的偏移量

$$x = L\tan\theta + a \approx L\theta + a \tag{5.4.9}$$

将式(5.4.7)与(5.4.8)代入式(5.4.9),可得

$$x = \frac{elB}{mv_z}\left(L + \frac{l}{2}\right) \tag{5.4.10}$$

考虑到加速电压 V_2 和电子速度 v_z 的关系,结合式(5.4.1),可得

$$x = \frac{elB}{\sqrt{2emV_2}}\left(L + \frac{l}{2}\right) \tag{5.4.11}$$

上式表明,磁场引起的偏移量与磁感应强度成正比,与加速电压的平方根成反比.

y 方向磁偏转原理与 x 方向相同.

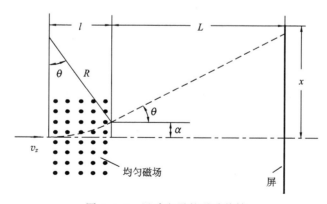

图 5.4.3 运动电子的磁致偏转

【实验方法】

1. 测量偏转电压与电子束偏转量的关系

注意：勿将高电压接至低压电极上；仪器通电之前，控制栅极、加速电极需设置低电势. 切记：接高压电路时单手操作，不可触及高压电极.

图 5.4.4 为电子束偏转仪面板示意图.

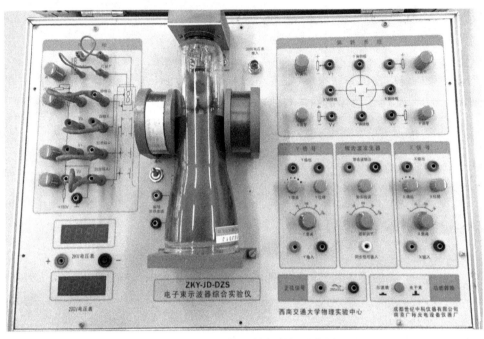

图 5.4.4　电子束偏转仪面板示意图

(1) 线路连接：将 V_x 偏转电压输出孔与 X 偏转板插孔相连，V_y 偏转电压输出孔与 Y 偏转板插孔相连，X 调零电压输出孔与 X' 偏转板插孔相连，Y 调零电压输出孔与 Y' 偏转板插孔相连. 将右下角功能转换开关弹出（选电子束实验）.

(2) 把测低电压（量程 200V）的万用表一端接地，另一端先后接 V_x 和 V_y 两点，将 V_x、V_y 偏转电压分别调为 0V. 再用 X 调零和 Y 调零旋钮把光点移到屏的中心.

(3) 调节 V_G 电势器，使光点的亮度适中；调聚焦电压的旋钮 V_1 和 V_2，使光点聚焦良好；把高压（量程 2kV）电表的两表笔分别接入 V_G 和 V_2 两点，调电势器 V_k 旋钮，改变加速电压 V_2. 同时观察高压电表显示的 V_2 变化范围，在 V_2 变化范围内，取两个 V_2 值，该两值之间差值应大于 100V. 调电势器 V_k，把其中较低点置为第一次测量的加速电压，然后保持各旋钮不变，把高压表显示的 V_2 值记入数据表 5.4.1 中 V_2 栏的第一行中.

(4) 调节 V_x 旋钮，把光点向左移到 x 轴端点（$x=-5$ 格），以此作为测量的起点，测出此时的偏转电压 $V'_x(-5)$；然后向右移动光点，每移动一大格记录一次偏转电压 $V'_x(x)$，直至达到右端点（$x=5$ 格）. 用低压表测量上述偏转电压 $V'_x(x)$，两支表笔分别接面板上的两个 x 偏转板引出端. 若电表指针反转则需调换两表笔.

(5) 调节 V_k 电势器,增加加速电压 V_2,超过第一次测量的加速电压 100V 以上,并将此时高压表显示的 V_2 值记入数据表 5.4.1 中 V_2 栏的第二行中.

(6) 调节 V_x 旋钮,重复步骤(4),测出第二组 $V'_x(x)$ 数据,填入表 5.4.1 中.

2. 测量励磁电流与电子束偏转量的关系

(1) 重复实验方法 1 中测量中的步骤(1)~(3).

(2) 在将稳压电源插入到励磁线圈的两个输入孔之前,需在回路内串联一个(毫)安培表,以便测量励磁电流(此电流大小与产生的磁感应强度 B 的值成正比),经检查电路连接无误后,把稳压电源的电流调节旋钮向右旋到可旋转范围的 2/3,电压调节旋钮向左旋到头,接通稳压电源开关.

(3) 记录光点在屏中心时的励磁电流 0.0mA(励磁电流即为产生偏转磁场所用的电流),然后把稳压电源的电压调节旋钮逐渐向右旋,光点向上或向下每移动一大格时,记录一次励磁电流 $I_M(y)$,直至该方向的端点($y=4$ 或 -4 格),将这些数据作为第一组数据填入表 5.4.2.其中,规定光点向上移动时,对应的励磁电流 I_M 的方向为正,如光点下移,I_M 应记负值.测量完毕,迅速将电压调节旋钮向左旋到头,使励磁电流回归为零.

(4) 用仪器上的电流换向开关使 I_M 反向,再逐渐增大 I_M,光点将反向移动,每移动一格记录一个 $I_M(y)$ 值,直至该方向的端点;然后迅速把电流 I_M 调为零.

(5) 改变加速电压 V_2,重测量一次,获得第二组实验数据,填入表 5.4.2.

(6) 关闭仪器的电源开关.

【预期结果】

表 5.4.1 偏转电压随偏转位置的关系

x/格 偏转电压	-5.0	-4.0	-3.0	-2.0	-1.0	0.0	1.0	2.0	3.0	4.0	5.0	V_2/V
V'_x/V												
V_x/V												
V'_x/V												
V_x/V												

注:$V_x(x)=V'_x(x)-V'_x(0)$,例 $V_x(4.0)=V'_x(4.0)-V'_x(0.0)$.

1. 用表 5.4.1 中数据,以 x 为横坐标,作两条不同加速电压时 V_x-x 曲线,由各曲线可归纳出电子在横向电场中偏转所呈现的线性规律;另外,可得出随着加速电压的增大,V_x-x 曲线的斜率(灵敏度)也将增大的规律.

表 5.4.2 偏转电流随偏转位置的关系

I_M/mA	y/格	-4.0	-3.0	-2.0	-1.0	0.0	1.0	2.0	3.0	4.0	V_2/V
第一组											
第二组											

2. 用表 5.4.2 中的数据,以 y 为纵坐标,作两条 y-I_M 曲线,由各曲线可归纳出磁场引起的偏移量与磁感应强度成正比,与加速电压的平方根成反比的规律.

【实验拓展】

在研究得到电子束在电场(磁场)中的聚焦和偏转规律的基础之上,可利用此实验规律来自组装一台通用示波器仪器.同时,可进一步开展与电子束偏转相关的实验仪器(如粒子加速器和质谱仪等)的性能测试研究.

【实验意义】

通过本实验的研究,可细致地掌握电子在外加电场和磁场中的偏转规律,一方面可对理论结果进行实验验证,另一方面可利用实验得出的规律来制作一些常用的测试仪器.

【思考题】

1. 示波管的水平灵敏度(单位电压引起光点的偏移量)与垂直灵敏度是否相同,怎样在仪器上测量?
2. 磁致偏转实验中,地磁场对测量结果有影响吗?如果有,能否消除或减小其影响?
3. 仪器使用中,第二阳极电势为零,如果它不为零,能否对电子束聚焦,为什么?

实验 5.5　霍尔元件参数的测量

霍尔效应是电磁效应的一种,由美国物理学家 A. H. Hall 于 1879 年在研究金属的导电机制时发现并命名.在霍尔效应的相关研究领域,已产生多个诺贝尔物理学奖.例如,德国物理学家 Klaus von Klitzing 等在研究极低温度和强磁场中的半导体时发现了量子霍尔效应,获得了 1985 年的诺贝尔物理学奖.美籍华裔物理学家崔琦(Daniel Chee Tsui)等在更强磁场下研究量子霍尔效应时发现了分数量子霍尔效应,获得了 1998 年的诺贝尔物理学奖.本实验就是要通过测量霍尔元件的一些基本参数,来掌握其相关实验规律.

【实验目的】

1. 了解霍尔效应原理及霍尔元件的有关参数.
2. 测量室温下霍尔元件的基本参数以及学习用"对称交换测量法"消除由副效应带来的系统误差的方法.
3. 学习用霍尔元件测量磁感应强度的方法.

【实验仪器】

本实验器由 ZKY-HS 霍尔效应实验仪和 ZKY-H/L 霍尔效应测试仪两大部分组成,如图 5.5.1 所示.

1. ZKY-HS 霍尔效应实验仪

本实验仪由 C 形电磁铁、二维移动尺及霍尔元件、面板标示牌、三个双刀双掷开关等组成.

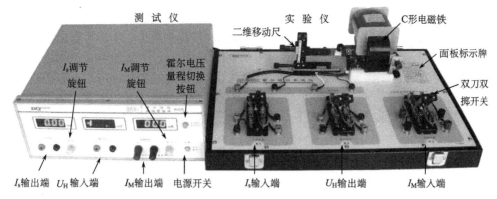

图 5.5.1　霍尔效应实验仪与测试仪

（1）C形电磁铁.

本实验中励磁电流 I_M 与电磁铁在气隙中产生的磁感应强度 B 成正比.导线绕向（或正向励磁电流 I_M 方向）已在线圈上用箭头标出,可通过"右手螺旋定则"以及磁力线基本沿着铁芯走向的性质,确定电磁铁气隙中磁感应强度 B 的方向.

（2）二维移动尺及霍尔元件.

二维移动尺可调节霍尔元件水平、垂直移动,可移动范围为:水平 $0\sim50$mm,垂直 $0\sim$ 30mm. 霍尔元件相关参数见面板标示牌.

霍尔元件上有 4 只引脚（图 5.5.2）,其中编号为 1、2 的两只为工作电流端,编号为 3、4 的两只为霍尔电压端（图 5.5.2 中的图形"○"仅标示霍尔元件正方向）.同时将这 4 只引脚焊接在印制板上,然后引到仪器双刀双掷开关上,接线柱旁标有 1、2、3、4 四个编号,按对应编号连线.霍尔元件在印制板上的朝向是正面背离印制板而朝向实验者,霍尔元件在印制板上的位置如图 5.5.3 所示.

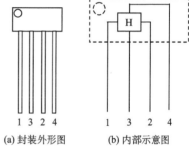

(a)封装外形图　(b)内部示意图

图 5.5.2　霍尔元件

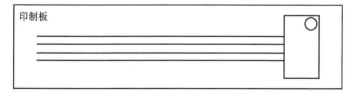

图 5.5.3　霍尔元件在印制板上的位置

（3）面板标示牌.

面板标示牌中填写的内容包括霍尔元件参数（尺寸、导电类型及材料、最大工作电流）、电磁铁参数（线圈常数 C、气隙尺寸等）.由于本实验中励磁电流 I_M 与电磁铁在气隙中产生的磁感应强度 B 成正比,故用电磁铁的线圈常数 C 可替代测量磁感应强度的特斯拉计.电磁铁线圈常数 C 指的是单位励磁电流作用下电磁铁在气隙中产生的磁感应强度,单位 mT/A.若已知励磁电流大小,便能根据公式 $B=C\cdot I_M$,得到此时电磁铁气隙中的磁感应强度.

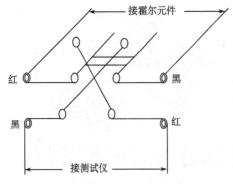

图 5.5.4 双刀双掷开关示意图

（4）三个双刀双掷开关.

分别对励磁电流 I_M、工作电流 I_s、霍尔电压 U_H（待扩展用）进行通断和换向控制（如图 5.5.4）. 本实验仪规定：当双刀双掷开关打向二维移动尺和电磁铁所在的一侧时为正向接通，即电流为红进黑出，电极为红接正极黑接负极.

2. ZKY-H/L 霍尔效应测试仪

仪器背部为 220V 交流电源插座（带保险丝）. 仪器面板分为以下三大部分.

（1）霍尔元件工作电流 I_s 输出（前面板左侧）. 三位半数码管显示输出电流值 I_s(mA)，恒流源可调范围为 0～5.00mA（用调节旋钮调节）.

（2）霍尔电压 U_H 输入（前面板中部）. 四位数码管显示输入电压值 U_H(mV)，测量范围为 0～19.99mV（量程 20mV）或 0～199.9mV（量程 200mV），可通过按测试仪面板上的量程切换按钮进行切换. 在本实验中，只用 200mV 量程，在实验前请先将霍尔电压测试仪的电压量程调至 200mV.

（3）励磁电流 I_M 输出（前面板右侧）. 三位半数码管显示输出电流值 I_M(mA)，恒流源可调范围为 0～1000mA（用调节旋钮调节）.

注意：只有在接通负载时，恒流源才能输出电流，数显表上才有相应显示.

【实验方法】

按仪器面板上的文字和符号提示将 ZKY-HS 霍尔效应实验仪（以下简称"实验仪"）与 ZKY-H/L 霍尔效应测试仪（以下简称"测试仪"）正确连接. 首先将工作电流、励磁电流调节旋钮逆时针旋转到底，使电流最小. 测试仪面板右下方为提供励磁电流 I_M 的恒流源输出端，将其接实验仪上励磁电流的输入端（将接线叉口与接线柱连接）. 测试仪左下方为提供霍尔元件工作电流 I_s 的恒流源输出端，将其接实验仪工作电流输入端（将插头插入插孔）. 将实验仪上的霍尔电压输出端连接到测试仪中部下方的霍尔电压输入端. 最后将测试仪与 220V 交流电源相连，按下开机键.

注意：为了提高霍尔元件测量的准确性，实验前霍尔元件应至少预热 5min. 具体操作为：断开励磁电流开关，闭合工作电流开关，通入工作电流 5mA，等待至少 5min 才可开始实验.

1. 测量 U_H-I_s 关系，计算室温下霍尔元件的霍尔系数 R_H、灵敏度 K_H，以及载流子浓度 n，并判断霍尔元件半导体类型（P 型或 N 型）.

（1）移动二维移动尺，使霍尔元件处于电磁铁气隙中心位置（其法线方向已调至平行于磁场方向），闭合励磁电流开关，调节励磁电流 I_M=600mA，通过公式 $B = C \cdot I_M$，求得并记录此时电磁铁气隙中的磁感应强度 B（C 为电磁铁的线圈常数，C 的值见面板标示牌）.

（2）调节工作电流 I_s=0.50,1.00,$\cdots$,5.00mA（间隔 0.50mA），通过变换实验仪各换向开关，在$(+I_M,+I_s)$、$(-I_M,+I_s)$、$(-I_M,-I_s)$、$(+I_M,-I_s)$ 四种测量条件下，分别测出对应的 C、D 间电压值 $U_i(i=1,2,3,4)$. 计算霍尔电压 U_H 填入表 5.5.1，并绘制 U_H-I_s 关系曲线，求得斜率 K_1（$K_1 = U_H/I_s$）. 根据斜率的值即可计算出 R_H 和 K_H 的值；同时可计

算得出载流子浓度 n（霍尔元件厚度 d 已知，见面板标示牌）.

同时，由 B 的方向、I_s 流向以及 U_H 的正负并结合霍尔元件的引脚位置即可判定霍尔元件半导体的类型（P 型或 N 型）.

2. 研究霍尔电压 U_H 与励磁电流 I_M 之间的关系.

霍尔元件位于电磁铁气隙中心，调定 $I_s = 3.00\text{mA}$，分别调节 $I_M = 100, 200, \cdots$，1000mA（间隔为 100mA），测量 C、D 间电压值 U_i，计算霍尔电压 U_H 填入表 5.5.2，并绘出 U_H-I_M 曲线，分析磁感应强度 B 与励磁电流 I_M 之间的关系.

3. 测量一定 I_M 条件下电磁铁气隙中磁感应强度 B 的大小及分布情况.

（1）调节 $I_M = 600\text{mA}$，$I_s = 5.00\text{mA}$，调节二位移动尺的垂直标尺，使霍尔元件处于电磁铁气隙垂直方向的中心位置. 调节水平标尺至 0 刻度位置，测量相应的 U_i.

（2）调节水平标尺按表 7.3 中给出的位置测量 U_i，填入表 5.5.3（若表 5.5.3 中首尾个别位置达不到，可跳过继续实验）.

（3）根据以上测得的 U_i，计算霍尔电压 U_H 值，计算出各点的磁感应强度 B，并绘出 B-x 图，描述电磁铁气隙内 x 方向上 B 的分布状态.

4. 测量霍尔元件的载流子迁移率 μ.

将数字万用表调到直流电压挡，并将挡位选为"直流 20V"，测量工作电压 U_s. 电压表的正负极分别接测试仪上工作电流输出端的红、黑插孔.

（1）断开励磁电流开关，使 $I_M = 0$（电磁铁剩磁很小，约零点几毫特，可忽略不计）. 调节 $I_s = 0.50, 1.00, \cdots, 5.00\text{mA}$（间隔 0.50mA），记录对应的工作电压 U_s 填入表 5.5.4，绘制 I_s-U_s 关系曲线，求得斜率 K_2（$K_2 = I_s/U_s$）.

（2）根据上面求得的 K_H，可以求得载流子迁移率 μ（霍尔元件长度 L、宽度 l 已知，见面板标示牌）.

【预期结果】

通过本实验的测量，可以获得如下预期结果或规律.

1. 根据表 5.5.1 中的数据，可得到霍尔电压和工作电流成正比例关系，并可判断霍尔元件的类型（N 型或 P 型）.

表 5.5.1　霍尔电压 U_H 与工作电流 I_s 的关系（$I_M = 600\text{mA}$，$C = $ ＿＿＿ mT/A）

I_s/mA	U_1/mV	U_2/mV	U_3/mV	U_4/mV	$U_H = \dfrac{1}{4}(\,\lvert U_1 \rvert + \lvert U_2 \rvert + \lvert U_3 \rvert + \lvert U_4 \rvert\,)/\text{mV}$
	$+I_M, +I_s$	$-I_M, +I_s$	$-I_M, -I_s$	$+I_M, -I_s$	
0.50					
1.00					
1.50					
2.00					
2.50					
3.00					
3.50					
4.00					
4.50					
5.00					

半导体材料属于_____型半导体.

注:最终的霍尔系数 R_H,灵敏度 K_H,以及载流子浓度 n 的结果请分别用常用单位 m^3/C, m^2/C 和 m^{-3} 表示.

2. 根据表 5.5.2 中的数据,可得到霍尔电压和励磁电流成正比例关系.

表 5.5.2　霍尔电压 U_H 与励磁电流 I_M 之间的关系($I_s=3.00mA$)

I_s/mA	U_1/mV	U_2/mV	U_3/mV	U_4/mV	$U_H=\frac{1}{4}(\mid U_1\mid+\mid U_2\mid+\mid U_3\mid+\mid U_4\mid)$	$B/$
	$+I_M,+I_s$	$-I_M,+I_s$	$-I_M,-I_s$	$+I_M,-I_s$	/mV	mT
100						
200						
300						
400						
500						
600						
700						
800						
900						
1000						

3. 根据表 5.5.3 中的数据,可得出如下规律:电磁铁气隙中磁感应强度 B 的大小基本相同,在边界处急剧下降.

表 5.5.3　电磁铁气隙中磁感应强度 B 的分布($I_M=600mA,I_s=5.00mA$)

X/mm	U_1/mV	U_2/mV	U_3/mV	U_4/mV	$U_H=\frac{1}{4}(\mid U_1\mid+\mid U_2\mid+\mid U_3\mid+\mid U_4\mid)$	B/mT
	$+I_M,+I_s$	$-I_M,+I_s$	$-I_M,-I_s$	$+I_M,-I_s$	/mV	
0						
2						
4						
6						
8						
10						
12						
15						
20						
25						
30						
35						
40						
45						
48						
50						

4. 根据表 5.5.4 中的数据，可得出霍尔元件工作电压和工作电流成正比例关系，并利用此关系可得到霍尔元件的载流子迁移率.

表 5.5.4　工作电流 I_s 与工作电压 U_s 的关系（$I_M = 0\text{mA}$）

I_s/mA	0.50	1.00	1.50	2.00	2.50	3.00	3.50	4.00	4.50	5.00
U_s/mV										

注：最终载流子迁移率 μ 的结果请用常用单位 $\text{m}^2 \cdot \text{V}^{-1} \cdot \text{s}^{-1}$ 表示.

【实验原理】

1. 霍尔效应

霍尔效应从本质上讲是运动的带电粒子在磁场中受洛仑兹力的作用而引起带电粒子的偏转. 当带电粒子（如电子或空穴）被约束在固体材料中，这种偏转就导致在垂直于电流和磁场方向的两个端面产生正负电荷的聚积，从而形成附加的横向电场.

如图 5.5.5 所示，沿 Z 轴的正向加以磁场 B，与 Z 轴垂直的半导体薄片上沿 X 正向通以电流 I_s（称为工作电流或控制电流）. 假设载流子为电子（如 N 型半导体材料，图 5.5.5(a)），它沿着与电流 I_s 相反的 X 负向运动. 由于洛仑兹力 F_m 的作用，电子即向图中的 D 侧偏转，并使 D 侧形成电子积累，而相对的 C 侧形成正电荷积累. 与此同时，运动的电子还受到由于两侧积累的异种电荷形成的反向电场力 F_e 的作用. 随着电荷的积累，F_e 逐渐增大，当两力大小相等，方向相反时，电子积累便达到动态平衡. 这时在 C、D 两端面之间建立的电场称为霍尔电场 E_H，相应的电势差称为霍尔电压 U_H.

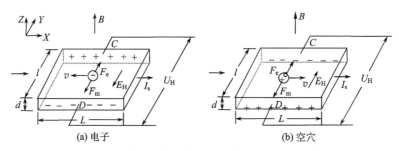

图 5.5.5　霍尔元件中载流子在外磁场下的运动情况

设电子按相同平均漂移速率 v 向图 5.5.5 中的 X 轴负方向运动，在磁场 B 作用下，所受洛仑兹力为

$$\boldsymbol{F}_m = -e\boldsymbol{v} \times \boldsymbol{B} \tag{5.5.1}$$

式中，e 为电子电量 $1.6 \times 10^{-19}\text{C}$，$\boldsymbol{v}$ 为电子漂移的平均速度，$\boldsymbol{B}$ 为磁感应强度.

同时，电场作用于电子的力为

$$\boldsymbol{F}_e = -e\boldsymbol{E}_H = -e\frac{\boldsymbol{U}_H}{l} \tag{5.5.2}$$

式中，$\boldsymbol{E}_H$ 为霍尔电场强度，$\boldsymbol{U}_H$ 为霍尔电压，l 为霍尔元件宽度.

当达到动态平衡时，$\boldsymbol{F}_m = -\boldsymbol{F}_e$，从而得到

$$vB = \frac{U_H}{l} \quad (5.5.3)$$

霍尔元件宽度为 l，厚度为 d. 载流子浓度为 n，则霍尔元件的工作电流为

$$I_s = nevld \quad (5.5.4)$$

由式(5.5.3)和式(5.5.4)可得

$$U_H = \frac{1}{ne} \frac{I_s B}{d} = R_H \frac{I_s B}{d} = K_H I_s B \quad (5.5.5)$$

即霍尔电压 U_H(此时为 C、D 间电压)与 I_s、B 成正比，与霍尔元件的厚度 d 成反比. 其中，比例系数 $R_H = 1/ne$ 称为霍尔系数，它是反映材料霍尔效应强弱的重要参数；比例系数 $K_H = 1/ned$ 称为霍尔元件的灵敏度，它表示霍尔元件在单位磁感应强度和单位工作电流下的霍尔电势大小，一般要求 K_H 越大越好.

当霍尔元件的材料和厚度确定时，根据霍尔系数或灵敏度可以得到载流子的浓度 n

$$n = \frac{1}{eR_H} = \frac{1}{edK_H} \quad (5.5.6)$$

以及霍尔元件中载流子的迁移率 μ

$$\mu = \frac{v}{E_s} = \frac{v \cdot L}{U_s} \quad (5.5.7)$$

将式(5.5.4)、(5.5.5)和(5.5.7)联立求得

$$\mu = K_H \cdot \frac{L}{l} \cdot \frac{I_s}{U_s} \quad (5.5.8)$$

式中，μ 为载流子的迁移率，即单位电场强度下载流子获得的平均漂移速率. L 为霍尔元件的长度(图 5.5.5)，U_s 为霍尔元件沿着 I_s 方向的工作电压，E_s 为由 U_s 产生的电场强度. 由于一般电子迁移率大于空穴迁移率，因此制作霍尔元件时大多采用 N 型半导体材料.

由于金属的电子浓度 n 很高，因此它的 R_H 或 K_H 都不大，因此不适宜作霍尔元件. 此外元件厚度 d 越薄，K_H 越高，所以制作时，往往采用减少 d 的办法来增加灵敏度，但不能认为 d 越薄越好，因为此时元件的输入和输出电阻将会增加.

由于霍尔效应建立时间很短($10^{-14} \sim 10^{-12}$ s)，因此，使用霍尔元件时既可用直流电，也可用交流电. 使用交流电时，霍尔电压是交变的，I_s 和 U_H 应取有效值.

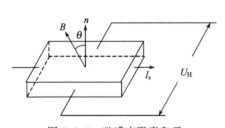

图 5.5.6　磁感应强度和元件表面不平行时的情况

应当注意，当磁感应强度 B 和元件平面法线成一角度时(图 5.5.6)，作用在元件上的有效磁场是其法线方向上的分量 $B\cos\theta$，此时

$$U_H = K_H I_s B\cos\theta \quad (5.5.9)$$

所以一般在使用时应调整元件平面朝向，使 U_H 达到最大，即 $\theta = 0$，$U_H = K_H I_s B\cos\theta = K_H I_s B$.

由式(5.5.9)可知，当工作电流 I_s 或磁感应强度 B，两者之一改变方向时，霍尔电压 U_H 的方向随之改变；若两者方向同时改变，则霍尔电压 U_H 极性不变.

2. 霍尔效应的副效应及其消除

测量霍尔电势 U_H 时，不可避免地会产生一些副效应，由此而产生的附加电势叠加在霍

尔电势上,形成测量系统误差.这些副效应具体如下.

(1) 不等位电势 U_0.

由于制作时,两个霍尔电极不可能绝对对称地焊在霍尔元件两侧(图 5.5.7(a)),以及霍尔元件电阻率不均匀、工作电流极的端面接触不良(图 5.5.7(b))都可能造成 C、D 两极不处在同一等位面上,此时虽未加磁场,但 C、D 间存在电势差 U_0,称为不等位电势. $U_0 = I_s R_0$,R_0 是 C、D 两极间的不等位电阻. 由此可见,在 R_0 确定的情况下,U_0 与 I_s 的大小成正比,且其正负随 I_s 的方向改变而改变.

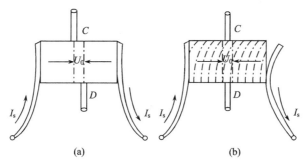

图 5.5.7 不等位电势

(2) 埃廷斯豪森(Etting shausen)效应.

如图 5.5.8 所示,当霍尔元件的 X 方向通以工作电流 I_s,Z 方向加磁场 B 时,由于霍尔元件内的载流子速度服从统计分布,有快有慢,在达到动态平衡时,在磁场的作用下慢速与快速的载流子将在洛伦兹力和霍尔电场的共同作用下,沿 Y 轴分别向相反的两侧偏转,这些载流子的动能将转化为热能,使两侧的温度不同,因而造成 Y 方向上两侧出现温差($\Delta T = T_C - T_D$).

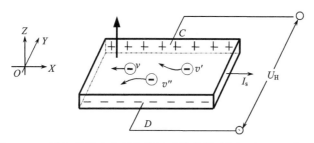

图 5.5.8 霍尔元件中电子实际运动的情况(图中 $v' < v$,$v'' > v$)

因为霍尔电极和元件两者材料不同,电极和元件之间形成温差电偶,这一温差在 C、D 间产生温差电动势 U_E,$U_E \propto I_s B$.

这一效应称埃廷斯豪森效应,U_E 的大小及正负符号与 I_s、B 的大小和方向有关,跟 U_H 与 I_s、B 的关系相同,所以不能在测量中消除.

(3) 能斯特(Nernst)效应.

由于工作电流的两个电极与霍尔元件的接触电阻不同,工作电流在两电极处将产生不同的焦耳热,引起工作电流两极间的温差电动势,此电动势又产生温差电流(称为热电流) I_Q,热电流在磁场作用下将发生偏转,结果在 Y 方向上产生附加的电势差 U_N 且 $U_N \propto I_Q B$,

这一效应称为能斯特效应,由上式可知 U_N 的符号只与 B 的方向有关.

（4）里吉-勒迪克(Righi-Leduc)效应.

如（3）所述霍尔元件在 X 方向有温度梯度,引起载流子沿梯度方向扩散而有热电流 I_Q 通过霍尔元件,在此过程中载流子受 Z 方向的磁场 B 作用,在 Y 方向引起类似埃廷斯豪森效应的温差 $\Delta T = T_C - T_D$,由此产生的电势差 $U_R \propto I_Q B$,其符号与 B 的方向有关,与 I_s 的方向无关.

在确定的磁场 B 和工作电流 I_s 下,实际测出的电压是 U_H、U_0、U_E、U_N 和 U_R 这 5 种电势差的代数和.上述 5 种电势差与 B 和 I_s 方向的关系如下:

U_H		U_0		U_E		U_N		U_R	
B	I_s	B	I_s	B	I_s	B	I_s	B	I_s
有关	有关	无关	有关	有关	有关	有关	无关	有关	无关

为了减少和消除以上效应引起的附加电势差,利用这些附加电势差与霍尔元件工作电流 I_s、磁场 B（即相应的励磁电流 I_M）的关系,采用对称（交换）测量法测量 C、D 间电势差:

当 $+I_M$,$+I_s$ 时,$U_{CD1} = +U_H + U_0 + U_E + U_N + U_R$;

当 $+I_M$,$-I_s$ 时,$U_{CD2} = -U_H - U_0 - U_E + U_N + U_R$;

当 $-I_M$,$-I_s$ 时,$U_{CD3} = +U_H - U_0 + U_E - U_N - U_R$;

当 $-I_M$,$+I_s$ 时,$U_{CD4} = -U_H + U_0 - U_E - U_N - U_R$.

如果对以上四式作如下运算

$$\frac{1}{4}(U_{CD1} - U_{CD2} + U_{CD3} - U_{CD4}) = U_H + U_E \tag{5.5.10}$$

则可见,除埃廷斯豪森效应以外的其他副效应产生的电势差会全部消除,因埃廷斯豪森效应所产生的电势差 U_E 的符号和霍尔电势 U_H 的符号,与 I_s 及 B 的方向关系相同,故无法消除,但在非大电流、非强磁场下,$U_H \gg U_E$,因而 U_E 可以忽略不计,故有

$$U_H \approx U_H + U_E = \frac{1}{4}(U_{CD1} - U_{CD2} + U_{CD3} - U_{CD4}) \tag{5.5.11}$$

一般情况下,当 U_H 较大时,U_{CD1} 与 U_{CD3} 同号,U_{CD2} 与 U_{CD4} 同号,而两组数据反号,故

$$U_H = \frac{1}{4}(U_{CD1} - U_{CD2} + U_{CD3} - U_{CD4}) = \frac{1}{4}(|U_{CD1}| + |U_{CD2}| + |U_{CD3}| + |U_{CD4}|)$$

$$\tag{5.5.12}$$

即用四次测量值的绝对值的平均值即可.

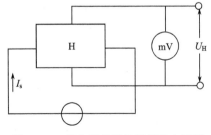

图 5.5.9　霍尔元件测量磁场的电路图

3. 霍尔效应测量磁场强度的大小

霍尔元件也可用于测量磁场的大小,测量的基本电路如图 5.5.9 所示,将霍尔元件置于待测磁场的相应位置,并使元件平面与磁感应强度 B 垂直,在其控制端输入恒定的工作电流 I_s,霍尔元件的霍尔电压输出端接毫伏表,测量霍尔电压 U_H 的值.最后根据式（5.5.5）即可反推出磁感应强度 B 的大小.

【实验拓展】

当掌握了霍尔元件的相关实验规律后,我们可以开展如高斯计、高精度加速度计等实验仪器的制作.

【实验意义】

霍尔元件有结构简单、体积小、寿命长、频率响应宽(从直流到微波)等特点.随着半导体材料和制造工艺的发展,人们制造出霍尔效应显著的霍尔元件被广泛用于测量技术(如磁场、电流、微小位移、加速度等测量)、自动控制(如无触点发射信号)与信息处理等各个领域.而关于霍尔效应的相关实验研究,我国科学家也取得了显著的成就.例如,在2013年,由中国科学家、清华大学薛其坤院士领衔组成的团队首次从实验中观测到量子反常霍尔效应,该工作被1957年诺贝尔物理学奖获得者、著名物理学家杨振宁教授评价为我国首个"诺贝尔奖级"的科研成果.通过本实验的研究,我们将深刻掌握测量半导体霍尔元件的相关参数的相关方法,并掌握其相关的物理规律,为后续开展相关仪器的开发奠定基础.

【注意事项】

1. 由于励磁电流较大,因此千万不能将 I_M 和 I_s 接错,否则励磁电流将烧坏霍尔元件.
2. 霍尔元件及二维移动尺容易折断、变形,应注意避免受挤压、碰撞等.实验前应检查两者及电磁铁是否松动、移位,并加以调整.
3. 为了不使电磁铁因过热而受到损害,或影响测量精度,除在短时间内读取有关数据,通以励磁电流 I_M 外,其余时间最好断开励磁电流开关.

【思考题】

1. 如何利用霍尔效应实验结果,判断霍尔元件的材料类型(N 型还是 P 型)?
2. 通过获得的实验结果,试分析总结哪种副效应对霍尔元件参数测量的影响比较大.

第6章 光　　学

实验 6.1　光学基础实验

透镜是组成各种光学仪器(如显微镜、望远镜、照相机等)的基本光学元件,焦距是透镜的一个重要特性参量,在不同的使用场合需要选择焦距合适的透镜或透镜组,为此需要测定透镜的焦距.本实验要求用多种方法测量薄透镜的焦距.

【实验目的】

1. 掌握透镜成像的基本规律.
2. 学习基本光路的调整和分析方法.
3. 学会测量薄透镜焦距的几种方法.

【实验仪器】

光具座、滑块、固定夹、物屏、像屏、光源、凸透镜、凹透镜、平面反射镜等.

【实验原理】

1. 薄透镜的成像规律

薄透镜是指透镜中央厚度比焦距小得多的透镜.透镜分为两大类:一类是凸透镜(也称为会聚透镜),对光线起会聚作用,焦距越短,会聚本领越大;另一类是凹透镜(也称为发散透镜),对光线起发散作用,焦距越短,发散本领越大.

在近轴光线(成像光线靠近光轴并且与光轴的夹角很小)条件下,薄透镜成像规律用下面的公式(常称为透镜成像公式)表示:

$$\frac{1}{f'} = \frac{1}{u} + \frac{1}{v} \qquad (6.1.1)$$

式中,各量的意义及它们的符号规则如下:

f'——焦距(光心到像方焦点的距离),凸透镜为正,凹透镜为负;

u——物距(光心到物的距离),实物为正,虚物为负;

v——像距(光心到像的距离),实像为正,虚像为负.

薄透镜成像时的物像关系也可从作图法得出.作图时利用"三条光线":①平行于主光轴的光线,经过透镜后,该光线通过像方焦点;②经过透镜光心的光线,方向不变;③经过物方焦点的光线,该光线通过透镜后与主光轴平行.除此之外,有必要时还应作辅助光线.利用这些光线,便可对实验中简单光路的物像关系用作图法画出.薄凸透镜(会聚透镜)成像规律如表 6.1.1 所示.

表 6.1.1　薄凸透镜成像规律

物　　距	成像范围	像的性质
$u>2f'$	$2f'>v>f'$	倒立、缩小、实像
$u=2f'$	$v=2f'$	倒立、等大、实像
$2f'>u>f'$	$v>2f'$	倒立、放大、实像
$u=f'$	∞	成平行光
$u<f'$	$-\infty<v<0$	正立、放大、虚像

2. 凸透镜焦距的测定

（1）物距—像距法.

根据表 6.1.1，当实物作为光源时，其发散的光经过凸透镜后，在一定条件下成实像，故可以用像屏接受实像，通过测量物距和像距，利用式（6.1.1）可算出透镜的焦距，光路如图 6.1.1 所示.

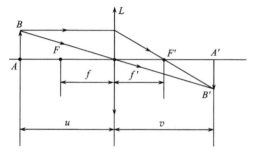

图 6.1.1　物距-像距法测凸透镜的焦距

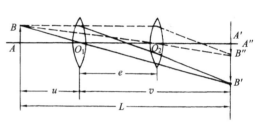

图 6.1.2　共轭法测凸透镜的焦距

（2）共轭法.

调节物屏与像屏之间的距离使其间的距离 $L>4f'$，如图 6.1.2 所示. 固定物屏和像屏的位置，则当凸透镜在物体与像屏之间移动时，在像屏上能得到两次清晰的实像. 物体与像屏距离越远，效果越明显. 当透镜在 O_1 位置时，像屏上出现清晰放大的实像，在 O_2 位置时，像屏上出现缩小的实像，而且透镜在 O_1 位置时的物距和像距，是透镜在 O_2 时的像距和物距，A 和 A' 两个位置是对称（共轭）的，所以称共轭法. 运用物、像的共轭性质，由式（6.1.1）可得

$$f'=\frac{L^2-e^2}{4L} \tag{6.1.2}$$

式中，L 为物屏与像屏之间的距离；e 为 O_1 与 O_2 之间的距离. 只要测出 L 和 e，用式（6.1.2）可计算透镜的焦距.

（3）自准直法.

—如图 6.1.3 所示，当物放在透镜的物方焦平面上时，由物点 A 发出的光经透镜后将成为平行光；如果在透镜后面放一与透镜光轴垂直的平面反射镜，则平行光经平面镜反射后，再次通过透镜，会聚在物平面（焦平面）上的 A' 点. 调节透镜位置，使像清晰，此时 A 与 A' 关于主光轴对称. 测量透镜与物体之间的距离，得到透镜的焦距 f' 的近似值.

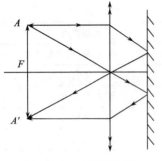

图 6.1.3　自准直法测
凸透镜的焦距

3. 凹透镜焦距的测定

(1) 辅助凸透镜成像法求凹透镜的焦距.

如图 6.1.4 所示,设物 AB 置于凸透镜的二倍焦距以外,
成实像于 $A'B'$,而在凸透镜和 $A'B'$ 之间加上待测焦距的凹
透镜 L_2 后,将像 $A'B'$ 看成为凹透镜的虚物,经 L_2 后,成像
于 $A''B''$. 相对于 L_2 来说,$A'B'$ 和 $A''B''$ 是虚物体和实像. 分
别测出 L_2 到 $A'B'$ 和 $A''B''$ 的距离,根据式(6.1.1)可算出焦
距 f'_2.

$$\frac{1}{f'_2} = \frac{1}{v_2} + \frac{1}{u_2} \quad (u_2 < 0) \tag{6.1.3}$$

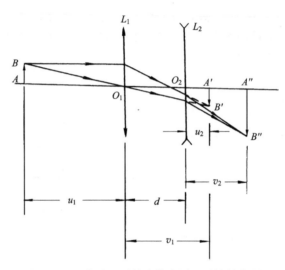

图 6.1.4　辅助凸透镜成像法测凹透镜的焦距

式中,v_1 为辅助凸透镜的像距;u_2 为凹透镜的物距,成虚像为负值;d 为两透镜之间的距离;
f'_2 为待测凹透镜的像方焦距.

(2) 自准直法求凹透镜的焦距.

如图 6.1.5 所示,物 AB 发出的光经辅助透镜 L_1 后成实像于 $A'B'$,而加上待测焦距的
凹透镜 L_2 后,若 $A'B'$ 恰好在凹透镜 L_2 的焦平面上,则从 L_2 出射的光成为平行光. 在 L_2
后放一平面反射镜,该平行光经反射镜反射并再依次通过 L_2 和 L_1,最后在物屏上成等大的
实像 $A''B''$. 这时分别测出 L_2 的位置及 $A'B'$ 的位置,则二者之差就是凹透镜 L_2 的焦距.

4. 光学系统的共轴调节

薄透镜成像公式仅在近轴光线的条件下才成立. 光学实验中经常用到一个或多个透镜
成像,为了获得质量好的像,必须使各个透镜的主光轴重合(即共轴),并使物体位于透镜的
主光轴附近,以便入射到透镜的光线与主光轴的夹角很小,这一步骤称为共轴调节. 调节方
法如下.

(1) 粗调.

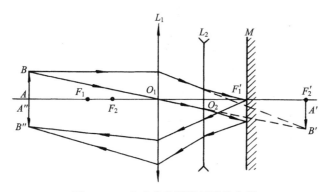

图 6.1.5 自准直法测凹透镜的焦距

利用目测判断. 将安装在光具座上的光源、物和透镜沿导轨靠拢在一起, 调节它们的取向和高低左右位置, 用眼睛大致观察, 使各元件的中心等高、光学元件的方位取向一致, 达到使各光学元件的光轴大致重合的目的.

(2) 细调.

不同的装置有不同的具体调节方法, 下面介绍与单个凸透镜共轴(即将物上的某一点调到透镜的主光轴上)的调节方法. 利用共轭法使物屏与像屏之间的距离大于 4 倍焦距时, 移动透镜, 在像屏上会得到一个放大的实像和一个缩小的实像, 改变透镜(或物)的高度和水平位置, 让物的某一点(上端点或下端点或中点)在成大像和成小像时的对应像点在像屏上处于同一位置, 此时该物点必定在透镜的主光轴上, 而且光轴平行于导轨面. 若开始该大、小像点不在同一位置, 则改变透镜的高度和水平位置, 使成大像时的该像点逐渐向成小像时的该像点靠近, 如此反复调节几次, 直到成大、小像时该像点位置都不改变, 这就是常说的"大像追小像". 思考: 在调节过程中, 是成大像时位置变化幅度大些, 还是成小像时位置变化幅度大些?

若要调多个透镜组成的光学系统的共轴, 则应先将物上某点调到一个透镜的主光轴上, 然后依次放上待调的其他光学元件, 逐一调节这些元件的高度, 使得选定的物点经每个光学元件后成的像点的位置在像屏上都不改变, 最终可调好整个系统的共轴.

【实验方法】

本实验用自准直法、共轭法、物距-像距法测量凸透镜的焦距, 用辅助凸透镜的方法、自准直法测量凹透镜的焦距. 在本实验测量过程中, 为了减小读数误差, 宜采用"左右逼近法"对透镜位置进行读数. 左右逼近读数是指透镜在导轨上左右移动时最初能成一个清晰像时对应的透镜位置. 此读数法也可适用于物屏、像屏.

1. 薄凸透镜焦距的测量

(1) 共轴调节. 将光源、物屏、待测透镜和成像像屏依次放在光具座的导轨上, 进行光学系统的共轴调节.

(2) 用物距-像距法测量凸透镜的焦距. 让物屏与像屏之间的距离适当(保证能在像屏上成实像), 移动待测透镜, 直到像屏上呈现物的清晰像. 记录物、透镜、像的位置, 根据表 6.1.2 要求将数据填入表中, 根据式(6.1.1)计算 f'.

（3）用共轭法测量凸透镜的焦距. 参考图 6.1.2,将物屏与像屏固定在物像间距大于 $4f'$ 的位置,读出它们的位置坐标,移动透镜,使屏上得到清晰的像,记录透镜的位置,移动透镜至另一位置,使屏上又得到清晰的像,再次记录透镜的位置. 根据表 6.1.3 的要求将数据填入表中,用式(6.1.2)计算 f'.

（4）用自准直法测量凸透镜的焦距. 按图 6.1.3 移动透镜并适当调整平面镜的方位,沿光轴方向可看到在物屏上相对光轴对称的位置出现一倒立等大的实像(此时平面镜转动时该实像应跟随转动),调整透镜位置,用消视差法使物与像对齐(无视差),测出物屏与透镜的位置,填入表 6.1.4,计算透镜焦距 f'.

2. 自组光路测凹透镜的焦距

（1）自组要求.

① 画出光路图(两种方法),并写出测量焦距的计算公式;

② 写出主要步骤和注意事项;

③ 自拟表格记录数据.

（2）自组提示.

根据凹透镜成像的规律,实物不能成实像,要测量凹透镜的焦距,必须使通过凹透镜的光线最后成实像,才能测量. 因此,在自组光路测凹透镜焦距的过程中,必须引进其他透镜与之配合才行.

【预期结果】

根据表 6.1.2～表 6.1.4 的数据,分别计算凸透镜的焦距,并比较不同方法测量凸透镜焦距的精度.

表 6.1.2　物距-像距法测凸透镜焦距的数据表

物屏位置坐标 $x_o=$ ＿＿ cm

序号及要求	透镜位置坐标 x_l/cm			像位置坐标 x_i/cm	物距/cm $u=\lvert x_l-x_o\rvert$	像距/cm $v=\lvert x_i-x_l\rvert$	焦距/cm $f=uv/(u+v)$
1. 成放大像	→	←	平均				
2. 成缩小像	→	←	平均				
3. 成大小相等像	→	←	平均				

表 6.1.3　共轭法测凸透镜焦距的数据表

物屏位置坐标 $x_o=$ ＿＿ cm

要　求	成大像时透镜位置坐标 $x_{l大}$/cm			成小像时透镜位置坐标 $x_{l小}$/cm			像位置坐标 x_i/cm	$L=\lvert x_i-x_o\rvert$ $e=\lvert x_{l大}-x_{l小}\rvert$	焦距/cm $f=(L^2-e^2)/4L$
1. 物像距离尽可能短	→	←	平均	→	←	平均		$L=$ $e=$	

要求	成大像时透镜位置坐标 $x_{l大}$/cm			成小像时透镜位置坐标 $x_{l小}$/cm			像位置坐标 x_i/cm	$L=\lvert x_i-x_o\rvert$ $e=\lvert x_{l大}-x_{l小}\rvert$	焦距/cm $f=(L^2-e^2)/4L$
	→	←	平均	→	←	平均			
2. 物像距离尽可能长								$L=$ $e=$	
3. 物像距离适中								$L=$ $e=$	

表 6.1.4 自准直法测凸透镜焦距的数据表

物位置坐标 x_o/cm	透镜位置坐标 x_l/cm			焦距 $f=\lvert x_l-x_o\rvert$/cm
	→	←	平均	

【实验拓展】

利用平面镜和凹透镜,测量物体经凹透镜所成虚像的位置和大小.

【实验意义】

光学实验离不开光学仪器,透镜是组成各种光学仪器(如显微镜、望远镜、照相机等)的基本光学元件,掌握透镜成像的规律,学会光路的分析和调节,对于了解光学仪器的构造和正确使用是有益的;透镜及各种透镜的组合可形成放大和缩小的实像、虚像,选择焦距合适的透镜或透镜组,可在不同的场合使用.

【思考题】

1. 在用物距-像距法测凸透镜焦距时,是选成放大的像还是选成缩小的像?依据何在?

2. 在用自准直法测凸透镜焦距时,移动透镜位置时会发现在物屏上先后两次成像(其中只有一个是透镜的自准直像),哪一个是透镜的自准直像?怎样判断?另一个是怎样形成的?根据此现象在进行共轴调节时应注意什么?

3. 如何根据视差判断物与像是否对齐?如果未对齐,应怎样调节?自准直法是否可用于进行共轴调节?若可以应注意什么?

实验 6.2　分光计的调整与使用

【实验目的】

1. 了解分光计的结构以及利用双游标读数消除偏心差的方法.
2. 掌握分光计的调整、使用方法与技巧.
3. 推导分光束法测量三棱镜顶角的公式.
4. 掌握用分光束法测量三棱镜的顶角.

【实验仪器】

JJY 型分光计、三棱镜、钠光灯($\lambda = 589.3\text{nm}$)、半透镜.

分光计主要由望远镜、平行光管、载物台、读数装置、底座及中心转轴五部分组成. 分光计的结构如图 6.2.1 所示.

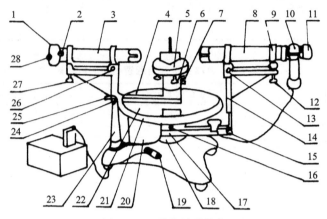

图 6.2.1　分光计的结构

1. 狭缝装置；2. 狭缝装置锁紧螺钉；3. 平行光管；4. 制动架；5. 载物台；6. 载物台调平螺钉(三个)；7. 载物台锁紧螺钉；8. 望远镜；9. 目镜筒锁紧螺钉；10. 阿贝式自准直目镜；11. 目镜调焦轮；12. 望远镜光轴仰角调节螺钉；13. 望远镜光轴水平调节螺钉；14. 支臂；15. 望远镜微调螺钉；16. 转座与刻度盘止动螺钉；17. 望远镜止动螺钉(后面)；18. 制动架；19. 底座；20. 转座；21. 刻度盘；22. 游标盘；23. 立柱；24. 游标盘微调螺钉；25. 游标盘止动螺钉；26. 平行光管光轴水平调节螺钉；27. 平行光管光轴仰角调节螺钉；28. 狭缝宽度调节手轮

【实验原理】

分光束法测三棱镜的顶角 α

将三棱镜一个顶角正对平行光管，使顶角位于载物台中心(否则经三棱镜反射光线不能进入望远镜)，从平行光管出来的平行光同时照在棱镜的两个反射面上，如图 6.2.2 所示. 左、右两边反射线的夹角 φ 为

$$\varphi = |\varphi_R - \varphi_L| \tag{6.2.1}$$

式中，φ_L 和 φ_R 分别是左、右侧反射光线的角位置.

为了消除分光计刻度盘的偏心误差，测量每个角度时，在刻度盘的两个角游标 I 和 II 上均要同时读数，然后取平均值，于是

$$\varphi = \frac{1}{2}\left[|\varphi_{RI} - \varphi_{LI}| + |\varphi_{RII} - \varphi_{LII}|\right] \tag{6.2.2}$$

式中，φ_{LI} 和 φ_{LII} 分别是望远镜对准左侧反射光线时游标 I 与 II 的读数；φ_{RI} 和 φ_{RII} 分别是望远镜对准右侧反射光线时游标 I 与 II 的读数.

可以证明，三棱镜的顶角 α 为

$$\alpha = \frac{\varphi}{2} \tag{6.2.3}$$

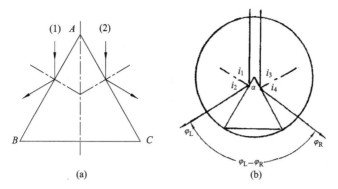

图 6.2.2　分光束法测三棱镜的顶角

【实验方法】

利用自准直法调节望远镜;用分光束法测三棱镜的顶角.

1. 分光计调节

分光计调节的基本要求是:
(1) 望远镜接收平行光,且其光轴垂直于中心转轴.
(2) 平行光管发出平行光,且其光轴垂直于中心转轴.
(3) 载物台面垂直于中心转轴.
调整的顺序是:先粗调后细调,调节完部分不再调节.
(1) 粗调.

让载物台高度适中.从侧面目测望远镜、载物台、平行光管是否大致水平(若望远镜不水平调节螺钉 12、平行光管不水平调节螺钉 27,载物台不水平调节螺钉 6).
(2) 调节望远镜.

① 使望远镜聚焦于无穷远. 转动目镜手轮使分划板上刻度线位于目镜的焦面上,即看清楚刻度线(后面不能再调节目镜). 如图 6.2.3 所示,将半透镜放置于载物盘中心位置上(建议垂直于载物盘上一条直线放置),图中 B_1、B_2、B_3 是调节螺钉对应载物盘的位置,M 是半透镜,这种放置优点是只动一个螺钉 B_3 就可以改变半透镜的仰角. 慢慢地转动载物台(游标盘应与载物盘一起转动),从望远镜找到从镜面反射回来的小十字像. 如果找不到,则主要是目视粗调没

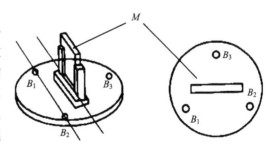

图 6.2.3　半透镜

有达到要求,应重新粗调. 找到十字像以后,松开螺钉 9 调节望远镜筒,改变分划板到物镜的距离直到观察到清晰的十字像,且看十字像与刻线板上的叉丝无视差为止.

② 使望远镜的光轴垂直于中心转轴. 在上一步调好基础上,看十字像和分划板上交点 P' 是否重合,若不重合调节望远镜下面的螺钉 12,使得 P' 重合. 如图 6.2.4 所示,这时镜面和望远镜的光轴正好垂直. 把平面镜转过 180°,如果十字像和 P' 点仍重合,说明镜面平行于

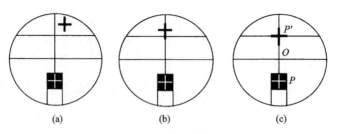

图 6.2.4　调节望远镜

分光计中心转轴,所以望远镜的光轴也垂直于分光计中心转轴. 如果不重合,则应调节载物台水平调节螺钉 6,使它们垂直距离相差减少一半(这种方法也叫各半调节法),再调节望远镜仰角螺钉 12 使十字像和 P' 点都重合为止.

以上调好后将载物台连同平面镜一起转动,通过望远镜观察反射回的十字像是否沿分划板水平刻度线水平移动,若不是,微微转动目镜使之水平移动(注意转动目镜时不要破坏望远镜的调焦).

(3) 调节平行光管.

① 调节平行光管使之产生平行光. 将已聚焦于无穷远的望远镜作为基准,让望远镜与平行光管基本在一条直线上,点燃钠光灯,将狭缝均匀照亮. 拧松螺钉 2,前后移动平行光管的内筒,使狭缝位于物镜焦平面上,从望远镜中能看到清晰的狭缝像(调节狭缝宽度旋钮 28,使狭宽适中),即平行光管发出的光为平行光.

② 使平行光管光轴与分光计中心转轴垂直. 将已调好的望远镜光轴作为基准,只要平行光管光轴与望远镜光轴平行,则平行光管光轴与分光计中心转轴就一定垂直. 先将狭缝垂直放置,调节螺钉 26 使狭缝的像与分划板竖直刻度线重合;然后使狭缝转过 90°,调节螺钉 27 使狭缝像与分划板水平中间刻度线重合,即表示平行光管光轴与望远镜光轴平行,如图 6.2.5 所示.

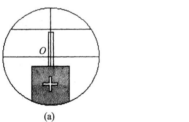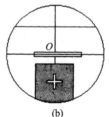

图 6.2.5　调节平行光管

2. 用分光束法测三棱镜的顶角

将三棱镜待测顶角的顶点置于载物台中心,并对准平行光管(图 6.2.2),重复测量 5 次.

【预期结果】

用分光束法测三棱镜的顶角 α.

将数据记入表 6.2.1 中,按式(6.2.2)和(6.2.3)计算三棱镜顶角 α,并计算出平均值.

表 6.2.1

次 数		1	2	3	4	5
L	$\varphi_{L I}$					
	$\varphi_{L II}$					
R	$\varphi_{R I}$					
	$\varphi_{R II}$					

【实验拓展】

1. 自准直法测三棱镜的顶角 α

如图 6.2.6 所示使其光轴垂直三棱镜的一个光学平面,找到光学平面返回的十字像,并使它的竖线与分划板竖线重合,记录游标读数,可得

$$\alpha = 180° - \frac{1}{2} [|\varphi_{R I} - \varphi_{L I}| + |\varphi_{R II} - \varphi_{L II}|] \tag{6.2.4}$$

式中,$\varphi_{L I}$ 和 $\varphi_{L II}$ 分别是望远镜对准左侧反射光线时游标 I 与 II 的读数;$\varphi_{R I}$ 和 $\varphi_{R II}$ 分别是望远镜对准右侧反射光线时游标 I 与 II 的读数.

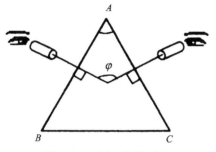

图 6.2.6　测三棱镜顶角

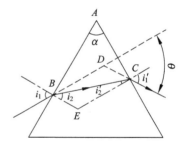

图 6.2.7　单色平行光入射主截面图

2. 最小偏向角 θ_{min} 的测定及折射率计算

如图 6.2.7 所示为一束单色平行光入射三棱镜时的主截面图. 光线通过棱镜时,将连续发生两次折射,出射光线和入射光线之间的交角为偏向角 θ. i_1 为入射角,i_1' 为出射角,α 为棱镜的顶角. 可以证明,当 $i_1 = i_1'$ 时,偏向角 θ 有最小值 θ_{min},此时入射角 $i_1 = (\theta_{min} + \alpha)/2$,折射角 $i_2 = \alpha/2$,由折射定律 $n \sin i_2 = \sin i_1$,可得三棱镜的折射率为

$$\bar{n} = \frac{\sin \dfrac{\overline{\theta}_{min} + \overline{\alpha}}{2}}{\sin \dfrac{\overline{\alpha}}{2}} \tag{6.2.5}$$

式中,字母上方横线表示多次测量平均值.

如图 6.2.8 所示转动载物台,寻找最小偏向角. 这时用望

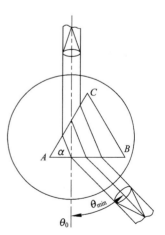

图 6.2.8　最小偏向角

远镜精确地测定这个光线偏折方向发生改变时的临界角位置 θ,此角位置与光线无偏折(无棱镜)时的角位置 θ_0 之差即为棱镜的最小偏向角 $\theta_{\min}$.

【实验意义】

分光计又称测角仪,是精确测量角度的一种光学仪器. 它可测量光线经光学元件反射、折射、衍射后的角度,许多物理量如折射率、波长、色散率和衍射角等,都可用分光计来测定. 因此,正确地调整分光计,对减小测量误差、提高测量的准确度是十分重要的. 了解分光计的原理构造和调整方法与技巧在一般光学仪器中具有重要的代表性.

【思考题】

1. 能否用三棱镜代替平面镜进行分光计的调节? 为什么? 能否调节棱镜的三个折射面均垂直于望远镜光轴?

2. 为什么分光计要设置两个角游标读数?

【附录】

1. 望远镜

望远镜由物镜、目镜和分划板组成,其结构如图 6.2.9 所示.

本实验所使用的分光计的目镜是阿贝目镜,物镜是一消色差的复合正透镜,分划板位于目镜和物镜之间(板上有刻线呈"丰"字形,如图 6.2.10). 分划板上紧贴一个直角三棱镜,在棱镜的直角面上分划板刻度线下半部短横线中央紧贴一个小十字 P("＋"字透光,其余部分不透光),短横线中上部 P' 是 P 关于分划板水平长线的镜面对称像. 这是便于用自准直法对望远镜的调节.

分划板固定在 B 筒上,目镜 C 筒装在 B 筒内,C 筒沿 B 筒前后滑动可以改变目镜和分划板的距离,使分划板能调到目镜的焦平面上.

物镜固定在 A 筒的另一端,当 B 筒沿 A 筒滑动时,可以改变分划板到物镜的距离,使分划板既能调到目镜的焦平面上,又同时能调到物镜的焦平面上.

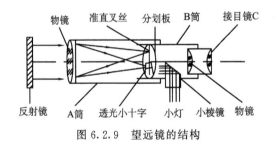

图 6.2.9 望远镜的结构

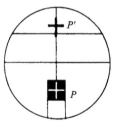

图 6.2.10 分划板

望远镜筒的支架与转座连在一起,望远镜的目镜调焦、倾斜水平调节、光轴位置调节、旋转(旋转微调)、松紧调节见图 6.2.1 中的 11~17 旋钮或螺钉.

2. 平行光管

平行光管的作用是产生平行光,被固定在底座的立柱上.

平行光管是由两个可相对移动的套筒组成,外套筒的一端装有一个消色差的复合正透镜,另一端是装有可调节宽度狭缝的内套筒,调节手轮旋钮,见图 6.2.1 中的螺钉 28.

若狭缝被光源照亮,松开旋钮 2 可使内筒前后移动,使狭缝处于焦平面上,即产生平行光.图 6.2.1 中的螺钉 26、27 是用来调节平行光管的光轴水平和倾斜度的.

3. 读数装置

读数装置由游标(内)盘和刻度(外)盘组成.游标盘、刻度盘可分别绕中心转轴转动.刻度盘分为 0～360°,最小刻度为 30′;游标盘刻有 30 小格,其对应角度与刻度盘 29 小格对应角度相等,即游标分度值为 1′,如图 6.2.11 所示.

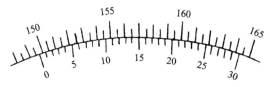

图 6.2.11　游标刻度盘

由于望远镜、刻度盘的旋转轴线与分光计中心轴不可能完全重合,会造成因偏心而引起的误差,因此在游标盘同一条直径上的两端各安装了一个角游标.测量时两个角游标均应同时读数,取其平均值,即用双游标来消除偏心误差.

刻度盘对应有固定螺钉 25、微动螺钉 24、转座与刻度盘止动螺钉 16、望远镜止动螺钉 17.

4. 载物台

载物台是双层结构,可绕中心轴转动.

其上层放置待测对象或分光元件.它的下方有三个螺钉(图 6.2.1 中的螺钉 6)调节载物盘的水平状态,载物台可以绕轴转动和沿轴升降(图 6.2.1 中的螺钉 7).

5. 分光计底座及中心转轴

分光计底座位于分光计的下部.分光计底座上装有一竖直的轴,称为中心转轴.望远镜、载物台、游标刻度盘皆可绕底座的中心转轴转动.

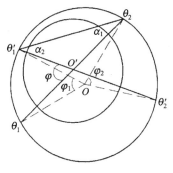

图 6.2.12　偏心差

6. 消除偏心差的原理

由于刻度盘中心与转盘中心并不一定重合,真正转过的角度同读出角度之间会稍有差别,这个差别叫"偏心差".

如图 6.2.12 所示,O 与 O' 分别为刻度盘与转盘的中心.转盘转过的角度为 φ,但读出的角度在两个角游标上分别为 φ_1 和 φ_2.由几何原理可知

$$\alpha_1 = \frac{1}{2}\varphi_1, \quad \alpha_2 = \frac{1}{2}\varphi_2$$

又因为

$$\varphi = \alpha_1 + \alpha_2$$

故

$$\varphi = \frac{1}{2}(\varphi_1 + \varphi_2) = \frac{1}{2}\left[|\theta_1' - \theta_1| + |\theta_2' - \theta_2|\right]$$

实验 6.3　常用光学器件的物理参数测量

6.3.1　光栅常数的测量

衍射光栅是利用多缝衍射原理使光波发生色散的光学元件,由大量相互平行、等宽、等间距的狭缝或刻痕所组成. 由于光栅具有较大的色散率和较高的分辨本领,故它已被广泛地装配在各种光谱仪器中. 现代高科技技术可制成每厘米有上万条狭缝的光栅,它不仅适用于分析可见光成分,还能用于红外和紫外光波,在计量、光通信、信息处理等方面也有着广泛应用. 另外,光栅衍射原理也是晶体 X 射线结构分析、近代频谱分析的基础.

【实验目的】

1. 观察光栅衍射现象,了解光栅的衍射原理.
2. 掌握在分光计上测量光栅常数、测量波长的实验方法.
3. 验证衍射级次和衍射角的关系.

【实验仪器】

JJY′分光计、衍射光栅、汞灯、双面反射镜.

【实验原理】

若以平行光垂直照射在光栅面上(图 6.3.1.1),则光束经光栅各缝衍射后将在透镜的焦平面上叠加,形成一系列间距不同的明条纹(称光谱线). 根据夫琅禾费衍射理论,衍射光谱中明条纹所对应的衍射角应满足下列条件

$$d\sin\varphi_k = \pm k\lambda \quad (k = 0,1,2,3,\cdots) \tag{6.3.1.1}$$

式中,$d = a + b$,称为光栅常数(a 为狭缝宽度,b 为刻痕宽度,见图 6.3.1.2;k 为光谱线的级数,φ_k 为 k 级明条纹的衍射角,λ 是入射光波长. 该式称为光栅方程.

如果入射光为复色光,则由式(6.3.1.1)可以看出,光的波长 λ 不同,其衍射角 φ_k 也各不相同,于是复色光被分解,在中央 $k = 0$,$\varphi_k = 0$ 处,各色光仍重叠在一起,组成中央明条纹,称为零级谱线. 在零级谱线的两侧对称分布着 $k = 1,2,3,\cdots$ 级谱线,且同一级谱线按不同波长,依次从短波向长波散开,即衍射角逐渐增大,形成光栅光谱.

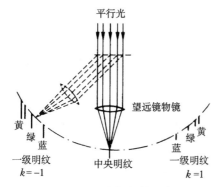

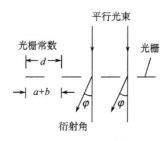

图 6.3.1.1　光栅衍射示意图　　　　图 6.3.1.2　光栅常数示意图

由光栅方程可看出,若已知光栅常数 d,测出衍射明条纹的衍射角 φ_k,即可求出光波的波长 λ. 反之,若已知 λ,亦可求出光栅常数 d.

将光栅方程式(6.3.1.1)对 λ 微分,可得光栅的角色散为

$$D = \frac{\mathrm{d}\varphi}{\mathrm{d}\lambda} = \frac{k}{d\cos\varphi} \tag{6.3.1.2}$$

角色散是光栅、棱镜等分光元件的重要参数,它表示单位波长间隔内两单色谱线之间的角距离. 由式(6.3.1.2)可知,如果衍射时衍射角不大,则 $\cos\varphi$ 近乎不变,光谱的角色散几乎与波长无关,即光谱随波长的分布比较均匀,这和棱镜的不均匀色散有明显的不同.

【实验方法】

本实验利用分光计测量光栅常数,数据处理采用列表法、平均值法,利用公式法求得光栅常数.

1. 分光计及光栅的调节

(1) 按"分光计的调整和使用"实验中所述的要求将分光计调整至使用状态.

(2) 调节光栅平面与分光计转轴平行,且光栅面垂直于望远镜和平行光管的光轴. 先旋转望远镜使其目镜中的竖直叉丝对准平行光管的狭缝,再将平面光栅按图 6.3.1.3 置于载物台上,转动载物台,并调节螺丝 a 或 b,直到望远镜中从光栅面反射回来的绿十字像与目镜中叉丝的中心交点重合,至此光栅平面与分光计转轴平行,且垂直于望远镜、平行光管、固定载物台.

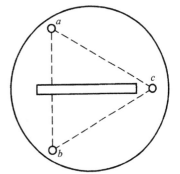

(3) 调节光栅刻痕与转轴平行. 转动望远镜,观察光栅光谱线,调节载物台螺丝 c,使从望远镜中看到的叉丝交点始终处在各谱线的同一高度. 调好后,再检查光栅平面是否仍保持与转轴平行,如果有了改变,就要反复多调几次,直到两个要求都满足为止.

图 6.3.1.3　平面光栅放置示意图

2. 测定光栅常数 d

用望远镜观察各条谱线,然后测量 $k = \pm 1, \pm 2$ 级的汞灯光谱中的绿线($\lambda = 546.1\text{nm}$)

的衍射角,完成表 6.3.1.1 实验数据记录表,重复测 3 次.

3. 测定光波波长

选择汞灯光谱中的黄色的谱线进行测量,测出相应于 $k=\pm1,\pm2$ 级谱线的衍射角,重复 3 次.

注意事项:

(1) 分光计是较精密的光学仪器,要加倍爱护,不应在制动螺丝锁紧时强行转动望远镜,也不要随意拧动狭缝.

(2) 光栅是精密光学器件,严禁用手触摸刻痕,注意轻拿轻放,以免弄脏或损坏.

(3) 在测量数据前务须检查分光计的几个制动螺丝是否锁紧,若未锁紧,取得的数据会不可靠.

(4) 测量中应正确使用望远镜转动的微调螺丝(位于望远镜支架的底部),以便提高工作效率和测量准确度.

(5) 在游标读数过程中,由于望远镜可能位于任何方位,故应注意望远镜转动过程中是否过了刻度的零点.

【预期结果】

本实验在掌握分光计调节的基础上观察汞灯衍射光的分布规律,并根据绿光计算光栅常数,再计算黄光波长.

1. 测定光栅常数 d

将测量的 $k=\pm1,\pm2$ 级的汞灯光谱中的绿线($\lambda=546.1$nm)的衍射角填入实验数据记录表 6.3.1.1,根据式(6.3.1.1)求出光栅常数 d.

2. 测定光波波长

将测出的黄色光 $k=\pm1,\pm2$ 级谱线的衍射角填入实验数据记录表 6.3.1.1. 将计算得出的光栅常数 d 代入式(6.3.1.1),就可计算出相应的光波波长 λ. 最后计算测得波长与给定波长($\lambda_0=577.0$ 或 579.0nm)的相对误差. 计算公式为 $E=\dfrac{\lambda-\lambda_0}{\lambda_0}\times100\%$(其中,$\lambda_0$ 为上述给定波长,λ 为测得波长).

表 6.3.1.1　光栅测量实验数据记录表格

	级次 k	-2	-1	$+1$	$+2$
绿光	左游标读数				
	右游标读数				
黄光	左游标读数				
	右游标读数				

【实验拓展】

随着科技的进步,光栅的应用也越来越广泛,光栅式传感器即为其中之一. 光栅式传感器(optical grating transducer)指采用光栅叠栅条纹原理测量位移的传感器,由标尺光栅、指示光栅、光路系统和测量系统四部分组成.标尺光栅相对于指示光栅移动时,便形成大致按正弦规律分布的明暗相间的叠栅条纹.这些条纹以光栅的相对运动速度移动,并直接照射到光电元件上,在它们的输出端得到一串电脉冲,通过放大、整形、辨向和计数系统产生数字信号输出,直接显示被测的位移量.这种传感器的优点是量程大和精度高.光栅式传感器应用在程控、数控机床和三坐标测量机构中,可测量静、动态的直线位移和整圆角位移.在机械振动测量、变形测量等领域也有应用.

光栅的另一个应用是光纤光栅,它是利用光纤中的光敏性制成的.所谓光纤中的光敏性是指激光通过掺杂光纤时,光纤的折射率将随光强的空间分布发生相应变化的特性,从而在纤芯内形成空间相位光栅.由于光纤光栅传感器具有抗电磁干扰、尺寸小、重量轻、耐温性好、复用能力强、传输距离远、耐腐蚀、高灵敏度、无源器件、易形变等优点,光纤光栅传感器的应用前景十分广阔.光纤光栅传感器已作为有效的无损检测手段而成功地应用在航空、航天领域中,同时还可应用于化学医药、材料工业、水利电力、船舶、煤矿、土木工程等各个领域.

【思考题】

1. 光栅分光和棱镜分光有哪些不同?
2. 用光栅观察自然光,看到什么现象?
3. 利用光栅方程测量波长和光栅常数的条件是什么?
4. 平行光管的狭缝太宽或太窄,会出现什么现象?为什么?
5. 用 $\lambda = 589.3$nm 的钠光垂直入射到有 500 条/mm 刻痕的透射光栅上时,最多能看到几级光谱?

【附录】

汞灯可分为高压汞灯和低压汞灯,为复色光源.实验室通常选用 GP20Hg 型低压汞灯作为光源,其光谱如表 6.3.1.2 所示.实验室通常选择强度比较大的蓝紫色、绿色、双黄线作为测量用.汞灯在使用前要预热 5~10min,断电后需冷却 5~10min,因此汞灯在使用过程中,不要随意开关.

表 6.3.1.2　GP20Hg 型低压汞灯可见光区域谱线及相对强度

颜色	紫	紫	紫	蓝紫	蓝紫	蓝紫	蓝绿
λ/nm	404.66	407.78	410.81	433.92	434.75	435.84	491.60
相对强度	1800	150	40	250	400	4000	80
颜色	绿	黄绿	黄	黄	橙	红	深红
λ/nm	546.07	567.59	576.96	579.07	607.26	623.44	690.72
相对强度	1100	160	240	280	20	30	250

6.3.2　固体折射率的测定

当光由一介质进入另一个介质时,会在分界面上产生折射现象,由折射定律可知,入

射角 i 的正弦与折射角 r 的正弦之比是个常数,即 $\sin i/\sin r = n$,常数 n 称为第二介质相对于第一介质的折射率. 任何一个介质相对于真空的折射率称为该介质的绝对折射率,简称折射率. 例如,空气(绝对)的折射率为 1.000 292 6,折射率是介质材料光学性质的重要参量.

测定介质材料折射率的方法有很多,有一种采用掠射角法也叫折射极限法而设计的阿贝折射计,它能迅速而准确地直接读出透明、半透明的待测液体或固体的折射率. 还有一种利用透射光的位相变化与折射率密切相关这一原理来测量折射率,这是一种物理光学方法. 本实验采用最小偏向角法测定 n,它与掠射角法同属于几何光学法. 由于折射率与入射光的光波波长有密切关系,为此实验中所用光源必须是已知波长的某种单色光,所测结果就是对应此波长的光的介质材料的折射率.

【实验目的】

用最小偏向角测定有机玻璃的折射率.

【实验仪器】

JJY 型分光计(参见实验十四中的说明)、有机玻璃三棱镜、钠光灯(波长 $\lambda = 5\,893$Å).
注意:勿触摸光学仪器镜片.

【实验原理】

用几何光学法测定介质的折射率,关键在于要精确测定角度. 本实验要准确测定的角度是三棱镜顶角 A 及最小偏向角 $\delta_{\min}$.

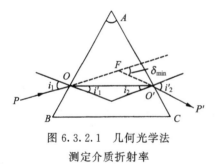

图 6.3.2.1 几何光学法
测定介质折射率

如图 6.3.2.1 所示,光线以入射角 i_1 照射到棱镜 A、B 面上,又经棱镜的两折射面后,以 i_2' 的折射角由 A、C 面出射,出射光线与入射光线的夹角 δ 称为偏向角,偏向角 δ 与入射角 i_1 之间有一定的函数关系,通过此函数极值条件(见附录). 可以证明:当 $i_1 = i_2'$ (即 $OO'//BC$)时,偏向角呈最小值 $\delta_{\min}$,此值称为棱镜的最小偏向角.

由附录出发还可证明,三棱镜顶角 A、折射率 n 及最小偏向角 $\delta_{\min}$ 之间的关系为

$$n = \frac{\sin\dfrac{A + \delta_{\min}}{2}}{\sin\dfrac{A}{2}} \qquad (6.3.2.1)$$

利用分光计分别测出 A 及 $\delta_{\min}$,即可求出 n.

【实验方法】

1. 顶角 A 的测量

采用自准直法,由于三棱镜试样在制作时,已严格保证了它的三角侧面均与底面相垂直,将上述步骤调节后只要将三棱镜放在平台上适当位置,并固定载物台及游标盘,使望远

镜光路分别垂直对准两个折射面,如图 6.3.2.2 所示.微调载物台的水平方位,当见到反射回来的十字像后,调节望远镜的水平调节螺钉,使十字像与丰字准线的上平线重合,记录左右两边的游标读数,则顶角可由下式给出

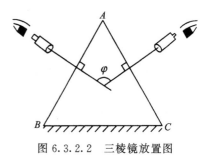

图 6.3.2.2　三棱镜放置图

$$A = 180° - \frac{1}{2}\big[\,|\,\varphi_1 - \varphi_2\,| + |\,\varphi'_1 - \varphi'_2\,|\,\big]$$

$$(6.3.2.2)$$

重复测量 5 次,计算出顶角的平均值及其标准 A 类不确定度,填入表 6.3.2.1 中.

表 6.3.2.1　三棱镜顶角 A 测量记录

次　　数	左游标读数	右游标读数	$\|\varphi_1 - \varphi_2\|$ $\|\varphi'_1 - \varphi'_2\|$	A 角
1	φ_1	φ'_1		
	φ_2	φ'_2		
2	φ_1	φ'_1		
	φ_2	φ'_2		
3	φ_1	φ'_1		
	φ_2	φ'_2		
4	φ_1	φ'_1		
	φ_2	φ'_2		
5	φ_1	φ'_1		
	φ_2	φ'_2		

$\overline{A} = $ 　,$\sigma_{\overline{A}} = $

2. 最小偏向角的测定

(1) 关闭望远镜的照明小灯,打开钠光灯照明平行光管狭缝,将望远镜对准平行光管,调节狭缝与望远镜之间的距离,使狭缝处于物镜的焦平面上,这时从望远镜中可见到清晰的狭缝像.

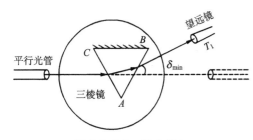

图 6.3.2.3　最小偏向角的测定示意图

(2) 调节狭缝宽度,使缝变为约 1 mm,转动狭缝使狭缝平行于丰字准线的水平线,转动平行光管或望远镜的倾斜螺灯,使狭缝与丰字准线的中央水平线重合,再转动狭缝 90°,使狭缝像与丰字准线的竖线重合.

(3) 将三棱镜放在载物台上,如图 6.3.2.3 所示,固定游标盘,转动望远镜至 T_1 位置,同时微微转动平台及望远镜,使能从视场中清楚地见到经棱镜出射后的钠光黄色谱线.

3. 寻找最小偏向角位置

(1) 慢慢转动平台,改变入射角 i_1,使谱线向偏向角减小的方向移动,同时望远镜要跟踪谱线转动,因为望远镜的视场较小.

(2) 当载物台转到某一位置时,谱线不再移动,这时无论载物台向何方向转动,谱线均向相反方向移动,即偏向角都变大,这时谱线反向移动的极限位置就是棱镜对该谱线的最小偏向角的位置.

4. 读数

(1) 找到对应 δ_{min} 角的谱线位置后,调望远镜,使谱线与望远镜丰字准线的竖直线对齐,记录望远镜此位置右边、左边的游标读数 θ 及 θ'.

(2) 取下三棱镜,转动望远镜使其丰字准线竖直线对准狭缝像,记录右边及左边的游标读数 θ_0 及 θ'_0,填入表 6.3.2.2,如此重复 5 次,求出 δ_{min} 及 $\sigma_{\bar{\delta}_{min}}$,其中 δ_{min} 由下式计算:

$$\delta_{min} = \frac{1}{2}\left[\,|\,\theta - \theta_0\,| + |\,\theta' - \theta'_0\,|\,\right] \tag{6.3.2.3}$$

表 6.3.2.2 最小偏向角 δ_{min} 测定记录

次　数	右游标读数		$|\theta - \theta_0|$	左游标读数		$|\theta' - \theta'_0|$	δ_{min}
1	θ			θ'			
	θ_0			θ'_0			
2	θ			θ'			
	θ_0			θ'_0			
3	θ			θ'			
	θ_0			θ'_0			
4	θ			θ'			
	θ_0			θ'_0			
5	θ			θ'			
	θ_0			θ'_0			

【预期结果】

计算
(1) $\bar{\delta}_{min}$.
(2) $\sigma_{\bar{\delta}_{min}}$.
(3) n.
(4) 计算 A 类标准不确定度 $\sigma_{\bar{n}}$(即 Δ_A)及合成不确定度.

【预习要求】

(1) 搞清分光计的结构与调节步骤.
(2) 搞清测棱镜顶角的原理及关键性步骤.

(3)搞清测最小偏向角 $\delta_{\min}$ 的原理与步骤.

【思考题】

(1)分光计各主要部件的作用是什么?

(2)三棱镜照图 4.75 放置进行调节有何优点?

(3)分光计测角度有哪些误差?

(4)分光计调好的具体要求是什么?如何才能调好?

(5)如何寻找最小偏向角的位置?又如何通过望远镜中所见谱线移动来加以识别?

(6)证明: $n = \dfrac{\sin \dfrac{A + \delta_{\min}}{2}}{\sin \dfrac{A}{2}}$.

【附录】

最小偏向角极值条件的证明

由图 6.3.2.4 可知:

$$\delta = (i_1 - i'_1) + (i'_2 - i_2)$$
$$= i_1 + i'_2 - (i'_1 + i_2) \tag{1}$$

已知

$$i'_1 + i_2 = a \tag{2}$$

所以

$$\delta = i_1 + i_2 - a \tag{3}$$

由式(3)得

$$\frac{\mathrm{d}\delta}{\mathrm{d}i_1} = 1 + \frac{\mathrm{d}i'_2}{\mathrm{d}i_1}$$

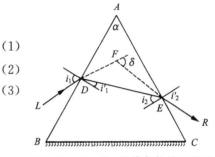

图 6.3.2.4 $\delta_{\min}$ 极值条件的证明图

最小偏向角 $\delta_{\min}$ 的必要条件是 $\dfrac{\mathrm{d}\delta}{\mathrm{d}i_1} = 0$,

则

$$1 + \frac{\mathrm{d}i'_2}{\mathrm{d}i_1} = 0 \tag{4}$$

按折射定律,光在 AB 面及 AC 面折射时,有

$$\left. \begin{array}{l} n\sin i'_1 = \sin i_1 \\ n\sin i_2 = \sin i'_2 \end{array} \right\} \tag{5}$$

微分得

$$\left. \begin{array}{l} n\cos i'_1 \,\mathrm{d}i'_1 = \cos i_1 \,\mathrm{d}i_1 \\ n\cos i_2 \,\mathrm{d}i_2 = \cos i'_2 \,\mathrm{d}i'_2 \end{array} \right\} \tag{6}$$

由式(6)得

$$\frac{\mathrm{d}i'_2}{\mathrm{d}i_1} = \frac{\cos i_1 \cos i_2 \,\mathrm{d}i_2}{\cos i'_1 \cos i'_2 \,\mathrm{d}i'_1} \tag{7}$$

由式(2)得知, $\mathrm{d}i_2 = -\mathrm{d}i'_1$,代入式(7)得

$$\frac{\mathrm{d}i'_2}{\mathrm{d}i_1} = \frac{-\cos i_1 \cos i_2}{\cos i'_1 \cos i'_2} \tag{8}$$

由式(4)、式(8)得

$$\frac{\cos i_1 \cos i_2}{\cos i_1' \cos i_2'} = 1 \tag{9}$$

将式(9)两边平方,并利用式(5),得

$$\frac{1 - \sin^2 i_1}{n^2 - \sin^2 i_1} = \frac{1 - \sin^2 i_2'}{n^2 - \sin^2 i_2'}$$

所以只有当 $i_1 = i_2'$ 时,有

$$\frac{\mathrm{d}\delta}{\mathrm{d}i_1} = 0$$

而且很容易证明当 $i_1 = i_2'$ 时,有

$$\frac{\mathrm{d}^2\delta}{\mathrm{d}i_1^2} > 0$$

因此,最小偏向角的充要条件是

$$i_1 = i_2'$$

实验 6.4   棱镜摄谱实验

物质中的分子、原子的运动会以物质吸收和辐射电磁波的形式表现出来,这些电磁波其波长成分比较丰富(若一部分处在可见光的波段内),经过摄谱仪的分光处理,可按波长大小顺序排列,并可记录在感光胶片上,呈现出有规则的谱线排列,称为光谱图. 每种化学元素具有其对应的光谱,对物质所发出光谱的测量、比对、研究的分析方法称为光谱分析法. 现在光谱分析法已被广泛应用于国防、科研、工农业生产、医药卫生和环境监测等领域.

【实验目的】

1. 了解棱镜摄谱仪的结构和原理.
2. 观察氦氖谱线中可见光谱线的规律.
3. 学习线性内插法测谱线波长.

【实验仪器】

小型棱镜摄谱仪、氦氖光谱管及电源.

【实验原理】

本实验借助氦氖谱线图,用线性内插法计算未知的氦氖谱线的波长.

氦氖谱线较多,人们对其波长均已作过精确标定,我们将其谱线中的几条当成波长的标准尺. 在实验中,把作为波长标准的谱线和其他谱线并排拍摄在底片上,找出某条待测氦氖谱线 λ_x 相邻的标准谱线对应的 λ_1 和 λ_2 的值,设 $\lambda_1 < \lambda_2$,由于谱线间距很小,波长差亦小,因此可以近似认为,谱线间距和谱线波长差呈线性关系,即

$$\frac{\lambda_2 - \lambda_1}{d} = \frac{\lambda_x - \lambda_1}{d_x} \tag{6.4.1}$$

式中，d，d_x 的定义如图 6.4.1 所示，λ_1 和 λ_2 可由谱图查出，d 和 d_x 可在光谱投影仪上用直尺量出. 于是未知谱线的波长 λ_x 可由下式解出：

$$\lambda_x = \lambda_1 + \frac{\lambda_2 - \lambda_1}{d} d_x \qquad (6.4.2)$$

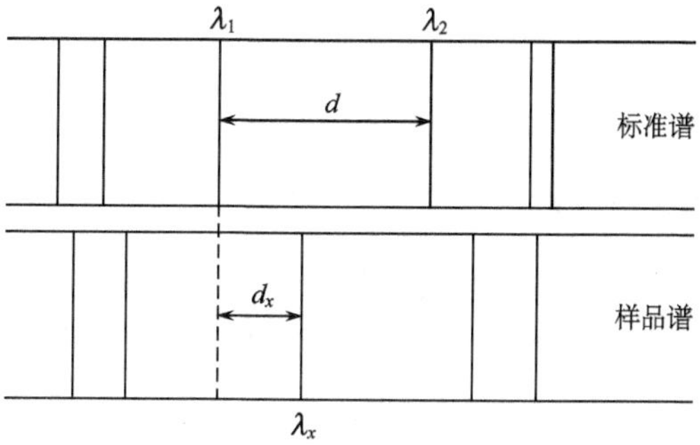

图 6.4.1　氦氖谱线图

【实验方法】

本实验所用测量方法为线性内插法（又称比较法），数据处理采用公式法，还用到多次测量求平均值法.

实验步骤如下.

（1）仪器调节：打开激光电源，调节光谱管及聚透镜位置使光会聚在狭缝上；调节目镜看清视场，通过测微目镜观察谱线，同时微微转动光源方向，使谱线最亮；调节物镜调焦手轮，使谱线清晰；调节狭缝宽度，使谱线的宽窄合适，窄而清晰.

（2）读数：鼓轮每转动 1 圈，分划板上的测量准线横向移动 1mm，读数鼓轮上的刻线将轮缘分成 100 小格，所以每转过 1 小格，准线相应地平移 0.01mm.

读数值＝玻璃标尺上的毫米数＋鼓轮读数. 注意读数时同一组数据应朝同一方向旋转目镜鼓轮.

（3）用线性内插法测量 3 条已知谱线之间的 1 条未知谱线（应在已知谱线之间选取）的波长，每条谱线测量 3 次.

给定谱线的波长为：$\lambda_1 = 586.9$nm（双黄线之右侧黄线），$\lambda_2 = 616$nm（中部较亮红线），$\lambda_3 = 641.3$nm（最亮红线）.

【预期结果】

本实验在了解摄谱仪结构、掌握摄谱仪调节的基础上观察了氦氖谱线中可见光的分布规律，并测量了指定谱线的波长.

1. 绘出所观察到的光谱的谱图，并在谱图上标出 4 条亮谱线（3 条给定谱线及 1 条待测谱线）的位置及波长.

2. 用两种方法计算未知谱线的波长，比较 λ_x 与 λ_x' 的差值.

3. 实验数据记录见表 6.4.1.

表 6.4.1　实验数据记录表　　　　　　　　　　（单位：mm）

	d_1	d_x	d_2	d_3	λ_x（以 λ_1 和 λ_2 为标线）	λ_x'（以 λ_1 和 λ_3 为标线）
1						
2						
3						

注：d_1 为谱图中双黄线之右侧黄线的波长 586.9nm 的定标位置；

d_2 为谱图中部较亮红线（中部有两对红线，左边那一对的右边那一根，波长 616nm）所处位置；

d_3 为谱图中最亮红线（波长 641.3nm）所处位置.

d_x 为选定的待测谱线所处的位置.

4. 数据处理.

根据公式 $\lambda_x = \lambda_1 + \dfrac{\lambda_2 - \lambda_1}{d} d_x$ (本公式以 λ_1 和 λ_2 为标线)计算 λ_x,填入表 6.4.1 中.

【实验拓展】

随着科技的进步,观察和获得光谱图形的方法也不限于干板曝光法、目测法等.尤其是在目测法实验过程中,操作人由于个体差异所获得的结果也不尽一致,数据处理时测量、画图、计算也费时费力,本实验可通过 CCD 及计算机来进行改进. CCD 具有光电转换功能,可将探测到的光信号转为电信号后传输给计算机进行处理,并直接输出结果,可大大提高精度和效率. 现代光谱仪和质谱仪即是综合运用科学技术的一个范例.

【思考题】

1. 结合实验说明棱镜摄谱的原理.
2. 测物质光谱波长时,如何定标?
3. 要使待比较光谱的各光源位置都位于摄谱仪光轴上,应怎样调节?
4. 影响光谱线波长测量误差的主要原因有哪些? 在实验中哪些步骤要特别注意?

【附录】

1. 棱镜摄谱仪简介

图 6.4.2 是实验室常用的小型棱镜摄谱仪光路图. 摄谱仪工作原理如下:由光源发出的光,通过聚光镜会聚在狭缝上. 进入狭缝的光经过平行光管成为平行光. 由于棱镜折射率与光的波长有关,所以这束平行光经过棱镜后,不同波长的光将从不同的角度射出,由出射光管中的物镜聚焦成像,每个波长的光都形成狭缝的一个像,这些像的集合就是入射光的光谱. 如果要拍摄光谱,需使它们再经照像物镜聚焦在暗匣的底片上,底片曝光后冲洗出来就是光谱片(负片). 如果要在摄谱仪上直接用眼睛观察谱线,需把摄谱套件换为看谱管. 看谱管光路为图 6.4.3 中的左侧光路:经目镜放大,在目镜后可观察到谱线.

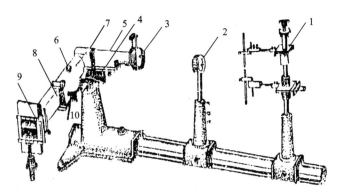

图 6.4.2 小型棱镜摄谱仪外观图

1. 铁电极架;2. 聚光镜;3. 狭缝;4. 波长鼓轮;5. 平行光管;6. 暗箱物镜位置读数孔;7. 出射光管;8. 暗箱;9. 底片匣位置;10. 暗箱物镜调节

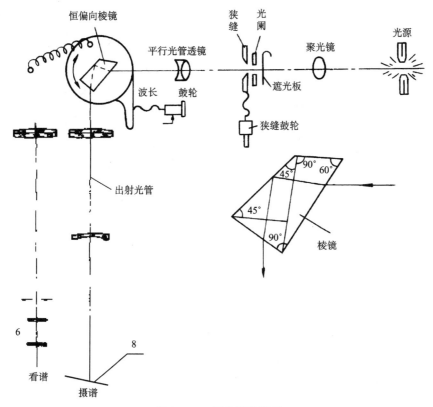

图 6.4.3 摄谱仪光路图

以下就图 6.4.2 的主要组成部分作一简介.

（1）光源:两个,一个是氢氖光谱管,加高电压后,管内气体放电而发光;另一个是电弧,用两根金属棒作电极,通电后极间产生弧光放电而发光.

（2）聚光透镜:把光源发出的光聚集并照亮狭缝,通常呈现一个光斑. 为满足拍谱和看谱要求,可上下或沿导轨移动聚光镜.

（3）遮光板:遮光板的作用是关闭或打开光路,摄谱时用以控制曝光时间,它在光阑外侧,不用仪器时需关闭,以防尘并保护狭缝.

（4）狭缝:狭缝是用来限制入射光束,其大小是光谱的实际光源大小. 狭缝由两特制刀片组成,狭缝宽度决定了负片上谱线的宽度,狭缝宽则谱线宽.

转动狭缝鼓轮,可改变狭缝宽度（图 6.4.4）. 为防止刀口的损坏,调节狭缝时不得让两刀刃相碰. 一般,摄谱时狭缝宽取 0.01mm,看谱时缝宽可加大到 0.015～0.02mm.

（5）恒偏向棱镜:棱镜摄谱仪的分光元件是恒偏向棱镜,它可以在不改变光源位置的条件下,使各种波长的光均能从一个确定的方向射出. 恒偏向棱镜的色散作用等效于一个三棱镜. 在图 6.4.5 的三角形中作正方形 $DEFE'$,再以其对角线 DF 为轴把四边形 $DECF$ 翻转 $180°$,并延长 $C'E$ 与 AB 交于 G,得图中灰色的四边形 $DFC'G$,即恒偏向棱镜.

设光以最小偏向角通过三棱镜 ABC,由 N 点射入,从 M 点射出,偏向角为 δ,由于 NR 与 $N'R$ 以轴 DF 对称,对三棱镜而言的光路 $NRMH$ 等效于恒偏向棱镜中的光路 $N'RMH$. 可以证明,对这种恒偏向棱镜,当光以满足最小偏向角（不同波长的光最小偏向角不同）的条

图 6.4.4　狭缝鼓轮

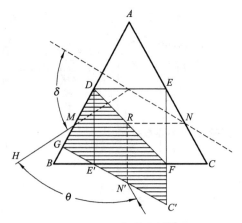

图 6.4.5　恒偏向棱镜

件入射时,出射线与入射线之间的夹角总是 90°,即偏向角恒为 90°,与光的波长无关.

恒偏向棱镜放在仪器内的一小平台上,转动波长鼓轮可以使平台转动,从而改变棱镜的方位. 摄谱仪的入射光管与出射光管作成 90°,棱镜的一个方位只能使一种波长的光与入射光成 90°(另一些波长的光大于或小于 90°)射出. 摄谱仪已经过标定,出射光对应的波长数值可在波长鼓轮上直接读出. 在底片上拍摄谱线时,为能同时拍出许多条清晰的谱线,宜把波长鼓轮对准刻度为 42 的位置,此时棱镜恰使波长为 425.0nm 的光以 90°射出.

(6)底片暗盒:底片暗盒的结构如图 6.4.6 所示. 背面为盒盖,可以打开安放底片;前面有一可推拉的挡板. 拍谱时拉开,谱线在底片上曝光.

底片一般为 8cm×6cm 左右,可是狭缝的高度只取几个毫米,所以一次曝光只使底片上很窄的一条带区感光,其他地方不会感光. 通过暗盒的上下移动,可以在一张底片上拍几排谱线. 暗盒导轨旁有一竖直标尺,可以读出暗盒上下移动的距离,便于安排拍谱的位置. 拍谱时要注意标尺读数,防止重拍.

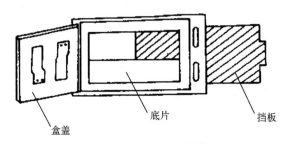

盒盖　　　　　　　底片　　　　　　　挡板

图 6.4.6　底片暗盒结构

注意事项:

1. 禁止狭缝两边相碰,以免损坏狭缝.

2. 调节狭缝时要注意安全,千万不要触及其电源的电极! 激光器两端接有 1000V 以上的高电压,激光器的两个端头为金属头,均带电!

实验 6.5　双棱镜干涉实验

经典的杨氏双缝干涉实验,是英国科学家托马斯·杨在 19 世纪初设计的. 点光源 S 发光,其波阵面经 S_1、S_2 双缝分为两束,当符合相干条件时,在两个子波阵面交会的区域干涉,形成明暗相间的平行直条纹. 正是这个实验,给予牛顿和惠更斯当时关于光具有波动性的说法增加了重要的砝码. 1818 年,菲涅耳在前人研究的基础上建立较严密的光的干涉理论,并设计了双棱镜等实验作为其理论的有力支持,他的工作为波动光学奠定了更加坚实的基础.

【实验目的】

1. 观察双棱镜产生的干涉现象,掌握产生干涉的条件.
2. 熟悉干涉光路的原理,掌握光具座上光学系统同轴等高的调节方法.
3. 学习用双棱镜干涉法测定光波波长.

【实验仪器】

光具座、半导体激光器、小孔屏、凸透镜 L_1($f_1 = 60\text{mm}$)、双棱镜、凸透镜 L_2($f_2 = 100\text{mm}$)、白屏、光电探测器、大行程一维调节架 1 个、固定滑块 3 个、可调滑块 2 个.

【实验原理】

双棱镜是由两个折射角很小(小于 1°)的直角棱镜对接组成,实际上是在一块玻璃上,将其上表面加工成两块楔形板而成,两块楔形板相交之处形成棱脊(图 6.5.1). 当单色、相干光照射在双棱镜上时,通过的光将改变方向,形成两束平行的光(等同于两个虚光源发出的光),在前方屏上相互重叠,在重叠的区域内形成干涉条纹,干涉条纹为明、暗等间距条纹. 通过测量条纹间距、虚光源到屏的距离、两虚光源之间的距离,即可计算出光波波长.

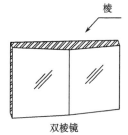

图 6.5.1　双棱镜示意图

实验原理如图 6.5.2 所示,双棱镜 AB、透镜 L_1(后焦点 S)、观察屏 H,三者均与光具座垂直放置. 由半导体激光器发出的光,经透镜 L_1 会聚与 S 点,再由 S 点射出的光束投射到双棱镜上,经过折射后形成两束光,该两束光等效于从两个虚光源 S_1 和 S_2 发出.

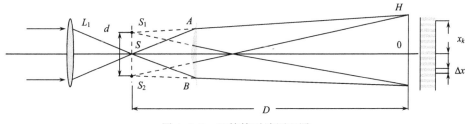

图 6.5.2　双棱镜干涉原理图

由于这两束光满足相干条件,故在两束光相互重叠的区域内产生干涉,在观察屏 H 上可以看到明暗相间、等间距的直线条纹.在条纹中心 O 点处,两束光的程差为零,形成中央亮纹,其余的各级条纹则分别对称,排列在零级条纹的两侧.

设两虚光源 S_1 和 S_2 之间的距离为 d,虚光源所在平面到屏 H 的距离为 D;设屏 H 上第 k 级亮纹(k 为整数)与中心 O 点的距离为 x_k.因 $x_k < D$,$d \ll D$,故明条纹的位置 x_k 由下式决定

$$x_k = \frac{D}{d}k\lambda \tag{6.5.1}$$

任何两相邻的亮纹(或暗纹)之间的距离为

$$\Delta x = x_{k+1} - x_k = \frac{D}{d}\lambda \tag{6.5.2}$$

故

$$\lambda = \frac{d}{D}\Delta x \tag{6.5.3}$$

上式表明,只要测出 d、D 和 Δx,即可算出光波波长 λ.

本实验在光具座上进行.光电探测器安装在大行程一维调节架上;将干涉光照射在光电探测器上,选择光电探测器上宽窄合适的窗口对准干涉条纹,当亮条纹照射在窗口中狭缝上时,光电探测器接收到的光强达到极大值,当暗条纹照射在狭缝上时,光电探测器接收到的光强达到极小值,调节大行程一维调节架,使得光电探测器平移,测量出条纹宽度 Δx 的值,d 和 D 的值可根据凸透镜成实像的原理,以及三角形相似公式求得.

测量原理如图 6.5.3 所示,在双棱镜和白屏之间插入凸透镜 L_2(L_2 的焦距 $f_2 = 100$mm),当 $D > 4f_2$ 时,移动 L_2 使虚光源 S_1 和 S_2 在屏 H 处成放大的实像,S_1' 和 S_2' 之间的距离为 d',由光电探器测量给出,根据公式

$$\frac{1}{f} = \frac{1}{p} + \frac{1}{p'} \tag{6.5.4}$$

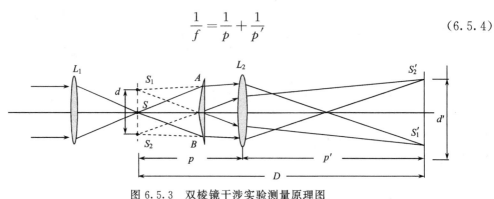

图 6.5.3 双棱镜干涉实验测量原理图

可以求出物距 p

$$p = \frac{f_2 p'}{p' - f_2} \tag{6.5.5}$$

像距 p' 可在导轨上读出,求出物距 p 的值.再根据三角形相似公式有

$$\frac{d}{d'} = \frac{p}{p'} \quad 即 \quad d = \frac{p}{p'}d' \tag{6.5.6}$$

$$D = p + p' \tag{6.5.7}$$

求出 d 和 D 的值,代入式(6.5.3)即可计算出波长 λ 的值.

【实验方法】

本实验利用双棱镜测量激光波长,数据处理采用列表法、平均值法,利用公式法求得光波波长.

实验步骤具体如下.

(1) 实验前的仪器调节.

① 实验中需要读取滑块在导轨上的位置读数,实验时将滑块带刻线一端朝外放置以便读数.

② 将光电探测器与光功率计连接,将光功率计的量程选至可调挡,用手遮住光电探测器窗口,调节光功率计对零旋钮,使显示为零. 测量中若光强超过量程,将显示"1"或"−1",此时可将测量量程提高,或调节旋钮使得接收光强减小.

(2) 测量系统的同轴等高调节.

① 将半导体激光器置于导轨一端,将光电探测器安装在大行程一维调节架上,并放置在导轨上靠近激光器处.

② 将光电探测器探测窗口调置到 $\phi 0.2$ 挡位置,调节探测器上、下、左、右位置,使得激光器发出的光斑能射入到小孔内.

③ 将光电探测器逐渐向较远端平移,调节激光器方位,使得光斑能够再次进入小孔,如此反复多次,直至光电探测器窗口与远端激光器均处在导轨等高位置上.

④ 将光电探测器移至导轨最远端,在激光器附近依次安放透镜 $L_1(f_1 = 60\text{mm})$、双棱镜(双棱镜安装在可调滑块上),调整透镜、双棱镜的高度,使之与激光器发出的光束等高.

(3) 调节双棱镜使之产生干涉条纹

用白屏替代光电探测器,调整双棱镜的横向位置,调节透镜 L_1 与双棱镜的间距,使之在白屏正中出现清晰、粗细合适的干涉条纹,干涉条纹数为 5~7 条. 此时,将激光器、透镜 L_1、双棱镜、光电探测器所在的大行程一维调节架固定在导轨上,保证其位置不再变化.

(4) 测量干涉条纹的宽度.

① 用光电探测器换下白屏,选择光电探测器上合适的狭缝光栏(如 0.2mm 的细缝),并与光功率计连接,将光功率计的量程选至可调挡. 调节大行程一维调节架,使得光电探测器横向移动,选择好的狭缝光栏对准干涉条纹的边缘处的某一亮纹. 此时,光功率计接收的信号达到极大值,以此作为中央条纹.

② 调节大行程一维调节架上的位移旋钮,平移光电探测器,使狭缝扫描整个干涉条纹区,光功率计记录的每两次光强极大值所对应的横向移动距离,即为一个干涉条纹的间距.

(5) 测量两虚光源之间的距离.

① 将导轨上各滑块全部固定,保持其位置不变,并且稳定.

② 在双棱镜和光电探测器之间(靠近双棱镜处)放置透镜 $L_2(f_2 = 100\text{mm})$,调节 L_2,使之与系统共轴.

③ 移动 L_2,在光电探测器表面得到清晰的放大的虚光源像(两个清晰的圆光斑),用光电探测器对两光斑进行测量,得到间距 d'.

④ 记录下此时光电探测器的位置 P_1 和透镜 L_2 的位置 P_2.

注意事项:

1. 不可直接用手触摸光学元件,可用镜头纸擦试光学元件表面;

2. 眼睛不得直视激光,以免损伤眼睛;

3. 使用大行程一维调节架时,首先要确定旋钮的分格精度;要注意防止回程误差;旋转读数鼓轮时动作要平稳、缓慢.

【预期结果】

本实验在掌握光学器件共轴调节的基础上,观察双棱镜干涉条纹的光的分布规律,并测量波长. 根据实验内容自拟实验表格.

1. 测量干涉条纹的宽度

缓慢旋转一维调节架测微旋钮,平移光电探测器,使狭缝扫描整个干涉条纹区,每旋转一个小格(转动一周光电探测器移动 1mm,一周有 50 个小格,即每转动一小格光电探测器移动 0.02mm)记录一次光功率计示数. 以光电探测器位置为横坐标,以光电探测器示数为纵坐标,使用坐标纸或 Office Excel 表格作出光强随位置变化图,从图上可以得到明条纹或暗条纹的间距. 注意测量时消除大行程一维调节架的"空程差",即同一次测量过程中始终顺着同一方向旋转旋钮.

2. 测量两虚光源之间的距离

移动 L_2,在光电探测器表面得到清晰的放大的虚光源像(两个清晰的圆光斑),用光电探测器对两光斑进行测量,得到间距 d',重复测量 5 次,取平均值.

3. 测量像距

记录下光电探测器的位置 P_1 和透镜 L_2 的位置 P_2,求出像距 $p'=P_1-P_2$.

4. 计算波长

利用式(6.5.5)~式(6.5.7)即可计算出 D 和 d 的值,代入式(6.5.3)计算出波长 λ 的值.

【实验拓展】

菲涅耳双棱镜干涉实验是分波面干涉实验的基本原型,非常巧妙地利用了光的空间相干性获得了相干光源,不足之处是两束相干光路基本不能分开,难以实现广泛意义上的光学测量. 尽管如此,它的思辨价值及其学术地位远远大于实用价值. 在此基础上改进后的许多分波面干涉实验装置证实了这一点.

【思考题】

1. 若实验时光源改成复色光,将会看到怎样的干涉条纹?

2. 实验过程中,如何判断和测量虚光源的距离是个难点,请思考如何提高测量精度和便捷度?

3. 若要观察到清晰的干涉条纹,对光路的调节要点是什么?

4. 是否在空间的任何位置都能观察到干涉条纹?

实验 6.6　偏振光的研究

光波是一种电磁波,偏振是光的波动性的重要特征之一,很多重要的光学现象和效应都与偏振有关. 偏振光是马吕斯 1808 年在实验中发现的. 从人造偏振片发明以来,利用偏振光的特点做成的各种精密仪器,也为科研、设计、生产检验等提供了一种有价值的手段. 因此仔细地观察偏振现象和学习一些研究偏振光的实验方法是很有必要的.

一、实验目的

1. 了解产生偏振光和检验偏振光的器件.
2. 掌握产生偏振光和检验偏振光的条件与方法.
3. 观察光的偏振现象并验证马吕斯定律.
4. 了解和观察 1/4 波片、1/2 波片和全波片对偏振光的作用.

二、实验仪器

光具座(或平台)、偏振片、波片、光源、光电探测器、检流计等.

三、实验原理

1. 自然光与偏振光

光是一种电磁波(横波),这种电磁波的电矢量(光矢量)E 的振动方向垂直于光的传播方向,光的偏振是横波所特有的现象,按 E 的振动状态不同,最常见的可分为五种,如图 6.6.1 所示.

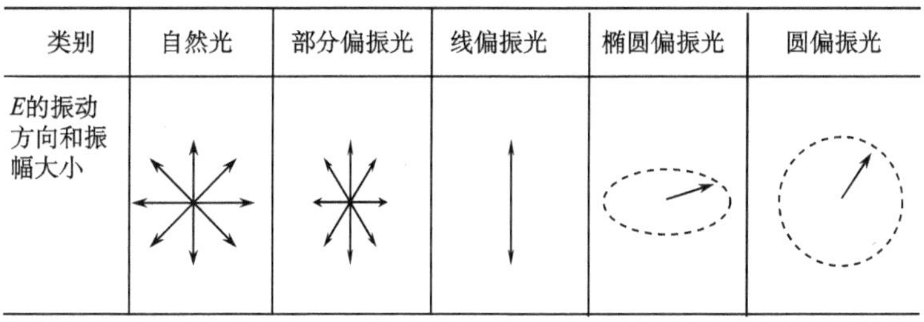

类别	自然光	部分偏振光	线偏振光	椭圆偏振光	圆偏振光
E的振动方向和振幅大小					

图 6.6.1　自然光与偏振光

图 6.6.2 中表示线偏振光和圆偏振光沿着光传播方向不同时间 E 的变化状态,由此图可延展其他几种偏振态的空间电场分布状况.

2. 起偏器、检偏器及马吕斯定律

在光学实验中,常利用某些装置移去自然光中的一部分振动而获得偏振光,人们把从自

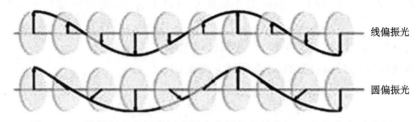

图 6.6.2 线偏振光和圆偏振光沿光传播方向的电场 E 空间分布示意图

然光中获得线偏振光的装置称为起偏器,用于检验线偏振光的装置称为"检偏器".起偏器和检偏器是通用的.

各种偏振器只允许某一方向偏振光通过,这一方向称为偏振器的"偏振化方向",或称为"通光方向".

当起偏器和检偏器的通光方向互相平行时,通过的光强达到最大;当二者的通光方向互相垂直(即正交)时,光不能通过(光强为零),如图 6.6.3 所示.

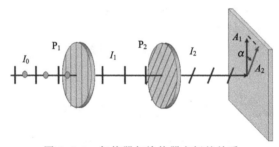

图 6.6.3 起偏器与检偏器之间的关系

介乎于二者之间的情况,按照马吕斯定律,强度为 I_1 的线偏振光通过检偏器后,透射光 I_2 的强度为

$$I_2 = I_1 \cos^2\alpha \tag{6.6.1}$$

式中 α 为起偏器与检偏器偏振化方向之间的夹角.显然,当检偏器旋转 360°时,透射光 I_2 将发生周期性变化,光强变化出现两次极大值和两次为零,这样,根据透射光强度变化的情况,我们就可以判断出入射到检偏器的光为线偏振光.但是,检偏器不能区分出入射到检偏器的光是自然光还是圆偏振光;是部分偏振光还是椭圆偏振光,因为它们的表现是相同的.

3. 波片

波片能使互相垂直的两光振动间产生附加光程差(或相位差)的光学器件.通常由具有精确厚度的石英、方解石或云母等各向异性的双折射晶片做成,其光轴平行于晶面.一束光线在二各向同性介质的介面上所产生的折射光只有一束,它满足折射定律.而对于各向异性介质,一束入射光通常被分解成两束折射光,这种现象称为双折射现象,如图 6.6.4 所示.其中一条折射光满

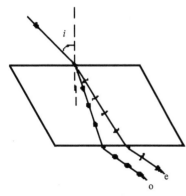

图 6.6.4 双折射产生的偏振光

足折射定律,称为寻常光(o 光),它在介质中传播时,各个方向的速度相同;另一条光不满足折射定律,称为非常光(e 光),它在各向异性介质内的速度随方向而变,这就是产生双折射现象的原因. 在一些双折射晶体中,有一个或几个方向 o 光和 e 光的传播速度相同,这个方向称为晶体的光轴. 光轴和光线构成的平面称为主截面. o 光和 e 光都是线偏振光,o 光的光矢量振动方向垂直于自己的主截面,e 光的光矢量振动方向在自己的主截面内. 如方解石晶体做成的尼科耳棱镜即只让 e 光通过,使入射的自然光变成线偏振光.

晶片中的 o 光和 e 光沿同一方向传播,但传播速度不同(晶体各方向折射率不同),穿出晶片后两种光之间产生 $\Delta = (n_o - n_e)d$ 光程差,其中 d 为晶片厚度,n_o 和 n_e 为 o 光和 e 光的折射率,对应相位差为

$$\delta = \frac{2\pi}{\lambda}d(n_e - n_o) \tag{6.6.2}$$

在负晶体中,$\delta < 0$;在正晶体中,$\delta > 0$.

当光入射一定厚度双折射单晶薄片时,若 o 光和 e 光的相位差 $\delta = (2m+1)\pi/2$ 时,这样的晶片称为 1/4 波片,波片厚度 $d = \lambda/4$;若 o 光和 e 光的相位差 $\delta = (2m+1)\pi$ 时,这样的晶片称为 1/2 波片,波片厚度 $d = \lambda/2$;若 o 光和 e 光的相位差 $\delta = 2m\pi$ 时,这样的晶片称为全波片,波片厚度 $d = \lambda$. 图 6.6.5 表示经过 1/4 波片的入射、出射光的偏振态变化情况.

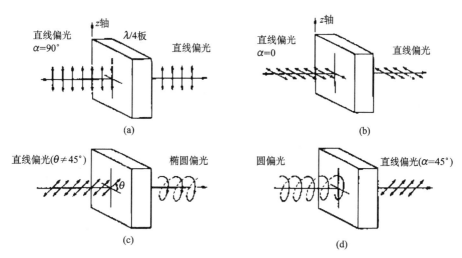

图 6.6.5　各种不同偏振态的入射光经过 1/4 波片出射光的偏振态变化情况

从图 6.6.5(a)(b)中可以看出,与波片光轴相平行或相垂直的振动方向的线偏振光入射 1/4 波片后,出射光不改变其偏振态及偏振方向;(c)与波片光轴有一定夹角 θ,但不等于 45° 的振动方向的线偏振光入射时,出射光为椭圆偏振光;(d)与波片光轴有一定夹角 θ,且等于 45° 的振动方向的线偏振光入射时,出射光为圆偏振光,反之亦然. 图 6.6.6 表示经过 1/2 波片的入射、出射光的偏振态变化情况.

从(a)图可知,振动方向与光轴成一定夹角 φ 的线偏振光经过 1/2 波片后,出射的仍然是线偏振光,只是较入射光振动方向其振动方向偏转 2φ;从(b)图可知,若入射光是圆偏振态,出射时仍然是圆偏振态,只是电场旋转方向相反.

光通过全波片时不发生振动状态的变化,只是改变光程差.

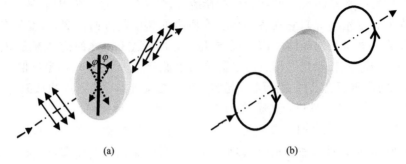

(a)   (b)

图 6.6.6   经过 1/2 波片出、入射光的偏振态变化情况

四、实验内容

1. 起偏过程与检偏过程

(1) 将图 6.6.7 中 P_1、C_1、C_2 去掉;以 P_2 为检偏器检验光源发出的光. 光源发出的光照射在 P_2 上,旋转 P_2 一周,通过肉眼观察并描述光透过 P_2 的光强度变化情况以及电流计的指针变化情况,记录数据并填入表格 6.6.1 中,判明光源发出的光可能的偏振性质.

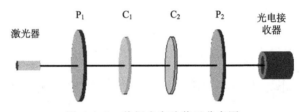

图 6.6.7   偏振光实验装置分布图

(2) 加入 P_1 到光路中,P_1 作起偏器,P_2 作检偏器,旋转 P_1 角度,使出射光光强最大;旋转 P_2 的角度对通过 P_1 的光进行检验,通过肉眼观察并描述光透过 P_2 的光强度变化情况以及电流计的指针变化情况,记录数据并填入表 6.6.1 中,判明通过 P_1 后的光可能的偏振性质.

2. 马吕斯定律的验证

旋转 P_1 或 P_2 的角度盘,使出射光光强最大,记录下起偏器 P_1 或检偏器 P_2 的初始角度;旋转起偏器 P_1 或检偏器 P_2 一周 360°,肉眼观察光强变化情况或记录在光电接收器上观察到光电流值变化情况,每隔 30°记录一组数据,共记录 12 组数据,将数据填入表 6.6.2 中,在坐标纸上绘出 $\cos^2\alpha$- I 曲线.

3. 椭圆和圆偏振光的产生和观察

(1) 按图 6.6.7,在光路上依次放好光源 S,起偏器 P_1 及检偏器 P_2,并使 P_1 和 P_1 正交,这时在白屏上应看到消光现象.

(2) 插入 1/4 波片 C_1,此时白屏上光强出现,转动 C_1,使之再次出现消光现象,此时说明线偏振光的振动方向与波片光轴平行.

（3）分别依次转动 C_1（从消光位置起，相对转动）$0°$、$15°$、$30°$、$45°$、$60°$、$75°$、$90°$，每次改变 C_1 的角度，P_2 均转动 $360°$，记录所观察到的现象；并说明 C_1 与各对应角度其透射光的偏振性质。用白屏观察，用光电接收器记录数据并填入表 6.6.3 中。

4. 圆偏振光和椭圆偏振光的检验

上面实验中我们用一个检偏振 P_2，可以将线偏振光、自然光、部分偏振光等区别开来，但是对圆偏振光和自然光的区分，椭圆偏振光和部分偏振光的区分，仅仅用一个检偏器是不够的，这时就需要再加上一个 1/4 波片 C_2。

（1）按图 6.6.7，使得通过 P_1 的光为线偏振光，通过 C_1 的光为圆偏振光。

（2）然后把另一个 1/4 波片 C_2 插在 C_1 与 P_2 之间，注意调节 C_2 的光轴与 C_1 的光轴方向相同，再转动 P_2（$360°$）看到什么结果？记录此结果，并说明圆偏振光经过 1/4 波片 C_2 后其偏振性质有何变化？

（3）改变 C_1 的角度（同时也同步转动 C_2 的角度），使得通过 C_1 的光为椭圆偏振光，P_2 再转动 $360°$，此时观察到什么现象？用光电接收器记录数据并填入表 6.6.4 中。

【预期结果】

数据记录与处理

1. 光源发出的光和经过起偏器后光的鉴别记录表

表 6.6.1　数据表

起偏器 P_1	P_2 转动 $360°$ 观察到的现象	I_{max}	I_{min}	到达 P_2 光可能的偏振性质
未加				
加上				

2. 验证马吕斯定律数据表

表 6.6.2　数据表
起偏器 P_1 或检偏器 P_2 的初始角度：_____

夹角 $\alpha/°$	0/360	30	60	90	120	150	180	210	240	270	300	330
$\cos^2\alpha$												
$I/\mu A$												

3. 圆偏振光、椭圆偏振光的产生和检验记录表

表 6.6.3　数据表

1/4 波片转角度	P_2 转动 $360°$ 观察到的现象	I_{max}	I_{min}	经过 1/4 波片后光的偏振性质
$0°$				
$15°$				
$30°$				

1/4 波片转角度	P_2 转动 360°观察到的现象	I_{max}	I_{min}	经过 1/4 波片后光的偏振性质
45°				
60°				
75°				
90°				

4. 圆偏振光和椭圆偏振光的检验记录表

表 6.6.4 数据表

确保通过 C_1 的光为圆偏振光	P_2 转动 360°观察到的现象	到达 C_2 光的性质	由 C_2 射出的光的偏振性质	I_{max}	I_{min}
插入 C_2 调节 C_2 与 C_1 光轴平行					
确保通过 C_1 的光为椭圆偏振光	P_2 转动 360°观察到的现象	到达 C_2 光的性质	由 C_2 射出的光的偏振性质	I_{max}	I_{min}
插入 C_2 调节 C_2 与 C_1 光轴平行					

【预期结果】

实验中结合光学器件的原理,可以清晰,有效地展现出光的偏振态的变化,并进行验证.

【实验拓展】

本实验中只使用了偏振片和 1/4 波片,还可以增加 1/2 波片和全波片的实验内容.

【实验意义】

偏振光的用途非常广泛,常用于光学的检测. 实验中我们了解到光在通过偏振片、晶体的过程中会发生偏振态的变化,以及如何对其进行检验等. 在实际的测量中可以根据所学知识,对被测对象进行检测、分析.

【思考题】

1. 使用什么方法检线偏振光?
2. 如何由线偏振光合成圆偏振光,椭圆偏振光?
3. 使用什么方法检验圆偏振光,椭圆偏振光?

五、实验思考与注意

(1) 了解自然光与偏振光的性质. 了解线偏振光,圆偏振光,椭圆偏振光的特点.

思考如何由自然光获得线偏振光,部分偏振光,圆偏振光,椭圆偏振光? 如何将他们区分开来?

(2) 了解光电池与检流计的工作原理.

(3) 如何利用测布儒斯特角的原理,确定一块偏振片的透光轴的方向.

(4) 如何用光学方法区分 1/2 波片和 1/4 波片?

(5) 下列情况下理想起偏器、理想检偏器两个光轴之间的夹角为多少?

①透射光是入射自然光强的 1/3.

②透射光是最大透射光强的 1/3.

(6) 如果在互相正交的偏振片 P_1 P_2 中间插进一块 1/4 波片,使其光轴跟起偏器 P_1 的光轴平行,那么,透过检偏器 P_2 的光斑是亮的、还是暗的? 为什么? 将 P_2 转动 90° 后,光斑的亮暗是否变化? 为什么?

(7) 设计一个实验装置,用来区别自然光、圆偏振光、圆偏振光加自然光、椭圆偏振光加自然光、线偏振光加自然光.

实验 6.7　迈克耳孙干涉仪调整和使用

1881 年为了研究“以太”漂移,美国物理学家迈克耳孙利用分振幅法产生双光束干涉原理,设计出了干涉测量仪器. 用该仪器迈克耳孙完成了三个著名实验:迈克耳孙-莫雷实验,其结果否定了“以太”的存在,对爱因斯坦相对论的创立具有重要意义;测量光谱精细结构实验;利用光波波长精密测量长度实验. 迈克耳孙干涉仪设计精巧,光路直观,准确度高,用途广泛,目前根据迈克耳孙干涉仪原理发展起来的各种精密仪器已广泛应用于生产和科研领域.

【实验目的】

1. 了解迈克耳孙干涉仪的原理、结构及调整方法.
2. 测量激光波长.
3. 调出白光干涉条纹,了解条纹分布特点.

【实验仪器】

实验装置包括迈克耳孙干涉仪、半导体激光源(含激光头和配套电源)、白炽灯、反光白板、护目板等.

【实验原理】

迈克耳孙干涉仪外形及各部件名称请参阅本实验附录.

如前述,迈克耳孙干涉仪是根据分振幅干涉原理制成的精密仪器. 在图 6.7.1 中可以看到,干涉仪的光学系统由四个高品质的光学镜片组成,其中包括两个平面全反射镜 M_1、M_2、分光板 G_1 和补偿板 G_2. 分光板 G_1 与 M_1 成 45° 角设置;G_1 的后表面镀有半反射半透射薄膜(简称半反

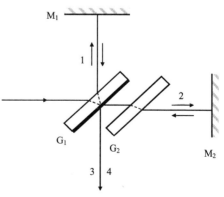

图 6.7.1　迈克耳孙干涉仪的结构

膜).当光投射到半反膜上后,被分为反射光 1 和透射光 2 两束光,反射光 1 到达 M₁ 后又被反射回来,再经半反膜透射,形成光束 3;而透射光 2 到达 M₂ 后被反射,再经半反膜反射,形成光束 4,于是光束 3 和 4 在空间相遇形成干涉.

如果不加补偿板 G₂,1 光先后两次通过 G₁,而 2 光只在空气中往返,在 M₁ 和 M₂ 相对半反膜位置对称的情况下,1 光的光程大于 2 光.如果是单色光,可以通过改变 M₁ 的位置即缩短光 1 在空气中的光程来补偿,使得两路光的光程相等.但如果是复色光,则不能以改变 M₁ 位置的方式使所有波长的光程都得到补偿,因此在光 2 的光路中,与 G₁ 平行地设置了一块厚度和材质与 G₁ 完全相同的补偿板 G₂,使各种波长的光程都可以得到补偿.于是,在干涉仪上能够调出复色光(如白光)的干涉条纹.

1. 等倾干涉

在图 6.7.2 中,单色光源 S 发出的光被半反膜分为振幅相同的两束光 1 和 2.根据成像规律,从观察屏处的观察者看来,光 1 似由虚光源 S₁ 发出(S₁ 是 S 先对于半反膜,再对于

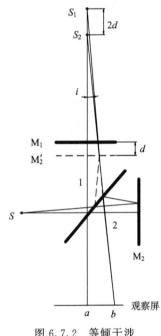

图 6.7.2 等倾干涉

M₁ 的虚像),光 2 似由虚光源 S₂ 发出(S₂ 是 S 先对于半反膜,再对于 M₂′ 的虚像).图中还画出了以另一入射角入射的光经 M₂ 反射后的光束(也似由虚光源 S₂ 发出的).因此这时干涉仪上的干涉条纹可以看成由两个虚光源 S₁ 和 S₂ 发出的光干涉的结果.容易证明,在观察屏(毛玻璃屏)上任意点 b 处两束光光程差为

$$\Delta = 2d\cos i \tag{6.7.1}$$

式中,d 为 M₁ 与 M₂′ 的距离,M₂′ 为 M₂ 相对半反膜的虚像,i 为光线对 M₁ 或 M₂′ 的入射角.如果 M₁ 与 M₂′ 平行,则相同入射角光线形成的干涉条纹是以 S₁ 和 S₂ 的连线与观察屏交点 a 为圆心的圆环,不同入射角光线对应不同半径的圆环条纹,因此这样形成的干涉为等倾干涉.若 M₁ 与 M₂′ 不平行,则同心圆环形干涉条纹的中心偏离观察屏中心,甚至偏出屏外,这时在屏上看到的是弧形条纹;若偏出更远,则条纹近似为直线.

按式(6.7.1),$i=0$(对应干涉图样中心)光程差 Δ 最大,因而条纹级次最高,向外逐次递减,条纹分布内疏外密.当 d 减小时,干涉圆环半径逐渐缩小,一个个"湮灭"于圆心;当 d 增大时,圆环一个个从中心"涌出".光程差每改变一个波长,从中心就要"湮灭"或"涌出"一个圆环.如果 M₁ 的移动量为 Δd,从中心"湮灭"或"涌出"了 Δk 个圆环,则光程差

$$2(\Delta d) = (\Delta k)\lambda \tag{6.7.2}$$

从干涉仪可读(算)出 Δd,利用上式可以计算波长 λ.

2. 等厚干涉

由于面光源 S 上不同点所发的光是不相干的,若把面光源看成许多点光源的集合,则这些点光源各自形成的干涉条纹相互叠加以致条纹消失,但在 M₁ 或 M₂ 的附近区域例外,则

如图 6.7.3 所示,当 M_1 与 M_2'有一很小夹角 α,可看成两者之间加一劈尖形空气薄膜,按薄膜干涉理论,在膜附近能够产生等厚干涉条纹.因为光程差为 $2d$ (d 为膜上各处的膜厚),干涉条纹其实是劈尖形薄膜的等厚线.

如果用白光作光源,当平面镜 M_1 与 M_2'相交,交线处会出现中央亮纹,在其两旁大致对称分布有几条彩色条纹.由于较高级别条纹相互重叠的原因,离交线较远处无法看到白光干涉条纹.

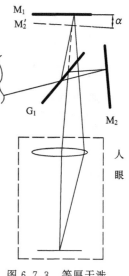

图 6.7.3　等厚干涉

【实验方法】

本实验通过测量等倾干涉条纹数目的变化由计算得到激光波长,因此是间接测量.干涉法是一种基本测量方法,利用波的干涉原理测量某些不易测量的量,本实验是一个例子.

1. 激光波长的测量

(1) 调节激光等倾干涉条纹.

粗调:转动粗调手轮,将 M_1 的位置移动到 40mm 附近,然后移开毛玻璃屏,手持护目板,视线透过该板及分光板,向 M_1 方向看去,可看到两排横向排列的光点,它们分别是光经 M_1 和 M_2 等表面多次反射产生的.调节 M_2 背后的两颗螺钉,将两排光点中最亮的两个调到重合(M_1 背后的螺钉实验室已调好,一般不需调节).

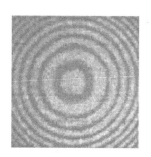

图 6.7.4　同心圆环

细调:拿开防护板,移入毛玻璃屏,直接看屏,应能看到屏上的干涉条纹,如看不到,重复上面的操作.屏上出现的干涉条纹分为两类:

① 同心圆环.出现此形条纹说明 M_1 与 M_2'基本平行,条纹为等倾干涉条纹,这是较理想的情况.调节水平拉簧和垂直拉簧螺钉,把圆心调到屏中央;然后调节 M_1,使中央明纹不断"湮灭",同时中央明纹会逐渐变大,至少应达到屏上 4 个方格大小,参考图 6.7.4.

② 除①以外的其他形状条纹.出现此类条纹说明 M_1 与 M_2'不平行,调节水平和垂直拉簧螺钉或谨慎调节 M_2 背后的两颗螺钉,将干涉条纹调成同心圆环状,然后按照①的方法进行调节,并达到①中所述结果.

(2) 测量波长.

在以上粗、细调基础上,调节 M_1 微调手轮,至同心圆环条纹中心为明纹,记下 M_1 的位置(读数方法参阅本实验附录),此后继续沿原方向转动微调手轮,中央明纹每"湮没"(或"冒出")50 次,读取一次 M_1 的位置,连续取 6 个位置读数,按【预期结果】处理数据.

2. 白光等厚干涉条纹的调节

白光是复色光,相干长度很短,其干涉条纹只有在 M_1 与 M_2'相互靠近到几个微米的程度才能出现.调 M_1 使之与 M_2'充分靠近,M_1 与 M_2'的交线进入到视场中央,在 M_1 与 M_2'交线处,光线 1 与 2 的光程差最短,此处可看到色彩对称分布的直条形等厚白光干涉条纹.该条纹色彩分布是以交线为对称轴的.具体调节步骤如下:

(1) 用激光作光源,调出圆环形干涉条纹.

(2) 转动粗调手轮,使屏上条纹不断湮灭,其间如条纹中心偏离视场中心,可调水平或垂直拉簧螺钉将条纹移回中心. 待屏上圆形条纹变成 4 条左右,调水平或垂直拉簧螺钉,将圆形条纹中心移出视场. 此时屏上条纹形状如图 6.7.5 所示.

图 6.7.5　白光等厚干涉条纹

(3) 转动 M_1 微调手轮,使屏上条纹朝着曲率中心方向移动,移动的同时条纹将逐渐变得越来越直,在尚未完全变直时,将激光换成白炽灯光——在分光板前放上反光白板,使白炽灯直接照射该板,该板的反射光即为白光. 移开毛玻璃屏,视线通过分光板直接观察 M_1 表面,同时沿原方向耐心调节 M_1 微调手轮,直至彩色的白光等厚干涉条纹出现.

(4) 在白光干涉条纹出现后,缓慢转动微调手轮以及水平和垂直拉簧螺钉,使白光等厚干涉条纹出现在视场中心,条纹宽度适中,色彩丰富鲜明.

【预期结果】

1. 将测量数据填入表 6.7.1,并用逐差法处理数据,由式(6.7.2)计算波长(式中 $\Delta k = 50$),由结果计算波长的相对误差.

表 6.7.1　波长测量数据表

次　数	1	2	3	4	5	6
位置/mm						
隔 3 项差/mm						
Δd/mm						

2. 调节白光的等厚干涉条纹.

【实验拓展】

迈克耳孙干涉仪可以用于其他观察与测量,例如,测量微小位移,测量固、液、气体的折射率,测量固体的微小厚度,检测物质表面平整度或缺陷,观察光波的波长变化情况,材料的微小长度变化,测量钠黄光双线的波长差、钠光的相干长度,还可以用来测量光速.

【实验意义】

迈克耳孙干涉仪是现代干涉仪的原型,这些干涉仪被广泛应用于现代物理和计量技术中,了解和掌握迈克耳孙干涉仪的调节和使用,对理解和使用其他干涉仪是有益的.

【思考题】

1. 转动粗调或微调手轮时,怎样根据干涉条纹的变化确定 M_1 与 M_2' 的距离是在变大还是在变小?

2. 怎样确定 M_1 与 M_2' 是否平行?

3. 调节 M_2 的方位镙钉时,怎样确定 M_1 与 M_2 夹角变大还是变小?

【附录·迈克耳孙干涉仪】

干涉仪的外形如图 6.7.6 所示,底座下有三个调节螺钉,可调节仪器光学台面的水平.

在台面上的导轨中装有螺距为 1mm 的精密丝杠，转动 M_1 的粗调或微调手轮，通过丝杠及其传动元件可以带动 M_1 沿导轨前后移动. M_1 的位置可从仪器上的读数装置读出，M_2 的位置是固定在台面上的，M_1 和 M_2 背后各有两个调节螺钉，用于调节各自的方位. 在 M_2 下面有两个水平和垂直拉簧螺钉，用于对 M_2 方位的精细调节.

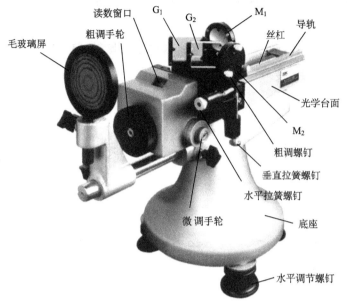

图 6.7.6　迈克耳孙干涉仪

数据读取法

每个数据包含 7 位有效数字，形如 aa.bbccc(mm)，其中主尺上读数为 aa，无需估读，主尺位于导轨左侧（图 6.7.6 中未表现）；读数窗口读数为 bb，无需估读；微调手轮上读数为 ccc，其中最后一位为估读位.

仪器读数装置包含螺纹、齿轮结构，因此测量时应避免仪器走"空程". 在测量过程中，应始终沿同一方向转动微调手轮，如果反转，测量结果将会含有空程误差.

测量前应对干涉仪调零，方法是将微调手轮向某一方向转动至读数窗口读数开始变化，继续转动直到微调手轮指向零位，再沿同方向转动粗调手轮，使读数窗口指针指向某一刻线，记住此时 M_1 移动方向！调零完毕. 在以后的测量中，M_1 须按原方向移动，否则需重新调零. 如果不作定量测量则不必调零.

第7章 声音与波

实验 7.1 示波器测超声波声速

声波是在弹性介质中传播的一种机械波,根据其频率范围将其大致分为:次声波($f<$ 20Hz),可听声波(20Hz$\leqslant f \leqslant$20kHz),超声波($f>$20kHz). 由于超声波具有波长短,易于定向发射等优点,在实际中常常运用于定位、探伤、测距、测材料弹性模量等. 本实验是通过压电陶瓷换能器,利用 $v=f\lambda$ 公式,采用驻波法和相位比较法,测量频率 f 和波长 λ,从而计算出波速 v.

【实验目的】

1. 了解换能器的原理及工作方式.
2. 了解声波的特点,加深对波动理论的理解.
3. 掌握用驻波法(共振干涉法)和相位比较法测量空气中的声速.
4. 掌握用逐差法进行数据处理并计算相对误差.
5. 进一步掌握示波器、信号发生器的使用,以及游标卡尺的正确读数.

【实验仪器】

超声波声速测定装置、信号发生器、GOS-620 型双踪示波器、温度计和同轴电缆等.

【实验原理】

声波的传播是通过介质各点间的弹性力来实现的,因此波速取决于介质的状态和性质(密度和弹性模量). 固体与液体的密度和弹性模量的比值一般比气体大,因而其中的声速也较大.

声波在理想气体中的传播可认为是绝热过程,由热力学理论可以导出其速度为

$$v=\sqrt{\frac{\gamma R T_{\mathrm{K}}}{\mu}}$$

式中,R 为摩尔气体常数,$R=8.314\mathrm{J/(mol \cdot K)}$;$\gamma$ 为比热容之比(理想气体比定压热容与比定容热容之比);μ 为气体的摩尔质量;T_{K} 为气体的开氏温度.

考虑到开氏温度与摄氏温度的换算关系 $T_{\mathrm{K}}=T_0+t$,有

$$v=\sqrt{\frac{\gamma R(T_0+t)}{\mu}}=\sqrt{\frac{\gamma R T_0}{\mu}\left(1+\frac{t}{T_0}\right)}=v_0\sqrt{1+\frac{t}{T_0}}$$

在标准大气压下,$t=0$℃时,$v_0=331.45\mathrm{m/s}$,因此

$$v=331.45\sqrt{1+\frac{t}{T_0}} \tag{7.1.1}$$

式中,$T_0 = 273.14\text{K}$. 只要测量出温度 t,就能够算出理想气体中的声速值.

根据波动学理论,在波动传播过程中,波速 v、波长 λ 和频率 f 之间存在下列关系:

$$v = f\lambda \tag{7.1.2}$$

通过实验,若能同时测出介质中声波传播的波长 λ 和频率 f,就可求出声速 v. 常用方法有驻波法和相位比较法两种.

1. 驻波法测声速

实验装置如图 7.1.1 所示. 图中两个超声换能器间的距离为 L,其中左边一个作为超声波源(发射头 S_1),信号源输出的正弦电压信号接到 S_1 上,使 S_1 发出超声波,则沿 S_1 平行于游标卡尺方向的波动方程为

$$Y_1 = A\cos(\omega t - 2\pi X/\lambda) \tag{7.1.3}$$

其中,S_1 发出超声波处 $X=0$,X 为传播方向上某点的坐标值.

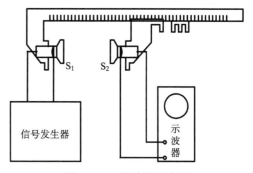

图 7.1.1　驻波法测声速

右边一个作为超声波的接收器(接收头 S_2),把接收到的声压转变成电压信号并输入示波器中观察. S_2 在接收超声波的同时,还向 S_1 反射一部分超声波 Y_2,考虑到半波损失而加入相位因子 π,在理想情况下,声波反射形成同频率的反射波,其波动方程为

$$Y_2 = A\cos(\omega t + 2\pi X/\lambda + \pi) \tag{7.1.4}$$

这样由 S_1 发出的超声波和由 S_2 反射的超声波在 S_1 和 S_2 之间 L 的区域相干涉而形成驻波,其合成的结果为

$$
\begin{aligned}
Y_3 = Y_1 + Y_2 &= A\cos(\omega t - 2\pi X/\lambda) + A\cos(\omega t + 2\pi X/\lambda + \pi) \\
&= \{2A\sin(2\pi X/\lambda)\}\sin(\omega t)
\end{aligned} \tag{7.1.5}
$$

上式表明,其间各点都在作同频率的振动,而各点振幅是位置 X 的正弦函数. 振幅最大的点称为波腹,这些点上声压最小,示波器观察到的正弦信号最小;振幅最小的点称为波节,这些点上声压最大,示波器观察到的正弦信号最大. 相邻两波腹(或波节)之间的距离为半波长.

改变 $X=L$ 时,在一系列特定的位置上,S_2 接收面接收到的声压达到极大值(或极小值);相邻两极大值(或极小值)之间的距离皆为半波长,此时在示波器屏上所显示的波形幅值发生周期性的变化,即由一个极大值变到极小,再变到极大,而幅值每一次周期性的变化,就相当于 L 改变了半个波长. 若从第 n 个极大值(或极小值)状态变化到第 $n+1$ 个极大值(或极小值)状态,S_2 移动的距离为 ΔL,则

$$\Delta L = (n+1)\frac{\lambda}{2} - n\frac{\lambda}{2} = \frac{\lambda}{2}$$

即

$$\lambda = 2\Delta L$$

$$v = f\lambda = 2f\Delta L \tag{7.1.6}$$

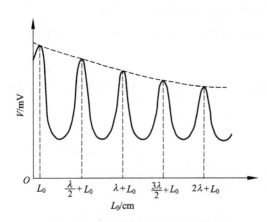

图 7.1.2　超声波振幅随 L 的衰减

由于声波是在空气中传播,随着 L 的增大振幅大小的总趋势将是衰减的,如图 7.1.2 所示.

2. 相位比较法测声速

实验装置如图 7.1.3 所示(忽略超声换能器本身的转换时间),从发射头 S_1 发出的超声波为($X=0$ 处)

$$Y = A\cos(\omega t - 2\pi X/\lambda) = A\cos(\omega t)$$

通过介质传到接收头 S_2,其接收到的超声波为($X=L$ 处)

$$X = A\cos(\omega t - 2\pi L/\lambda)$$

接收头和发射头之间便产生了相位差 φ,此相位差的大小与角频率 $\omega = 2\pi f$、传播时间 t、声速 v、波长 λ 以及 S_1 和 S_2 之间的距离 L 有下列关系

$$\varphi = \omega t = 2\pi f \frac{L}{v} = 2\pi \frac{L}{\lambda} \quad (7.1.7)$$

由此可推出,L 每改变一个波长 λ,相位差 φ 就变化 2π. 反过来通过观察相位差的变化 $\Delta\varphi$,测量出对应的 L 变化量即可算出 λ.

具体做法是将发射头 S_1 和接收头 S_2 的正弦电压信号 Y 与 X 分别输入到示波器的 CH_1 和 CH_2 通道,在屏上显示出频率比为 $1:1$ 的李萨如图形.

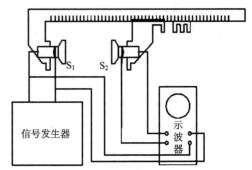

图 7.1.3　相位比较法测声速

改变 L 时,每当相位改变 2π 时,李萨如图形变化一个周期,如图 7.1.4 所示.

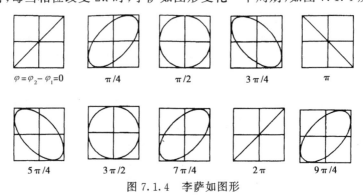

$\varphi = \varphi_2 - \varphi_1 = 0$　　$\pi/4$　　$\pi/2$　　$3\pi/4$　　π

$5\pi/4$　　$3\pi/2$　　$7\pi/4$　　2π　　$9\pi/4$

图 7.1.4　李萨如图形

通常为了便于判断,选择李萨如图形中直线斜率为正(或负)作为测量的起点,移动接收头 S_2,当 L 变化一个波长时,同样斜率方向的直线再次出现.

【实验方法】

本实验使用示波器观察发射端和反射端的信号,并利用驻波法和相位比较法进行测量.

1. 驻波法

(1) 调节准备. 按图 7.1.1 接好线路,将两换能器间的距离调到 $1\sim2$ cm;打开示波器和信号发生器电源.

预调示波器,使屏幕上出现的信号图形处于屏幕的中央,选择 VOLTS/DIV,TIME/DIV 旋钮于恰当的挡位,并确定所观察的信号是哪个通道,同时判断是 Y 信号还是 X 信号.

预设信号发生器输出频率为 30.000kHz,并把增量变化位选在个位上. 输出波形选正弦波(参见信号发生器说明).

(2) 测试换能器的谐振频率 f_0. 调节信号源的输出频率,在将输出频率从 30.000kHz 逐步增大到 45.000kHz 的全过程中,同时仔细观察示波器屏幕上信号振幅在整个频率范围内的变化情况.

搜寻振幅变化趋近最大时的频率范围,再进一步细调. 当最终确认振幅变化已达到最大时,信号源的输出频率就是换能器的谐振频率,即外加的激励电压信号的频率与换能器固有的谐振频率一致产生共振,振动最强.

在整个实验中,要保持此频率不变动(在调整过程中,示波器的 VOLTS/DIV、TIME/DIV 旋钮要进一步调整,使整个波形全部完整地显示在屏幕上).

(3) 测量波长. 逐步缓慢增加两换能器间的距离,记录下每次信号振幅变化到最大时接收头的位置 l_i,连续测 10 个点,将数据填入表 7.1.1.

2. 相位比较法

(1) 调节准备. 按图 7.1.3 连接好线路,将两换能器间的距离调整到 $1\sim2$ cm;由于换能器的谐振频率 f_0 已经测出,保持此频率不变动. 逆时针将 TIME/DIV 旋钮旋到头使示波器处于李萨如工作状态,屏幕上出现稳定的、大小适中的李萨如图形.

(2) 测量波长. 逐步缓慢增加两换能器间的距离,屏幕上的李萨如图形会作周期性的改变. 选直线作初始状态,以后每当出现与初始直线斜率相同的斜线时,记录下接收头的位置 l_i,并连续测 10 个点. 将数据记录到表 7.1.2 中.

3. 计算声速的理论值

测量出室内温度 t,按式(7.1.1)计算出理论值.

4. 用逐差法分别计算出驻波法和相位比较法的波长值

分别算出驻波法和相位比较法的声速值,计算出声速的理论值,同时计算出相对误差. 测量结果与声速理论值不超过 3%.

【预期结果】

表 7.1.1 驻波法数据记录表

$t=$_____℃,　　　　　　$f_0=$_____kHz,　　　$n=5$

接收头位置	l_i/mm	接收头位置	l_{i+5}/mm	$\Delta l = l_{i+5} - l_i$/mm
1		6		

接收头位置	l_i/mm	接收头位置	l_{i+5}/mm	$\Delta l = l_{i+5} - l_i$/mm
2		7		
3		8		
4		9		
5		10		

注:$\overline{\Delta L} = \overline{\Delta l}/n = $____(单位),$\lambda = $____(单位).

表 7.1.2　相位比较法数据记录表

$t = $_____℃,　　　　　$f_0 = $_____ kHz,　　　　$n = 5$

接收头位置	l_i/mm	接收头位置	l_{i+5}/mm	$\Delta l = l_{i+5} - l_i$/mm
1		6		
2		7		
3		8		
4		9		
5		10		

注:$\overline{\Delta L} = \overline{\Delta l}/n = $____(单位),$\lambda = $____(单位).

【思考题】

1. 示波器处于双踪挡位时,观察波形图,如果波形移动,试解释其原因并调整示波器使波形不移动.

2. 示波器处于相加挡位时,调节测试换能器的谐振频率 f_0. 此种方法对吗? 请分析原因.

3. 若换能器表面不平行,会对实验产生什么样影响?

【实验拓展】

超声波测距仪

1. 工作原理

超声波指向性强,能量消耗缓慢,在介质中传播的距离较远,因此经常用超声波来测量距离,如测距仪和物体测量仪.超声波测距仪装置上有设置瞄点装置,只要把仪器对准要测量的目标,就会出现一点在测距仪的显示屏幕上,它主要是通过声速来测量的,肉眼看不见射出的线.

超声波发射器向某一方向发射超声波,在发射时刻的同时开始计时,超声波在空气中传播,途中碰到障碍物就立即返回来,超声波接收器收到反射波就立即停止计时.超声波在空气中的传播速度为 340m/s,根据计时器记录的时间 t,就可以计算出发射点距障碍物的距离(s),即 $s = 340t/2$. 这就是所谓的时间差测距法.

超声波测距的原理是利用超声波在空气中的传播速度为已知,测量声波在发射后遇到障碍物反射回来的时间,根据发射和接收的时间差计算出发射点到障碍物的实际距离.

2. 主要用途

超声波测距主要应用于倒车提醒、建筑工地、工业现场等的距离测量.

超声波在气体、液体及固体中以不同速度传播,定向性好、能量集中、传输过程中衰减较小、反射能力较强. 超声波能以一定速度定向传播,遇障碍物后形成反射,利用这一特性,通过测定超声波往返所用时间就可计算出实际距离,从而实现无接触测量物体距离. 超声波测距迅速、方便,且不受光线等因素影响,广泛应用于水文液位测量、建筑施工工地的测量、现场的位置监控、振动仪车辆倒车障碍物的检测、移动机器人探测定位等领域. 本书设计的数字式超声波测距仪通过对超声波往返时间内输入到计数器特定频率的时钟脉冲进行计数,进而显示对应的测量距离.

3. 组成结构

超声波测距仪由超声波发生电路、超声波接收放大电路、计数和显示电路组成.

【实验意义】

通过本实验可以让同学进一步掌握示波器的使用及测量方法,加深对波动理论的理解.

【附录】

超声声速测定装置

该装置由换能器和游标卡尺及支架构成. 换能器由压电陶瓷片和轻质、重质两种金属组成,压电陶瓷片是由具有多晶结构的压电材料作成的(如石英片、钛酸钡、锆钛酸铅陶瓷等),在一定的温度下经极化处理后而具有压电效应.

压电效应:有些材料受到沿极化方向的应力时,能使材料在该方向上产生与应力成正比的电场现象,称正压电效应;当沿极化方向外加电压加在这些材料上时,也可使材料发生机械振动,其振幅与电压信号成正比,此现象称为逆压电效应. 具有压电效应的材料称为压电材料.

换能器结构:在两片压电陶瓷圆环片的前后两端胶粘两块金属,组成夹心型(中心圆环片板子为电极抽头). 头部用轻质金属作成喇叭形,尾部用重质金属作成锥形或柱形,中部为压电陶瓷圆环片(称压电陶瓷振子),紧固螺钉(也作为另一电极抽头)穿过环中心. 由于振子是以纵向长度的伸缩直接影响前部轻质金属作同样的纵向长度伸缩(对尾部重质金属作用小),这种结构使发射的声波方向性

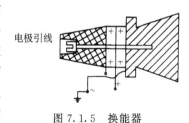

图 7.1.5 换能器

强,平面性好. 可以选用厚度较薄的压电陶瓷片制成谐振频率在 $30\sim60\mathrm{kHz}$ 范围内的超声波发射器和接收器. 换能器示意图如图 7.1.5 所示.

换能器特点:换能器有一固有谐振频率 f_0,当外加声波信号的频率等于此频率时,陶瓷片将发生机械谐振,得到最强的电压信号,此时换能器发射共振输出声波信号最强. 因此测量时输入交变电压信号频率与换能器的固有谐振频率 f_0 一致.

实验 7.2 光速测量实验

16 世纪,伽利略首次尝试测量光速,但是没有成功.几百年来人们采用各种先进的技术和手段来测量光速.现在,光在一定时间中走过的距离已经成为一切长度测量的单位标准,即"米的长度等于真空中光在 1/299 792 458s 的时间间隔中所传播的距离".光速也已直接用于距离测量,在国民经济建设和国防事业上有着重要意义.光速不仅是物理学中一个重要的基本常数,许多其他常数都与它相关,例如,光谱学中的里德伯常量,电子学中真空磁导率与真空电导率之间的关系;而且光速还与天文学等学科有着密切联系,正因为如此,科学工作者们不懈地努力,兢兢业业地埋头于提高光速测量精度的事业.

【实验目的】

1. 掌握一种光速测量方法.
2. 掌握光调制的一般原理和基本技术.

【实验仪器】

LM2000A 光速仪(全长 0.8m,含电器盒、收发透镜组、棱镜小车、带标尺导轨等)、示波器、频率计.LM2000A 光速仪仪器结构如图 7.2.1 所示.

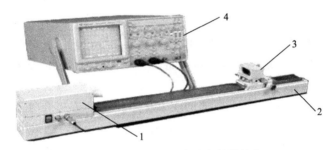

图 7.2.1 LM2000A 光速仪仪器结构

1. 光学电路箱;2. 带刻度尺燕尾导轨;3. 带游标反射棱镜小车;4. 示波器/相位计(自备件)

【实验原理】

1. 利用波长和频率测速度

按照物理学定义,波长 λ 是一个周期内波传播的距离.波的频率 f 是 1s 内发生了多少次周期振动,用波长乘以频率得 1s 内波传播的距离,即波速

$$c = \lambda f \tag{7.2.1}$$

利用这种方法,很容易测得声波的传播速度.但直接用来测量光波的传播速度,还存在很多技术上的困难,主要是光的频率高达 10^{14} Hz,目前的光电接收器中无法响应频率如此高的光强变化,迄今仅能响应频率在 10^8 Hz 左右的光强变化并产生相应的光电流.

2. 利用调制波波长和频率测速度

如果直接测量河中水流的速度有困难，可以采用一种方法，即周期性地向河中投放小木块(f)，再设法测量出相邻两小木块间的距离(λ)，依据式(7.2.1)计算出木块的速度，而木块的移动速度就是水流流动的速度.

同上面类似，所谓"调制"就是在光波上做一些特殊标记. 我们使调制波传播的速度等于光波传播的速度，调制波的频率可以比光波的频率低很多，调制波的频率就可以用频率计精确地测定，因此测量光速就转化为如何测量调制波的波长，然后利用式(7.2.1)即可得调制波传播的速度即光传播的速度.

3. 相位法测定调制波的波长

波长为 $0.65\mu\text{m}$ 的载波，其强度受频率为 f 的正弦型调制波的调制，表达式为

$$I = I_0\left[1 + m\cos 2\pi f\left(t - \frac{x}{c}\right)\right]$$

式中，m 为调制度；$\cos 2\pi f(t-x/c)$ 为光在测线上传播的过程中其强度的变化.

例如，一个频率为 f 的正弦波以光速 c 沿 x 方向传播，我们称这个波为调制波. 调制波在传播过程中其相位是以 2π 为周期变化的. 设测线上两点 A 和 B 的位置坐标分别为 x_1 和 x_2，当这两点之间的距离为调制波波长 λ 的整数倍时，该两点间的相位差为

$$\varphi_1 - \varphi_2 = \frac{2\pi}{\lambda}(x_2 - x_1) = 2n\pi$$

式中，n 为整数.

反过来，如果能在光的传播路径中找到调制波的等相位点，并准确测量它们之间的距离，那么这距离一定是波长的整数倍.

设调制波由 A 点出发，经时间 t 后传播到 A' 点，AA' 之间的距离为 $2D$，则 A' 点相对于 A 点的相移为 $\varphi = \omega t = 2\pi ft$，如图 7.2.2(a) 所示. 然而用一台测相系统对 AA' 间的这个相移量进行直接测量是不可能的，为了解决这个问题，较方便的办法是在 AA' 的中点 B 设置一个反射器，由 A 点发出的调制波经反射器反射返回 A 点，如图 7.2.2(b) 所示. 由图显见，光线由 $A \rightarrow B \rightarrow A$ 所走过的光程亦为 $2D$，而且在 A 点，反射波的相位落后 $\varphi = \omega t$. 如果我们以发射波作为参考信号(以下称之为基准信号)，将它与反射波(以下称之为被测信号)分别输入到相位计的两个输入端，则由相位计可以直接读出基准信号和被测信号之间的相位差. 当反射镜相对于 B 点的位置前后移动半个波长时，这个相位差的数值改变 2π. 因此，只要前后移动反射镜，相继找到在相位计中读数相同的两点，该两点之间的距离即为半个波长.

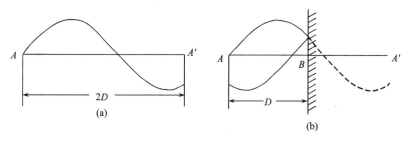

图 7.2.2 相位法测波长原理图

调制波的频率可由数字式频率计精确地测定,由 $c=\lambda f$ 可以获得光速值.

4. 差频法测相位

在实际测相位过程中,当信号频率很高时,测相系统的稳定性、工作速度以及电路分布参量造成的附加相移等因素都会直接影响测相精度,对电路的制造工艺要求也较苛刻,因此高频下测相困难较大. 例如,BX21 型数字式位相计中检相双稳电路的开关时间是 40ns 左右,如果所输入的被测信号频率为 100MHz,则信号周期 $T=1/f=10$ns,比电路的开关时间要短. 可以想象,此时电路根本来不及动作. 为了避免高频下测相的困难,人们通常采用差频的办法,把待测高频信号转化为中、低频信号处理. 因为两信号之间相位差的测量实际上被转化为两信号过零的时间差的测量,而降低信号频率 f 则意味着拉长了与待测的相位差 φ 相对应的时间差. 下面证明差频前后两信号之间的相位差保持不变.

将两频率不同的正弦波同时作用于一个非线性元件(如二极管、三极管)时,其输出端包含有两个信号的差频成分. 非线性元件对输入信号 x 的响应可以表示为

$$y(x)=A_0+A_1x+A_2x^2+\cdots \tag{7.2.2}$$

忽略上式中的高次项,可以看到二次项产生混频效应.

设基准高频信号为

$$u_1=U_{10}\cos(\omega t+\varphi_0) \tag{7.2.3}$$

被测高频信号为

$$u_2=U_{20}\cos(\omega t+\varphi_0+\varphi) \tag{7.2.4}$$

现在引入一个本振高频信号

$$u'=U'_0\cos(\omega't+\varphi'_0) \tag{7.2.5}$$

式(7.2.3)~(7.2.5)中,φ_0 为基准高频信号的初相位,φ'_0 为本振高频信号的初相位,φ 为调制波在测线上往返一次产生的相移量. 将式(7.2.4)和式(7.2.5)代入式(7.2.2)有(略去高次项)

$$y(u_2+u')\approx A_0+A_1u_2+A_1u'+A_2u_2^2+A_2u'^2+2A_2u_2u'$$

展开交叉项

$$2A_2u_2u'\approx 2A_2U_{20}U'_0\cos(\omega t+\varphi_0+\varphi)\cos(\omega't+\varphi'_0)$$
$$=A_2U_{20}U'_0\{\cos[(\omega+\omega')t+(\varphi_0+\varphi'_0)+\varphi]+\cos[(\omega-\omega')t+(\varphi_0-\varphi'_0)+\varphi]\}$$

由上面推导可以看出,当两个不同频率的正弦信号同时作用于一个非线性元件时,在其输出端除了可以得到原来两种频率的基波信号以及它们的二次和高次谐波之外,还可以得到差频以及和频信号,其中差频信号很容易和其他的高频成分或直流成分分开. 同样的推导,基准高频信号 u_1 与本振高频信号 u' 混频,其差频项为 $A_2U_{10}U'_0\cos[(\omega-\omega')t+(\varphi_0-\varphi'_0)]$.

为了便于比较,我们把这两个差频项写在一起.

基准信号与本振信号混频后所得差频信号为

$$A_2U_{10}U'_0\cos[(\omega-\omega')t+(\varphi_0-\varphi'_0)] \tag{7.2.6}$$

被测信号与本振信号混频后所得差频信号为

$$A_2U_{20}U'_0\cos[(\omega-\omega')t+(\varphi_0-\varphi'_0)+\varphi] \tag{7.2.7}$$

比较以上两式可见,当基准信号、被测信号分别与本振信号混频后,所得到的两个差频信号之间的相位差仍保持为 φ.

本实验就是利用差频检相的方法,将 $f=100\mathrm{MHz}$ 的高频基准信号和高频被测信号分别与本机振荡器产生的高频振荡信号混频,得到两个频率为 $455\mathrm{kHz}$、相位差依然为 φ 的低频信号,然后送到相位计中去比相.仪器方框图如图 7.2.3 所示,图中的混频 I 用以获得低频基准信号,混频 II 用以获得低频被测信号.低频被测信号的幅度由示波器或电压表指示.

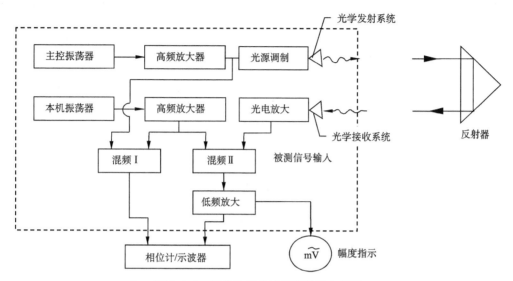

图 7.2.3 相位法测光速实验装置方框图

5. 数字测位相

可以用数字测位相的方法来检测"基准"和"被测"这两路同频正弦信号之间的相位差 φ.如图 7.2.2 所示,我们用

$$u_1 = U_{10}\cos\omega_{\mathrm{L}}t$$

和

$$u_2 = U_{20}\cos(\omega_{\mathrm{L}}t + \varphi)$$

分别代表差频后的低频基准信号和低频被测信号.将 u_1 和 u_2 分别送入通道 I 和通道 II,进行限幅放大,整形成为方波及 u_1' 和 u_2'.然后令这两路方波信号去启闭检相双稳,使检相双稳输出一列频率与两待测信号相同、宽度等于两信号过零的时间差(因而也正比于两信号之间的相位差 φ)的矩形脉冲 u_0,将此矩形脉冲积分(在电路上即是令其通过一个平滑滤波器)得到

$$\bar{u} = \frac{1}{T}\int_0^T u\,\mathrm{d}t = \frac{1}{2\pi}\int_0^{2\pi} u\,\mathrm{d}(\omega_{\mathrm{L}}t) = \frac{1}{2\pi}\int_0^{\varphi} u\,\mathrm{d}(\omega_{\mathrm{L}}t) = \frac{u}{2\pi}\varphi \tag{7.2.8}$$

式中,u 为矩形脉冲的幅度,其值为一常数.

由式(7.2.8)可见,u_1' 检相双稳输出矩形脉冲的直流分量(我们称之为模拟直流电压)与待测的相位差 φ 有一一对应的关系.BX21 型数字式相位计,是将这个模拟直流电压通过一个模数转换系统换算成相应的相位值,以角度数值用数码管显示出来.因此,我们可以由

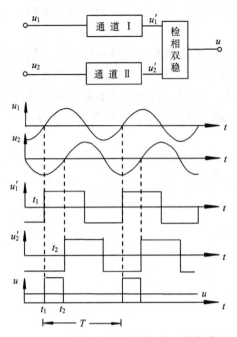

图 7.2.4　数字测相电路方框图及各点波形

相位计读数直接得到两个信号之间的相位差. 其测相位时序如图 7.2.4 所示.

6. 影响测量准确度和精度的几个问题

用相位法测量光速的原理很简单,但是为了充分发挥仪器的性能,提高测量的准确度和精度,必须对各种可能的误差来源做到心中有数. 下面就这个问题作一些讨论,由式(7.2.1)可知

$$\frac{\Delta c}{c} = \sqrt{\left(\frac{\Delta\lambda}{\lambda}\right)^2 + \left(\frac{\Delta f}{f}\right)^2}$$

式中,$\Delta f/f$ 为频率的测量误差;$\Delta\lambda/\lambda$ 为波长的测量误差.

由于电路中采用了石英晶体振荡器,其频率稳定度为 $10^{-6} \sim 10^{-7}$,故本实验中光速测量的误差主要来源于波长测量的误差. 下面我们将看到,仪器中所选用的光源的相位一致性好坏、仪器电路部分的稳定性、信号强度的大小以及米尺准确度、噪声等因素都直接影响波长测量的准确度和精度.

1) 电路稳定性

我们以主控振荡器的输出端作为相位参考原点来说明电路稳定性对波长测量的影响. 如图 7.2.5 所示,φ_1,φ_2 分别表示发射系统和接收系统产生的相移,φ_3,φ_4 分别表示混频电路Ⅱ和Ⅰ产生的相移,φ 为光在测线上往返传输产生的相移. 由图看出,基准信号 u_1 到达测相系统之前相位移动了 φ_4,而被测信号 u_2 在到达测相系统之前的相移为 $\varphi_1+\varphi_2+\varphi_3+\varphi$. 这样,被测信号 u_2 和基准信号 u_1 之间的相位

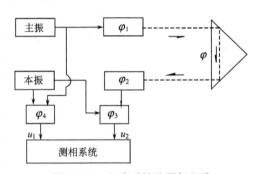

图 7.2.5　电路系统的附加相移

差为 $\varphi_1+\varphi_2+\varphi_3-\varphi_4+\varphi=\varphi'+\varphi$. 其中,$\varphi'$ 与电路的稳定性及信号的强度有关. 如果在测量过程中 φ' 的变化很小以致可以忽略,则反射镜在相距为半波长的两点间移动时,φ' 对波长测量的影响可以被抵消掉;但如果 φ' 的变化不可忽略,显然会给波长的测量带来误差. 如图 7.2.6 所示,设反射镜处于位置 B_1 时,u_1 和 u_2 之间的相位差为 $\Delta\varphi_{B1}=\varphi'_{B1}+\varphi$;反射镜处于位置 B_2 时,u_2 与 u_1 之间的相位差为 $\Delta\varphi_{B2}=\varphi'_{B2}+\varphi+2\pi$. 那么,由于 $\varphi'_{B1}\neq\varphi'_{B2}$,而给波长带来的测量误差为 $(\varphi'_{B1}-\varphi'_{B2})/2\pi$. 若在测量过程中被测信号强度始终保持不变,则 φ 的变化主要来自电路的不稳定因素.

然而,电路不稳定造成的 φ' 变化是较缓慢的. 在这种情况下,只要测量所用的时间足够短,就可以把 φ' 的缓慢变化作线性近似,按照图 7.2.6 中 B_1—B_2—B_1 的顺序读取位相值,以两次 B_1 点位置的平均值作为起点测量波长. 用这种方法可以减小由于电路不稳定给波长测量带来的误差.

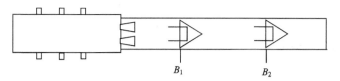

图 7.2.6　消除随时间作线性变化的系统误差

2）幅度误差

上面谈到 φ' 与信号强度有关，这是因为被测信号强度不同时，图 7.2.5 所示的电路系统产生的相移量 $\varphi_1,\varphi_2,\varphi_3$ 可能不同，因而 φ' 发生变化．通常把被测信号强度不同给相位测量带来的误差称为幅度误差．

3）照准误差

本仪器采用的 GaAs 发光二极管并非是点光源而是成像在物镜焦面上的一个面光源．由于光源有一定的线度，故发光面上各点通过物镜而发出的平行光有一定的发散角 θ．图 7.2.7 示意地画出了光源有一定线度时的情形，图中 d 为面光源的直径，L 为物镜的直径，f 为物镜的焦距．由图看出 $\theta=d/f$．经过距离 D 后，发射光斑的直径 $MN=L+\theta D$．例如，设反射器处于位置 B_1 时所截获的光束是由发光面上 a 点发出来的光，反射器处于位置 B_2 时所截获的光束是由 b 点发出的光；又设发光管上各点的相位不相同，在接通调制电流后，只要 b 点的发光时间相对于 a 点的发光时间有 67ps 的延迟，就会给波长的测量带来接近 2cm 的误差（$c\cdot t=3\times10^{10}\times67\times10^{-12}\approx2.0$）．我们把由于采用发射光束中不同的位置进行测量而给波长带来的误差称为照准误差．

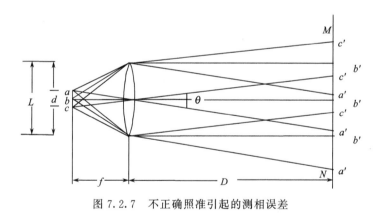

图 7.2.7　不正确照准引起的测相误差

为提高测量的准确度，应该在测量过程中进行细心的"照准"，也就是说尽可能截取同一光束进行测量，从而把照准误差限制到最低程度．

4）米尺的准确度和读数误差

本实验装置中所用的钢尺准确度为 0.01%．

5）噪声

我们知道噪声是无规则的，因而它的影响是随机的．信噪比的随机变化会给相测量带来偶然误差，提高信噪比以及进行多次测量可以减小噪声的影响从而提高测量精度．

【实验方法】

本实验利用示波器测量相位,具体方法如下.

(1) 单踪示波器法.

将示波器的扫描同步方式选择在外触发同步,极性为"＋"或"－","参考"相位信号接至外触发同步输入端,"信号"相位信号接至 Y 轴的输入端,调节"触发"电平,使波形稳定;调节 Y 轴增益,使其有一个适合的波幅;调节"时基",使其在屏上只显示一个完整的波形,并尽可能地展开. 如一个波形在 X 方向展开为 10 大格,即 10 大格代表为 360°,每一大格为 36°,可以估读至 0.1 大格.

开始测量时,记住波形某特征点的起始位置,移动棱镜小车,波形移动,移动 1 大格即表示参考相位与信号相位之间的相位差变化了 36°.

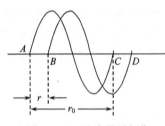

图 7.2.8　示波器测相位

有些示波器无法将一个完整的波形正好调至 10 大格,此时可以按下式求得参考相位与信号相位的变化量,如图 7.2.8 所示.

$$\Delta\varphi = \frac{r}{r_0} \cdot 360°$$

(2) 双踪示波器法.

将"参考"相位信号接至 Y_1 通道输入端,"信号"相位信号接至 Y_2 通道,并用 Y_1 通道触发扫描,显示方式为"断续"(如采用"交替"方式时,会有附加相移,为什么?).

与单踪示波法操作一样,调节 Y 轴输入"增益"挡,调节"时基"挡,使其在屏幕上显示一个完整的大小适合的波形.

具体实验步骤如下:

(1) 预热.

电子仪器都有一个温飘问题,光速仪和频率计需预热半小时再进行测量.

(2) 光路调整.

先把棱镜小车移近收发透镜处,移动小纸片挡在接收物镜管前,观察光斑位置是否居中. 调节棱镜小车上的微调螺钉,使光斑尽可能居中,将小车移至最远端,观察光斑位置有无变化,并作相应调整,达到小车前后移动时,光斑位置变化最小.

(3) 示波器定标.

按前述的示波器测相方法将示波器调整至有一个适合的测相波形.

(4) 测量光速.

由频率、波长乘积来测定光速的原理和方法前面已经作了说明,在实际测量时主要任务是如何测得调制波的波长,其测量精度决定了光速值的测量精度. 一般可采用等距测量法和等相位测量法来测量调制波的波长. 在测量时要注意两点,一是实验值要取多次多点测量的平均值;二是我们所测得的是光在大气中的传播速度. 为了得到光在真空中的传播速度,要精密地测定空气折射率后作相应修正.

① 测调制频率.

为了匹配好,尽量用频率计附带的高频电缆线. 调制波是用温补晶体振荡器产生的,频率稳定度很容易达到 10^{-6},因此在预热后正式测量前测一次就可以了.

② 等距测 λ 法.

在导轨上任取若干个等间隔点,如图 7.2.9 所示,它们的坐标分别为 $x_0,x_1,x_2,x_3,\cdots,$ $x_i,x_1-x_0=D_1,x_2-x_0=D_2,\cdots,x_i-x_0=D_i.$

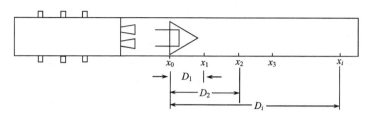

图 7.2.9　根据相移量与反射镜距离之间的关系测定光速

移动棱镜小车,由示波器或相位计依次读取与距离 $D_1,D_2\cdots$ 相对应的相移量 $\varphi_i.$

D_i 与 φ_i 间有

$$\frac{\varphi_i}{2\pi}=\frac{2D_i}{\lambda}, \quad \lambda=\frac{2\pi}{\varphi_i}\cdot 2D_i$$

求得 λ 后,利用 λf 得到光速 c.

也可用作图法,以 φ 为横坐标,D 为纵坐标,作 D-φ 直线,则该直线斜率的 $4\pi f$ 倍即为光速 c.

为了减小由于电路系统附加相移量的变化给相位测量带来的误差,同样应采取 x_0- x_1-x_0 及 $x_0-x_2-x_0$ 等顺序进行测量.

操作时移动棱镜小车要快、准,如果两次 x_0 位置时的读数值相差 0.1° 以上,需重测.

③ 等相位测 λ 法.

在示波器上或相位计上取若干个整度数的相位点,如 36°,72°,108° 等;在导轨上任取一点为 x_0,并在示波器上找出信号相位波形上一特征点作为相位差 0° 位,拉动棱镜,至某个整相位数时停,迅速读取此时的距离值作为 x_1,并尽快将棱镜返回至 0° 处,再读取一次 x_0,并要求两次 0° 时的距离读数误差不要超过 1mm,否则需重测.

依次读取相移量 φ_i 对应的 D_i 值,由

$$\lambda=\frac{2\pi}{\varphi_i}\cdot 2D_i$$

计算出光速值 c.

可以看到,等相位测 λ 法比等距离测 λ 法有较高的测量精度.

【预期结果】

1. 等距测 λ 法(表 7.2.1)

表 7.2.1　等距测 λ 法数据记录表

定标:示波器屏幕上水平方向 1 小格=π/____, $f_{调制}$=____ MHz,　n=4

棱镜小车位置 x_i/cm	测相波形平移量 φ_i/小格数	棱镜小车位置 x_i/cm	测相波形平移量 φ_{i+4}/小格数	$\Delta\varphi=\varphi_{i+4}-\varphi_i$ /小格数
5.00	0.0	25.00		

棱镜小车位置 x_i/cm	测相波形平移量 φ_i/小格数	棱镜小车位置 x_i/cm	测相波形平移量 φ_{i+4}/小格数	$\Delta\varphi=\varphi_{i+4}-\varphi_i$ /小格数
10.00		30.00		
15.00		35.00		
20.00		40.00		

$\overline{\Delta\varphi}=$ ____(单位)，$\overline{\lambda}=$ ____(单位)，$c=$ ____(单位)

2. 等相位测 λ 法(表7.2.2)

表 7.2.2　等相位测 λ 法数据记录表

定标:示波器屏幕上水平方向1小格$=\pi/$__，　$f_{调制}=$　MHz，　$n=4$

测相波形平移量 φ_i/小格数	棱镜小车位置 x_i/cm	测相波形平移量 φ_i/小格数	棱镜小车位置 x_{i+4}/cm	$\Delta x=x_{i+4}-x_i$/cm
0.0		8.0		
2.0		10.0		
4.0		12.0		
6.0		14.0		

$\overline{\Delta x}=$ ____(单位)，$\overline{\lambda}=$ ____(单位)，$c=$ ____(单位)

【思考题】

1. 通过实验观察,波长测量的主要误差来源是什么? 为提高测量精度需作哪些改进?

2. 本实验所测定的是 100MHz 调制波的波长和频率,能否把实验装置改成直接发射频率为 100MHz 的无线电波并对它的波长进行绝对测量? 为什么?

【实验拓展】

手持测距仪

手持式测距仪具有小巧机身,是利用电磁波学、光学、声学等原理,用于距离测量的仪器. 其原理为:手持式测距仪在工作时向目标射出一束很细的激光,由光电元件接收目标反射的激光束,计时器测定激光束从发射到接收的时间,计算出从观测者到目标的距离.

一般采用两种方式来测量距离:脉冲法和相位法. 脉冲法测距的过程是这样的:测距仪发射出的激光经被测量物体的反射后又被测距仪接收,测距仪同时记录激光往返的时间. 光速和往返时间乘积的一半,就是测距仪和被测量物体之间的距离. 脉冲法测量距离的精度是一般是在 ± 1m 左右. 另外,此类测距仪的测量盲区一般是 15m 左右.

【实验意义】

通过本实验可以让同学了解光信号调制的基本原理和方法,以及信号降频的方法.

【附录】

1. 电器盒

电器盒采用整体结构,稳定可靠,端面安装有收发透镜组,内置收发电子线路板.侧面有两排 Q9 插座,如图 7.2.10 所示.Q9 插座输出的是将收发正弦波信号经整形后的方波信号,目的是便于用示波器来测量相位差.

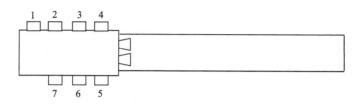

图 7.2.10　Q9 插座接线图

1,2. 发送基准信号(5V 方波);3. 调制信号输入(模拟通信用);
4. 测频;5,6. 接收测相信号(5V 方波);7. 接收信号电平(0.4~0.6V)

2. 棱镜小车

棱镜小车上有供调节棱镜左右转动和俯仰的两只调节微调螺钉.
在棱镜小车上有一只游标,使用方法与游标卡尺相同,通过游标可以读至 0.1mm.

3. 光源和光学发射系统

采用 GaAs 发光二极管作为光源,这是一种半导体光源,当发光二极管上注入一定的电流时,在 PN 结两侧的 P 区和 N 区分别有电子和空穴的注入,这些非平衡载流子在复合过程中将发射波长为 $0.65\mu m$ 的光,此即上文所说的载波.用机内主控振荡器产生的 100MHz 正弦振荡电压信号控制加在发光二极管上的注入电流.当信号电压升高时注入电流增大,电子和空穴复合的机会增加而发出较强的光;当信号电压下降时注入电流减小、复合过程减弱,所发出的光强度也相

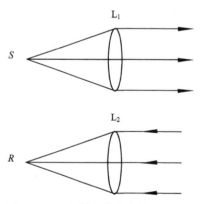

图 7.2.11　发射与接收光学系统原理

应减弱.用这种方法实现对光强的直接调制.图 7.2.11 是发射与接收光学系统的原理图,发光管的发光点 S 位于物镜 L_1 的焦点上.

4. 光学接收系统

用硅光电二极管作为光电转换元件,该光电二极管的光敏面位于接收物镜 L_2 的焦点 R 上,如图 7.2.11 所示.光电二极管所产生的光电流的大小随载波的强度而变化,因此,在负载上可以得到与调制波频率相同的电压信号,即被测信号.被测信号的相位对于基准信号落后了 $\varphi = \omega t$(t 为往返一个测程所用的时间).

第8章 热 学

实验 8.1 准稳态法测定导热系数实验

热传导是热传递三种基本方式(热辐射、热传导、热对流)之一. 导热系数定义为单位温度梯度下单位时间内由单位面积传递的热量,单位为 W/(m·K). 它表征物体导热能力的大小.

比热是单位质量物质的热容量. 单位质量的某种物质,在温度升高(或降低)1K 时所吸收(或放出)的热量,叫做这种物质的比热,单位为 J/(kg·K).

准稳态法只要求温差恒定和温升速率恒定,使用准稳态法不必通过长时间的加热达到稳态,就可通过简单的计算得到导热系数和比热.

【实验目的】

1. 理解准稳态测量不良导体的导热系数和比热的原理和特点.
2. 掌握物体内热传导的过程和电热偶原理.
3. 理解温升速率和温度测量方式并作图处理数据.

【实验仪器】

ZKY-BRDR 型准稳态法比热导热系数测定仪,实验样品两套(橡胶和有机玻璃,每套四块),加热板两块,热电偶,保温杯,导线若干.

【实验原理】

1. 热传导与傅里叶定律

热传导是发生在温度降低方向的传输现象,其机理在气体、液体、固体中是不尽相同的;气体甚至液体的热传导可认为是分子间的碰撞结果,在固体中则认为是分子围绕其晶格的振动并朝向固体晶格方向传递能量.

法国科学家傅里叶(Joseph Fourier,1768～1830 年)在 1815 年提出,单位时间内垂直通过单位面积的能流密度 J,经实验证明正比于温度 $T(x,t)$ 沿着能流方向单位位移上的递减

$$J = -\lambda \cdot \frac{\partial T}{\partial x} \tag{8.1.1}$$

其中,λ 是材料特性的导热率系数,其单位为 J/(m·s·K)或 cal/(m·s·K). 式中,负号表示能流方向指向温度降低的方向. 由能流密度和比热容的定义,可以推导出温度场 $T(x,t)$ 随时间的变化方程

$$\frac{\partial T(x,t)}{\partial t} = a^2 \cdot \frac{\partial^2 T(x,t)}{\partial x^2} \tag{8.1.2}$$

这里系数 $a = \lambda/c\rho$，其中 ρ 为材料的密度，c 为材料的比热.

2. 准稳态法测量原理

1）物理模型分析

根据实验得知当试件的横向尺寸大于试件厚度的 6 倍以上时，可认为传热方向只在试件的厚度方向进行. 同时要精确测量出加热面和中心面中心部位的温度，需分别放置两个热电偶来测量此两处的温度或温升速率. 为了在加热面两侧得到相同的热阻，要对称配置样品，这样热流密度可认为是功率密度的一半（采用超薄型平面加热器使加热面均匀可控，加热器自身的热容可忽略不计）.

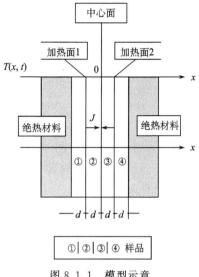

图 8.1.1 模型示意

在此条件下，归纳为如图 8.1.1 所示的一维无限大导热模型：以试样中心面为坐标原点，无限大不良导体平板厚度为 $2d$，初始温度为 T_0；在平板两侧同时施加均匀而指向中心面的加热过程中其热流密度为 J，则平板各处热传导的温度场 $T(x,t)$ 随加热时间 t 而变化满足方程（8.1.2）. 此模型的边界与初始条件为

$$T(x,0) = T_0$$

$$\frac{\partial T(d,t)}{\partial x} = \frac{J}{\lambda}$$

$$\frac{\partial T(0,t)}{\partial x} = 0$$

方程（8.1.2）的解如下：

$$T(x,t) = T_0 + \frac{J}{\lambda}\left(\frac{a}{d}t + \frac{1}{2d}x^2 - \frac{d}{6} + \frac{2d}{\pi^2}\sum_{n=1}^{\infty}\frac{(-1)^{n+1}}{n^2}\cos\frac{n\pi}{d}x \cdot e^{-\frac{an^2\pi^2}{d^2}t}\right)$$

由此可以看到，随加热时间的增加，样品各处的温度将发生变化，而式中的级数求和项由于指数衰减的原因，会随加热时间的增加而逐渐变小，当 $(at/d^2) > 0.5$ 时，级数求和项可以忽略不计. 温度场表述为

$$T(x,t) = T_0 + \frac{J}{\lambda}\left(\frac{x^2}{2d} - \frac{d}{6} + \frac{at}{d}\right) \tag{8.1.3}$$

由上式可知，当加热时间满足 $t > 0.5(d^2/a)$ 的条件时，在试件各点的温度与加热时间呈线性关系；对时间求导后各点的温升速率是相同的并同为 $aJ/\lambda d$，表明此值是一个与材料导热性能和实验条件有关的常数，称满足式（8.1.3）对应的状态为准稳态.

2）边界条件分析

在试件中心面处有 $x = 0$，由式（8.1.3）有

$$T(0,t) = T_0 + \frac{J}{\lambda}\left(\frac{at}{d} - \frac{d}{6}\right)$$

在试件加热面处有 $x = d$，由式（8.1.3）有

$$T(d,t) = T_0 + \frac{J}{\lambda}\left(\frac{at}{d} + \frac{d}{3}\right)$$

此时加热面和中心面间的温度差为

$$\Delta T = T(d,t) - T(0,t) = \frac{1}{2}\left(\frac{Jd}{\lambda}\right) \tag{8.1.4}$$

由此有

$$\lambda = \frac{1}{2}\left(\frac{Jd}{\Delta T}\right) \tag{8.1.5}$$

只要测量出进入准稳态后加热面和中心面间的温度差 ΔT,并由实验条件确定相关参量 J 和 d,则可以得到待测材料的导热系数 λ,称此方法为准稳态测量法.

3）热导率测量

当系统进入准稳态后,试件中心面处和加热面处温度上升的速率($\mathrm{d}T/\mathrm{d}t = aJ/\lambda d$)是相同,因此有

$$J = c\rho d\left(\frac{\mathrm{d}T}{\mathrm{d}t}\right)$$

此式代入(8.1.5)中,那么热导率由三部分组成

$$\lambda = \left(\frac{1}{2}c\rho d^2\right) \cdot \left(\frac{1}{\Delta T}\right) \cdot \left(\frac{\mathrm{d}T}{\mathrm{d}t}\right) \tag{8.1.6}$$

式中,$\left(\frac{1}{2}c\rho d^2\right)$ 为静态参量;$\frac{\mathrm{d}T}{\mathrm{d}t}$ 为准稳态条件下试件的温升速率;ΔT 为准稳态下加热面和中心面间的温度差. 只要在上述模型中测量出系统加热面和中心面间的温度差以及试件温升速率,即可由式(8.1.6)得到待测材料的导热系数.

3. 热电偶温度传感器

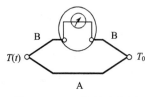

图 8.1.2　电热偶示意图

A、B 两种不同的导体两端相互紧密地连接在一起,组成一个闭合回路,如图 8.1.2 所示. 当两接点温度不等时,回路中就会产生电动势,从而形成电流,这一现象称为热电效应,回路中产生的电动势称为热电势. 这两种不同导体的组合称为热电偶,其结构简单且具有较高的测量准确度,在温度测量中应用极为广泛.

热电偶的 A、B 两种导体称为热电极,有两个接点,一个为热端(T),测量时将它置于被测温度场中,另一个为冷端(T_0),一般要求测量过程中恒定在某一温度;实验中在保温杯中室温空气恒温.

理论分析和实践证明热电偶的基本定律如下.

热电偶的热电势仅取决于热电偶的材料和两个接点的温度,而与温度沿热电极的分布以及热电极的尺寸与形状无关(热电极的材质要求均匀).

在 A、B 材料组成的热电偶回路中接入第三导体 C,只要引入的第三导体两端温度相同,则对回路的总热电势没有影响. 在实际测温过程中,需要在回路中接入导线和测量仪表,相当于接入第三导体.

热电偶的输出电压与温度并非线性关系. 对于常用的热电偶,其热电势与温度的关系

由热电偶特性分度表给出.测量时,若冷端温度为 0℃,由测得的电压,通过对应分度表,即可查得所测的温度.若冷端温度不为零度,则通过一定的修正,也可得到温度值.在智能式测量仪表中,将有关参数输入计算程序,则可将测得的热电势直接转换为温度显示.

【实验方法】

实验采用准稳态法测定材料的导热系数.

1. 检查装置并连接各部分线路

注意事项:在保温杯中空气恒温.保证四个样品初始温度尽量一致,并旋动压紧样品旋钮,使加热面与样品间能良好接触.按实验要求连接,检查各部分连线(其中包括主机与样品架放大盒,放大盒与横梁,放大盒与保温杯,横梁与保温杯之间的连线).

2. 设定加热电压

开机后,先让仪器预热 10min 左右再进行实验."加热控制"由加热计时指示灯的亮和不亮来确定,不亮表示加热控制开关关闭,处于关闭状态.

记录实验数据之前,应先设定加热电压(参考值:17V,18V),步骤为:先将"电压切换"按钮按到"加热电压"挡位,再由"加热电压调节"调到所需电压,并准备加热.

3. 测定样品的温度差和温升速率

将测量电压显示调到"热电势"的"温差"挡位,若其绝对值显示小于 0.004mV,就可以开始加热(在实验室环境,显示在 0.010mV 左右也可).

保证上述条件并做好记录准备和计时准备.打开"加热控制"开关并开始记数(建议每隔1min 分别记录一次中心面热电势和温差热电势,这样便于后面的计算(或以实验指导卡为准).

实验完成后,冷却样品的操作顺序是:关闭加热控制开关 → 关闭电源开关 → 旋转螺杆以松动实验样品主板.

注意:严禁取出热电偶和实验样品试件.

准稳态的判定原则是温差热电势和温升热电势趋于恒定.实验中有机玻璃一般在 8~15min,橡胶一般在 5~12min 处于准稳态.

【预期结果】

了解准稳态法测量原理及对应的实验模型,分析有效的实验数据并计算材料导热系数.

1. 准稳态条件下试件加热面和中心面温度测量(表 8.1.1)

表 8.1.1 导热系数及比热测定

时间 t/min	1	2	3	4	5	6	7	8	9	10	11	12	13	14	15
中心面热电势 V/mV															

时间 t/min	1	2	3	4	5	6	7	8	9	10	11	12	13	14	15
每分钟中心面温升热电势 $\Delta V = V_{n+1} - V_n$															
加热面与中心面热电势差 V_t/mV															
时间 t/min	16	17	18	19	20	21	22	23	24	25	26	27	28	29	30
中心面热电势 V/mV															
每分钟中心面温升热电势 $\Delta V = V_{n+1} - V_n$															
加热面与中心面热电势差 V_t/mV															

注:选择加热面与中心面间热电势差最为稳定(即保持差值不变而持续时间最长)的实验数据组.并用该组数据进行计算.

2. 静态参量测量 $\left(\dfrac{1}{2}c \cdot \rho \cdot d^2\right)$ (表 8.1.2)

表 8.1.2   基本参量

有机玻璃密度/(kg/m³)	厚度/m	宽度/m	长度/m	质量/kg	热流密度
					$J = \dfrac{1}{2}\left(\dfrac{V^2}{R \cdot S}\right)$ (W/m²)
比热容					
$\left(\dfrac{1}{2}c \cdot \rho \cdot d^2\right)\Big|_{玻璃}$					

【实验拓展】

若热流密度 $J = V^2/(2R \cdot S)$ (W/m²),其中 V 为两并联加热器的加热电压;每个加热器的电阻 $R = 110\Omega$;边缘修正后的加热面积 $S = A \times 0.09\mathrm{m} \times 0.09\mathrm{m}$,$A$ 为修正系数,对于有机玻璃和橡胶 $A = 0.85$.测量计算材料的比热值.

【实验意义】

通过实验了解准稳态的建立过程和实验设计的实际参数:①试件的横向尺寸大于试件厚度的六倍以上可认为传热方向只在试件的厚度方向进行.②在加热面的两侧要有相同热阻,这样需对称配置样品,热流密度可认为是功率密度的一半(加热平面要均匀可控,加热器自身的热容可忽略不计).③设铜-康铜热电偶的热电常数为 0.04mV/K,可以估算其温度测量范围和此模型下准稳态的温度参数范围.

【思考题】

1. 试分析热导率测量的主要误差来源. 为何要对称放置样品？

2. 试说明调整仪器时,为何要旋转螺杆推动隔热层压紧实验样品和热电偶,保证它们良好接触.

3. 若铜-康铜热电偶的热电常数为 0.04mV/K. 实验中得到的温度差是多少摄氏度. 温升速率是每秒多少摄氏度.

【附录】

1. 主机前、后面板说明

主机是控制整个实验操作并读取实验数据的装置,主机前、后面板如图 8.1.3 所示.

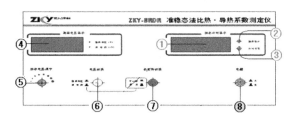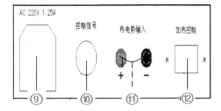

图 8.1.3　主机前、后面板及热电偶示意图

① 加热计时显示:显示加热的时间,前两位表示分,后两位表示秒,最大显示 99:59;

② 加热指示灯:指示加热控制开关的状态,亮时表示正在加热,灭时表示加热停止;

③ 清零:当不需要当前计时显示数值而需要重新计时时,可按此键实现清零;

④ 测量电压显示:显示两个电压,即"加热电压(V)"和"热电势(mV)";

⑤ 加热电压调节:调节加热电压的大小(范围:15.00～19.99V);

⑥ 电压切换:在加热电压和热电势之间切换,同时测量电压显示表显示相应的电压数值;

⑦ 热电势切换:在中心面热电势(实际为中心面—室温的温差热电势)和中心面—加热面的温差热电势之间切换,同时测量电压显示表显示相应的热电势数值;

⑧ 电源开关:打开或关闭实验仪器;

⑨ 电源插座:接 220V,1.25A 的交流电源;

⑩ 控制信号:为放大盒及加热薄膜提供工作电压;

⑪ 热电势输入:将传感器感应的热电势输入到主机;

⑫ 加热控制:控制加热的开关,实验完成一定要关闭.

2. 实验装置

实验装置是安放实验样品和通过热电偶测温并放大感应电压信号的平台;实验装置采用了卧式插拔组合结构,如图 8.1.4 所示.

① 放大盒:将热电偶感应的电压信号放大并将此信

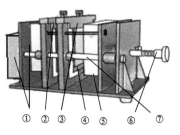

图 8.1.4　模型示意

号输入到主机；

②　中心面横梁：承载中心面的热电偶；

③　加热面横梁：承载加热面的热电偶；

④　加热器薄膜：给样品加热；

⑤　隔热层：防止加热样品时散热，从而保证实验精度；

⑥　螺杆旋钮：推动隔热层压紧或松动实验样品和热电偶；

⑦　锁定杆：实验时锁定横梁，防止未松动螺杆取出热电偶导致热电偶损坏.

3. 接线原理图及接线说明

实验时,将两只热电偶的热端分别置于样品的加热面和中心面,冷端置于保温杯中,接线原理如图 8.1.5 所示.

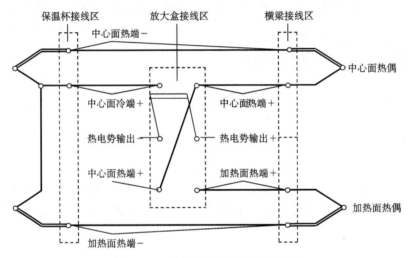

图 8.1.5　接线方法及测量原理示意

放大盒的两个"中心面热端＋"相互短接再与横梁的中心面热端"＋"相连（绿—绿—绿）,"中心面冷端＋"与保温杯的"中心面冷端＋"相连（蓝—蓝）,"加热面热端＋"与横梁的"加热面热端＋"相连（黄—黄）,"热电势输出—"和"热电势输出＋"则与主机后面板的"热电势输入—"和"热电势输出＋"相连（红—红,黑—黑）.

横梁的两个"—"端分别与保温杯上相应的"—"端相连（黑—黑）.

后面板上的"控制信号"与放大盒侧面的七芯插座相连.

主机面板上的热电势切换开关相当于图 8.1.5 中的切换开关,开关合在上方时测量的是中心面热电势（中心面与室温的温差热电势）,开关合在下方时测量的是加热面与中心面间的温差热电势.

实验 8.2　空气的比热容比测量

通常情况下,同种物质可以有不同的比热容,物质的比热容不仅与温度有强烈的依赖关系,而且还取决于外界对物质本身所施加的约束. 当压力恒定时可得物质的比定压热容 C_p,

体积一定时可得物质的比定容热容 C_V. 当然,C_p 及 C_V 一般也是温度的函数,但在实际过程中,涉及的温度范围不大时二者均被视为常数. 气体的比定压热容 C_p 与比定容热容 C_V 之比,在热力学过程特别是绝热过程中是一个很重要的参数,测定的方法较多,这里介绍用绝热膨胀法测定空气的比热容比.

【实验目的】

1. 掌握用绝热膨胀法测定空气的比热容比.
2. 了解热力学过程中气体状态如压力、体积、温度的变化及其变化关系.
3. 观察热力学过程中气体吸热放热的过程.

【实验仪器】

储气瓶一套(瓶、活塞两只、打气球),压力传感器,AD590 温度传感器,数字毫伏表.

【实验原理】

1. 比热容定义

物质的比热容定义为单位质量的物质,其温度变化一度所吸收或释放的热量,可表示为

$$C = \frac{1}{N} \times \frac{\mathrm{d}Q}{\mathrm{d}T}$$

在国际制单位中,比热容单位是 J/(K·mol),或通常使用 cal/(K·mol) 为单位(注意: 1cal＝4.1840J). 这里,N 为摩尔质量,$\mathrm{d}T$ 为温度变化量,$\mathrm{d}Q$ 为所对应的吸收(释放)热量.

由于热量是一个过程量,因此比热容与过程有关. 两个最常见的比热容是定压比热容(C_p)和定容比热容(C_V),表达为如下:

$$C_p = \frac{1}{N} \times \left(\frac{\mathrm{d}Q}{\mathrm{d}T}\right)_{p=\text{const}} \qquad C_V = \frac{1}{N} \times \left(\frac{\mathrm{d}Q}{\mathrm{d}T}\right)_{V=\text{const}}$$

注意在任何情况下定压比热容(C_p)要比定容比热容(C_V)值大,因为定容情况下吸收的热量全部转换成系统的内能不对外做功($\mathrm{d}V=0$),而定压的情况下必须提供部分热能转化为系统对外做功.

热力学系统通常分为开放系统、封闭系统和孤立系统,这里探讨热力学封闭系统.

2. 热力学第一定律

对于热力学系统,系统吸收的热量等于系统内能的增加与系统对外做功之和.

$$Q = \Delta U + W \tag{8.2.1}$$

系统吸收热量为 Q,同时系统对外做功为 W,那么两者的差值 $Q - W$ 就是储存在系统内的内能的变化增量 ΔU.

根据经典热力学理论,如果有 N 摩尔质量的理想气体,可用如下状态方程来进行描述

$$pV = NR \cdot T \tag{8.2.2}$$

同时根据分子热运动理论,理想气体的内能表达为

$$U = \frac{i}{2} NR \cdot T \tag{8.2.3}$$

其中，R 称为气体的普适常数，其值为 $R = 8.3144 \text{J}/(\text{K} \cdot \text{mol})$. 其中 i 是描述平动、转动、振动的独立坐标维数或称为自由度.

因此，对于理想气体这种系统而言，热力学第一定律可用积分与微分形式表达如下：

$$Q = \frac{i}{2} NR \cdot \Delta T + \int_{V_1}^{V_2} p \cdot dV \quad 或 \quad dQ = \frac{i}{2} NR \cdot dT + p \cdot dV \tag{8.2.4}$$

3. 理想气体的绝热过程

对于理想气体而言，当过程为等容过程时，系统不对外做功. 方程(8.2.4)给出系统吸收的热量为 $(dQ)_{V=\text{const}} = \frac{i}{2} NR \cdot dT$，因此得到

$$C_V = \frac{1}{N} \times \left(\frac{dQ}{dT} \right)_{V=\text{const}} = \frac{i}{2} R \tag{8.2.5}$$

那么式(8.2.4)也可以改写为 $U = NC_V \cdot T$. 对于理想气体的等压过程，通过方程(8.2.4)可以给出

$$(dQ)_{p=\text{const}} = \frac{i}{2} NR \cdot dT + (p\,dV + V\,dp)_{p=\text{const}} = NC_V \cdot dT + NR \cdot dT$$

$$C_p = \frac{1}{N} \left(\frac{dQ}{dT} \right)_{p=\text{const}} = C_V + R \quad 或 \quad C_p - C_V = R \tag{8.2.6}$$

比热容比

$$\gamma = \frac{C_p}{C_V} = \frac{i+2}{i} \tag{8.2.7}$$

对于理想气体的比热容比(单原子理想气体 $i=3$、$\gamma=1.67$；双原子理想气体 $i=5$、$\gamma=1.40$；三原子理想气体 $i=7$、$\gamma=1.29$)的理论值可以通过上式计算.

当理想气体系统经历一个绝热过程($dQ=0$)，由系统的内能表达式(8.2.3)，有微分形式 $dU = NC_V \cdot dT$，理想气体的绝热过程的热力学第一定律表达为

$$dU = -p \cdot dV \quad 或 \quad NC_V \cdot dT + p \cdot dV = 0 \tag{8.2.8}$$

又由理想气体的状态方程 $pV = NR \cdot T$，取其微分形式不难得到

$$p \cdot dV + V \cdot dp = NR \cdot dT \tag{8.2.9}$$

对两方程(8.2.8)和(8.2.9)联解，并消去变量 dT，有

$$(C_V + R)p \cdot dV + C_V V \cdot dp = 0 \quad 或 \quad C_p p \cdot dV + C_V V \cdot dp = 0$$

代入定义式 $\gamma = C_p / C_V$，简化得

$$\frac{dp}{p} + \gamma \cdot \frac{dV}{V} = 0$$

积分可得

$$\ln p + \gamma \cdot \ln V = \text{const} \quad 或 \quad p \cdot V^\gamma = \text{const} \tag{8.2.10}$$

方程(8.2.10)就是理想气体的绝热过程压强与容积的关系式，又称绝热方程.

4. p-V 图

通过 p-V 平面图示,可以描述理想气体的热力学过程,如图 8.2.1 所示.图中显示了热力学过程的绝热线和等容线,同时由理想气体的状态方程在 p-V 平面图上也可知道理想气体的三个状态(状态 I: $p_1 \cdot V_1 = NR \cdot T_0$;状态 II: $p_0 \cdot V_2 = NR \cdot T_1$;状态 III: $p_2 \cdot V_2 = NR \cdot T_0$).

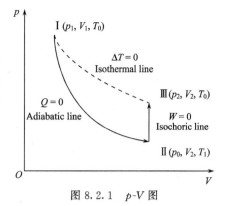

图 8.2.1 p-V 图

显然由方程(8.2.2)和(8.2.3),可以描述等容过程和绝热过程如下:

等容过程 $\qquad p_0/T_1 = p_2/T_0 \quad$ 或 $\quad T_0/T_1 = p_2/p_0 \qquad$ (8.2.11)

绝热过程 $\qquad p_1 \cdot V_1^\gamma = p_0 \cdot V_2^\gamma \quad$ 或 $\quad (T_0/T_1)^\gamma = (p_1/p_0)^{\gamma-1} \qquad$ (8.2.12)

对上两式进行联解得到

$$\gamma = \frac{\lg p_0 - \lg p_1}{\lg p_2 - \lg p_1} \qquad (8.2.13)$$

通过绝热膨胀和等容吸热过程的联合,可以由上式计算出理想气体的比热容比;从方程(8.2.13)可知比热容比只仅仅与状态量压强有关,只需测量各状态的压强值即可.

由此如何在实验中实现绝热膨胀过程和等容吸热过程是问题的关键所在.

【实验方法】

实验采用等容吸热和绝热过程来研究封闭系统中空气的热学现象并测量其比热容比.

我们以储气瓶内的空气作为热学系统来进行探讨研究,实验装置如图 8.2.2 所示.各部分说明如下:

(1) C_1 为充气阀活塞.

(2) C_2 为放气阀活塞.

(3)(气体)压力传感器.由同轴电缆线输出信号,与三位半数字电压表相接.当待测气体压强为 $p_0 + 10.00$kPa 时,数字电压表显示为 200mV,仪器测量气体压强灵敏度为 20mV/kPa,测量精度为 5Pa.

(4) AD590 为电流型集成温度传感器.它是新型半导体温度传感器,温度测量灵敏度高,线性好,测温范围为 $-50 \sim 150℃$. AD950 接

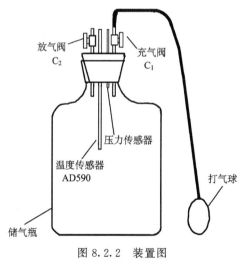

图 8.2.2 装置图

6V 直流电源后组成一个稳流源,它的测温灵敏度为 $1\mu A/℃$.若串接 5kΩ 电阻,可产生 5mV/℃ 的信号电压,用 $0 \sim 1.999$V 量程四位半数字电压表,可检测到最小 $0.02℃$ 的温度变化.

1. 实验过程

(1) 首先打开放气阀 C_2，储气瓶与大气相通，当瓶内充满与周围空气同压强同温度 (p_0, T_0) 的气体后，当待测气体压强为环境大气压强 p_0 时，数字电压表(调节)显示为 $0mV$，再关闭 C_2.

(2) 打开充气阀 C_1，用打气球从活塞 C_1 处向瓶内打气，充入一定量的气体，然后关闭充气阀 C_1. 此时瓶内空气被压缩而压强增大，温度升高，等待瓶内气体温度稳定并达到环境温度(此过程为等容放热). 此时的气体处于状态 I (p_1, V_1, T_0).

(3) 迅速打开放气阀活塞 C_2，使瓶内气体与外界大气相通而迅速放气，当听不见气体冲出的声音(约 1s)时，立即关闭放气阀活塞 C_2，由于放气过程较快，气体来不及与外界进行热交换，可认为是一个绝热膨胀的过程. 关闭放气阀活塞 C_2 后的瞬间，瓶内气体压强为 p_0，温度下降到 $T_1 (T_1 < T_0)$，其状态为 II (p_0, V_2, T_1).

(4) 由于瓶内气体温度 T_1 低于室温 T_0，因此，瓶内气体慢慢从外界吸热，直至达到室温 T_0 为止，此时瓶内气体压强也随之增大为 p_2. 稳定后的气体状态为 III (p_2, V_2, T_0)，从状态 II 到状态 III 的过程可以看成是一个等容吸热的过程.

总之，状态 I→II→III 的过程如图 8.2.3 所示，图 8.2.1 是其 $p\text{-}V$ 图描述.

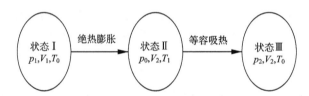

图 8.2.3　状态 I→II→III 的过程图

空气的比热容比可以通过一个绝热膨胀的过程和等容吸热的过程来进行测量，其具体计算使用式(8.2.13)完成；公式中表明与温度无关，通过测量 p_0、p_1 和 p_2 就得到空气的比热容比的值.

理解实验原理，观察实验仪器和容器瓶. 了解仪器各部件名称、作用方式和功能，仪器面板上旋钮和显示的功用.

开启电源(预热 15min)，按图 8.2.2 了解各阀门并双手平衡用力掌控开关.

2. 实验数据获取

(1) 打开活塞 C_2 和 C_1，使瓶内空气与外界气体充分流通，达到内外压强一致. 调节零点，在测压窗口调节零点电势器，使电压表的示值调到零(若不能调到零，以此数为零点误差，并对读数用已定系统误差方式进行修正).

(2) 关闭放气阀 C_2，打开充气阀 C_1；用气囊把空气稳定缓慢地打进容器瓶内，使压强的显示值分别取约为 $140, 130, 120, 110mV$ 为一组进行测量，关闭充气阀 C_1，等待气压稳定(此时为第 I 状态 $\{p_1 \cdot V_1 \cdot T_0\}$)后，记录此时瓶内压强 p_1 和温度 T_0.

(3) 快速打开放气阀 C_2，放出气体；当容器瓶内的空气压强与外界压强一致(放气声消失，此时为第 II 状态 $\{p_0 \cdot V_2 \cdot T_1\}$，完成第二放气过程)，及时关闭放气阀 C_2(动作要快，不要超过 1s).

注意:打开放气阀 C_2 与及时关闭放气阀 C_2,这两步一定要连贯做好,否则测量结果误差较大.

(4) 当温度上升至室温,储气瓶内空气的气压稳定,记下储气瓶内气体的压强 p_2. 此时瓶内气体处于状态Ⅲ(p_2,V_2,T_0).

(5) 记录完毕后,打开 C_2 放气,当压强显示降低到"0"时关闭 C_2.

(6) 重复步骤(1)~(5)测量 2 次,并记录所有的原始数据并计算出 γ. 数据填入表8.2.1中.

注意:在Ⅰ和Ⅲ状态时要求"气压稳定",通常指压强表变化一个最小读数值需要 5s 或以上时间.

【预期结果】

在实验中体会开放系统、封闭系统和孤立系统,并观察封闭系统中空气的等容过程、绝热过程,通过这两个过程测量空气的比热容比.

(1) 实验数据与比热容比计算(表8.2.1).

表 8.2.1　实验数据表

p_0/Pa	零点 p_0/mV	实测值 p_1/mV	p_1/Pa	实测值 p_2/mV	p_2/Pa	比热容比值 γ
						γ_1
						γ_2
						γ_3
						γ_4
						γ_5
						γ_6
						γ_7
						γ_8

注意:实测气压值是电压毫伏显示,由式 $p=p_0+\left(\dfrac{\text{实测}\ p-\text{零点}\ p_0}{2000}\right)\times 10^5$ 转换大气压(Pa)量纲;每次测量都要调节零点,计算时要进行零点修正;p_0 是环境大气压,取 0.957×10^5Pa.

(2) 计算比热容比的平均值 $\bar{\gamma}$.

$$\bar{\gamma}=\frac{\sum\limits_{i=1}^{6}\gamma_i}{8}=$$

(3) 在同一坐标系中作图比较(比热容比 γ 作为纵坐标,p_1 作为横坐标,用坐标纸画图描述).

① 在图中标注出空气的八个比热容比实验值.

② 画出空气比热容比的平均值线段.

③ 以虚线线段方式画出以下分子的比热容比:

单原子分子 He 为 1.66;双原子分子 O_2 为 1.40;三原子分子 CO_2 为 1.30.

【实验拓展】

空气中的绝热过程是我们常见的现象,例如,声波在空气中的传播可认为是绝热过程.

试通过空气中声速的测量,设计出测量空气的平均分子质量.

【实验意义】

通过本实验理解热力学第一定律、理想气体状态方程、绝热和等容热力学过程;理解热力学开放系统、封闭系统和孤立系统;学习 $p\text{-}V$ 图在实验中的具体应用.由比热容比值感知空气由多原子分子组成的特点.

【思考题】

1. 测试仪上显示的温度值是否是实际的温度值?由于数据处理公式中没有涉及温度,因此不需进行转换,就将其显示值作为实际温度值.这样做可以吗?

2. 判别是否到达第Ⅰ状态的标准:压强值和温度值都稳定;判别是否到达第Ⅲ状态的标准:压强值稳定,温度值回到室温.以上判别正确吗?

3. 绝热线比等温线陡其微观解释是什么?

第9章 地　　球

实验 9.1　地磁场测量

地磁场的数值较小,大约是 $500 \sim 600 \mathrm{mGauss}$,也就是 $5 \sim 6 \times 10^{-5} \mathrm{T}(50 \sim 60 \mu \mathrm{T})$,但在直流磁测量中(特别是弱磁场的测量),往往需要知道其数值,并设法消除其影响. 地磁场包括基本磁场和变化磁场两个部分. 基本磁场是地磁场的主要部分,起源于地球内部,比较稳定,属于静磁场部分. 变化磁场包括地磁场的各种短期变化,主要起源于地球内部,相对比较微弱. 行军、航海利用地磁场对指南针的作用来定向. 人们还可以根据地磁场在地面上分布的特征寻找矿藏. 地磁场的变化能影响无线电波的传播. 当地磁场受到太阳黑子活动而发生强烈扰动时,远距离通讯将受到严重影响,甚至中断. 假如没有地磁场,从太阳发出的强大的带电粒子流(通常叫太阳风),就不会受到地磁场的作用发生偏转而直射地球. 在这种高能粒子的轰击下,地球的大气成分可能不是现在的样子,生命将无法存在. 所以地磁场这顶"保护伞"对我们来说至关重要.

一、实验目的

1. 了解地球磁场的概念和亥姆霍兹线圈产生磁场.
2. 了解地磁场水平分量的测量和正切电流计的使用.
3. 了解磁阻传感器的工作原理;
4. 掌握用磁阻传感器测量地磁场水平分量和垂直分量的方法.

二、实验原理

1. 地磁场

地球本身具有磁性,所以地球及近地空间存在着磁场,叫做地磁场. 地磁场的强度和方向随地点,甚至随时间变化. 地磁的北极、南极分别在地理南极、北极附近,彼此并不重合. 如图 9.1.1 所示.

地磁场的大小在近地的范围内基本上是均匀的. 图 9.1.2 表示在地球近地区域内地磁场方向随纬度的变化情况,其中蓝色表示每个测试点水平面,红色表示地磁场的方向. 为了更好地说明地磁场的水平及垂直分量方向,以左侧北纬 $30°$ 分图为例,采用局部放大方式说明,如图 9.1.3 所示. 图中地磁场水平分量位于沿测试地点磁力线的切面 B 内. 在近地区域,此面认为与地球面几乎平行. 而地磁场的垂直分量则位于与地磁场水平分量相垂直的竖直轴面 A 内,地磁场的垂直分量方向指向地心.

为了利用矢量合成的方法获得地磁场 B 的大小和方向,需要分别测定其水平分量 $B_{/\!/}$ 和垂直分量 $B_{\perp}$ 的大小和方向. 本实验中分别采用正切电流计法和磁阻传感器法测量这两个分量.

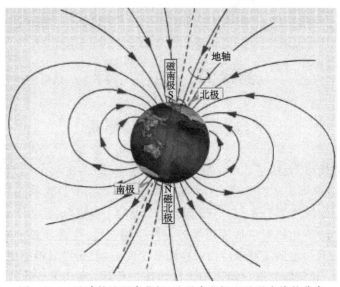

图 9.1.1 地球的地理南北极、地磁南北极以及磁力线的分布

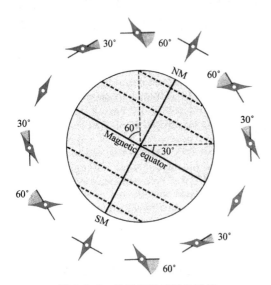

图 9.1.2 地球近地区域地磁场
方向随纬度的变化

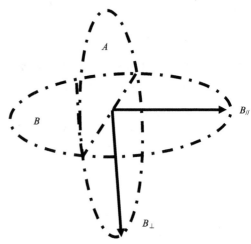

图 9.1.3 地球近地区域地磁场方向水平分
量和垂直分量的立体关系图

2. 用正切电流计测定地磁场水平分量 $B_{//}$

正切电流计由亥姆霍兹线圈和罗盘组成,罗盘水平安装在探测器盒盖上. 亥姆霍兹线圈用来产生外加的可变均匀磁场,罗盘磁针用来指示地磁场水平分量和外加磁场两者合成磁场的方向. 其测量原理如下:通过测量罗盘磁针随亥姆霍兹线圈电流 I 增加时的角度 θ 变化情况来测量地磁场水平分量 $B_{//}$ 的大小. 如图 9.1.4 为了使罗盘磁针偏转力矩最大,需要亥姆霍兹线圈产生的磁场 B' 方向与地磁场水平分量 $B_{//}$ 方向相互垂直. 当亥姆霍兹线圈未通电时,罗盘磁针指示的是地磁场水平分量 $B_{//}$ 的方向. 当亥姆霍兹线圈里电流 I 逐渐增大

时，由于亥姆霍兹线圈公共轴线中点的磁场强度为

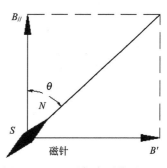

$$B' = \frac{\mu_0 N I}{R} \cdot \frac{8}{5^{\frac{3}{2}}} \qquad (9.1.1)$$

其中，μ_0 为真空中磁导率，$\mu_0 = 4\pi \times 10^{-7} \text{H/m}$，$N$ 为线圈匝数，$N = 310$ 匝，I 为流经线圈的电流强度，$\bar{R}$ 为亥姆霍兹线圈的平均半径，$\bar{R} = 144\text{mm}$. 故，线圈产生的磁场 B' 也逐渐增大，地磁场水平分量 $B_{//}$ 与线圈磁场 B' 合成磁场的方向 θ 就会逐渐加大，越来越偏离地磁场水平分量 $B_{//}$ 的方向. 三者之间满足关系式：

图 9.1.4　地磁场水平分量 $B_{//}$、亥姆霍兹线圈产生的磁场 B' 与合成磁场之间的角度

$$\frac{B}{B_{//}} = \tan\theta \qquad (9.1.2)$$

将式(9.1.1)代入式(9.1.2)中，整理得

$$I = \frac{5^{\frac{3}{2}}\bar{R}B_{//}}{8\mu_0 N}\tan\theta = C \cdot \tan\theta \qquad (9.1.3)$$

式中 $C = \dfrac{5^{\frac{3}{2}}\bar{R}}{8\mu_0 N}B_{//}$. 在同一测量地点，对于同一正切电流计，$\bar{R}$、$N$、$B_{//}$ 值均不变，所以 C 是一常数. 由(9.1.3)式可知，流过电流计的电流强度 I 与磁针偏角 θ 的正切成正比，这也就是正切电流计的名称由来.

3. 磁阻传感器法

本实验采用的是薄膜合金磁阻传感器，利用材料在磁场的作用下可改变电阻大小的性能. 磁阻器件的结构如图 9.1.5 所示. 在基片上附有一层长而薄的薄膜合金，合金的两端装有一对金属电极，使电流沿着薄膜合金的长度方向流动. 薄膜合金是采用各向异性的含铁性材料制成，如，铁、镍合金等. 通常情况下薄膜合金在电流的作用下，具有一定的线性电阻值，当施加一个外加磁场时，薄膜合金的电阻值将变化. 磁阻传感器由四个磁阻器件，首尾相接，组成的一个平行四边形的桥式电路，其结构如图 9.1.6 所示.

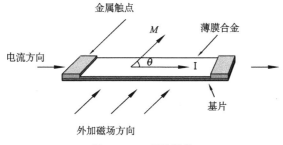

图 9.1.5　磁阻器件

在电桥的 a、c 两端接工作电压 $V_{电源}$，电桥的 d、b 两端为信号的输出端 $V_{输出}$. 由于组成电桥的四个磁阻器件是相同的结构，电桥平衡时阻值用 R 表示，假定它们的阻值变化也是

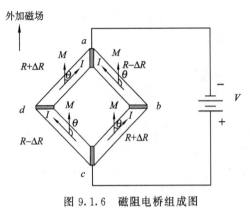

外加磁场

$R+\Delta R$ $R-\Delta R$

$R-\Delta R$ $R+\Delta R$

图 9.1.6　磁阻电桥组成图

相同的,阻值的变化用 ΔR 表示.当外加磁场作用于电桥时,磁场改变了磁阻器件的电阻值.电桥的输出电压可间接获得对外加磁场的测量.

用二维传感器中的 B 传感器测量地磁水平分量;A 测量地磁垂直分量.

三、实验步骤

1. 正切电流计测地磁场水平分量 $B_{//}$ 的大小

(1) 打开罗盘仪,使方位指标"Δ"对准"北"(0);将罗盘正确、安全地安装在磁阻传感器盒盖上,确保不易滑落;

(2) 将支撑磁阻传感器的中轴杆置于顶端;

(3) 用水泡水准仪监测以调整正切电流计仪底座水平和罗盘水平(关乎测量精确度);

(4) 确保亥姆霍兹线圈电流 I 为零,使得罗盘磁针在确定 $B_{//}$ 方向前只受到地磁场的影响;

(5) 水平旋转亥姆霍兹线圈,使得罗盘磁针指向"南/北",此时磁针方向就是地磁场磁感应强度的水平分量 $B_{//}$,此时,罗盘磁针方向并没有因为亥姆霍兹线圈的转动而改变,而亥姆霍兹线圈产生的外加磁场方向与地磁场水平分量方向成 $90°$;

(6) 逐渐加大亥姆霍兹线圈电流 I,使得罗盘磁针缓慢稳定地偏转,记录正反向电流大小和对应磁针偏转角度(内沿红色刻度,红色 1 刻度=1.2°),填入下表中;

θ	I_+	I_-	$I_{平均}=(\mid I_+\mid+\mid I_-\mid)/2$
6°			
12°			
18°			
24°			
30°			
36°			
42°			
48°			

(7)用最小二乘法确定直线方程的斜率 C,将各项仪器参数代入公式 $B_{//}=\dfrac{8\mu_0 N}{5^{\frac{3}{2}}R}\cdot C$ 中,计算出地磁场水平分量 $B_{//}$ 的大小.

2. 用磁阻传感器测量地磁场水平分量 $B_{//}$ 和垂直分量 $B_{\perp}$ 的大小及方向

(1) 将罗盘从磁阻传感器盒盖上取下;

(2) 用水泡水准仪监测以调整磁阻传感器盒盖表面水平;

(3) 确保亥姆霍兹线圈电流 I 为零;

（4）水平旋转亥姆霍兹线圈，使得 B 磁阻传感器输出最大电压值，记为 $V_{B\max}$；切换到 A 磁阻传感器，记录此时 A 磁阻传感器的输出电压，记为 V_{A1}，轴向旋转 A 磁阻传感器，旋转得到 A 磁阻传感器输出最大电压值，记为 $V_{A\max}$；$V_A = V_{A\max} - V_{A1}$，$V_B = V_{B\max}$，分别代入 $B_{//} = \dfrac{V_B}{f \cdot V_{电源} \cdot S}$ 和 $B_{\perp} = \dfrac{V}{f \cdot V_{电源} \cdot S}$，其中 f 是磁阻传感器点桥电路放大器增益，$f = 600$，$V_{电源}$ 是磁阻传感器工作电源，$V_{电源} = 5\text{V}$，S 是磁阻传感器灵敏度，$S = 1\text{mV/V/G}$.

（5）用地磁场水平分量 $B_{//}$ 和垂直分量 $B_{\perp}$ 矢量合成地磁场 B 的大小，计算出 B 与 $B_{//}$ 的夹角 ϕ.

第10章 近 代 物 理

实验 10.1 光电效应法测普朗克常量

1887 年,赫兹偶然发现电火花的紫外线照射在火花电极上有助于放电,从而首先发现了光电效应. 1905 年,爱因斯坦(A. Einstein)在普朗克量子假说的基础上提出了光子的概念,成功地解释了光电效应的基本规律. 1915 年前后,密立根用他精心设计的实验,证实了爱因斯坦理论的正确并精确地测出了普朗克常量,爱因斯坦和密立根因光电效应等方面的杰出贡献分别于 1921 年和 1923 年获诺贝尔物理学奖.

【实验目的】

1. 观察光电效应现象,加深对光的波粒二象性的理解.
2. 测量普朗克常量.

【实验仪器】

ZKY-GD-3 光电效应实验仪. 仪器由汞灯及电源、滤色片、光阑、光电管、测试仪(含光电管电源和微电流放大器)构成,仪器结构如图 10.1.1 所示,测试仪的调节面板如图 10.1.2 所示.

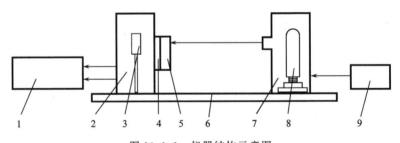

图 10.1.1 仪器结构示意图

1. 实验仪;2. 光电管暗盒;3. 光电管;4. 光阑选择圈;5. 滤色片选择圈;6. 基座;7. 汞灯暗盒;8. 汞灯;9. 汞灯电源

汞灯:可用谱线 365.0nm,404.7nm,435.8nm,546.1nm,577.0nm,579.0nm.

滤色片:5 组,透射波长 365.0 nm,404.7 nm,435.8 nm,546.1 nm,577.0nm.

光阑:3 组,直径 2mm,4mm,8mm.

光电管:光谱响应范围 320~700nm;暗电流:$I \leqslant 2 \times 10^{-12}$A($-2 \leqslant$ UAK $\leqslant 0$V).

光电管电源:2 挡,$-2 \sim +2$V,$-2 \sim +30$V,三位半数显,稳定度 $\leqslant 0.1\%$.

微电流放大器:6 挡,$10^{-8} \sim 10^{-13}$A,分辨率 10^{-14}A,三位半数显,稳定度 $\leqslant 0.2\%$.

普朗克常量测量仪(光电管、干涉滤色片、光源、微电流放大器).

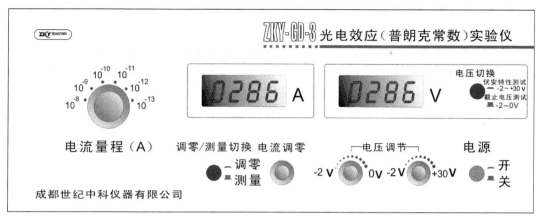

图 10.1.2　仪器前面板

【实验方法】

(1) 准备:把汞灯盒遮光盖盖上,将光电管暗盒的光阑选择圈调整到任意两个光阑的中间位置,以此遮住光电管. 将汞灯暗盒光输出口对准光电管暗盒光输入口,使光源与光电管间间距约为 30cm,将微电流放大器的输入端与光电管的输出端连接,微电流放大器的输出端与光电管的输入端连接,接通电源,让放大器预热 20min 左右.

(2) 测暗电流与电压的关系:关闭光源,在光电管的两极间加 $-10\sim10V$ 的不同电压,测量并记录相应的电流值即暗电流.

(3) 观察:打开光源开关,在光电管上加反向电压并逐渐增大电压值,在电压的变化过程中观察光电流的变化规律,确定光电流变化快的区域,特别注意光电流反向饱和这一段变化快的区域.

(4) 用补偿法测出不同频率下的截止电压.

(5) 测伏安特性曲线:在光电管的入口处换上不同波长的滤色片,测出从反向光电流饱和起到正向光电流饱和止的光电管极间电压和电流值,在电流变化较快的地方,测点要密集.

(6) 用测得的光电管的相应暗电流对测得的不同频率的光电流进行修正,用修正后的光电流和极间电压作伏安特性曲线.

(7) 每一波长的光照射光电管,用经修正后的伏安特性曲线反向电流趋向饱和的拐点电势,作为该波长的光对应的截止电压 V_c,作 V_c-ν 曲线,求出曲线斜率 K.

(8) 用公式 $h=eK$ 求普朗克常量.

下面介绍两种常见的截止电压测量方法.

(1) 拐点法.

由于附加电流的影响,因此在伏安特性曲线上,光电流并不在和电压轴交点处截止,而是在负值范围内趋向一个小的饱和值. 为了准确地得到各种频率的入射光所对应的截止电压 V_c,实验中要测出一定电压范围内的暗电流,特别是反向电压范围内的暗电流,再测不同频率的入射光照射下的光电流和极间电压,对反向电压范围内光电流变化快的地方多测一些数据. 用测出的暗电流进行修正,再用修正后的光电流和电压作伏安特性曲线,并用修正后的伏安特性曲线的反向电流趋向饱和时的拐点电势作为截止电压.

（2）补偿法.

补偿法是通过补偿暗电流和本底电流对测量结果的影响,以测量出准确的截止电压 V_c. 操作步骤如下:逐步增大反向电压 V 将电流刚好调为零,保持 V 不变,遮挡进光孔,记下此时的电流值 I,打开进光孔重新让汞灯照射光电管,调节电压 V 使电流值至 I,将此时对应的电压 V 的绝对值作为截止电压 V_c.

【预期结果】

1. 测量光电管暗电流,用转盘挡住进光孔,普朗克常量测量仪的电流挡位取 10^{-13} A,光电管电压由 -2 V 起升至 10 V,每次增加 0.5 V,记录对应的电流值,此即为暗电流.

U/V										
I/A										

2. 用"补偿法"测量光电效应的截止电压.

波长/nm					
光照条件下使电流为零的电压/V					
遮光电流值/A					
截止电压/V					

3. 绘制光电管的伏安特性曲线（从截止电压开始到 30 V）.

电压/V										
电流/A										

【实验原理】

当一定频率的光照射到某一金属表面上时,会有电子从金属表面逸出,这种现象叫做光电效应（或外光电效应）,逸出的电子叫做光电子. 光电效应是光的经典理论所不能解释的,为了解释光电效应的规律,爱因斯坦提出了光量子假说,认为光是由光子组成的粒子流,对于频率为 ν 的单色光,每个光子具有的能量为

$$\varepsilon = h\nu \tag{10.1.1}$$

式中, h 称为普朗克常量;公认值为 $h = 6.626 \times 10^{-34}$ J·s. 光电效应实质上是光子在和电子碰撞时把全部能量 $h\nu$ 传递给电子,电子获得能量后,一部分用来克服金属表面对它的束缚,其余能量成为电子逸出金属表面后的初动能,即

$$h\nu = \frac{1}{2}mv^2 + W \tag{10.1.2}$$

式(10.1.2)即爱因斯坦方程,式中 W 为电子逸出金属表面所耗的能量,称为逸出功,不同的

金属表面有不同的逸出功；$\frac{1}{2}mv^2$ 为光电子逸出金属表面后的初动能.

根据爱因斯坦方程，可以圆满地解释以下光电效应的基本规律：

（1）入射到金属表面的光频率越高，逸出的光电子的初动能就越大，光电子的初动能与入射光的频率成正比，与入射光的强度无关，如图 10.1.3 所示.

（2）图 10.1.4 是光电流伏安特性曲线，图 10.1.5 是饱和光电流和光照强度关系曲线，图 10.1.4 中 I_s 为饱和光电流，V_s 为产生饱和光

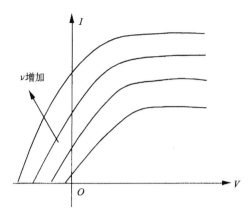

图 10.1.3　光电子的初动能与入射光的频率关系曲线

电流所需的光电管极间最小电压. 由图 10.1.5 可知，饱和光电流的强度与入射光的强度成正比.

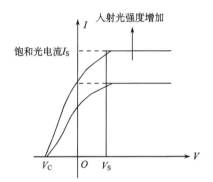

图 10.1.4　光电流变化曲线

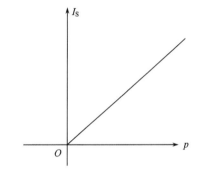

图 10.1.5　饱和光电流和光照强度关系曲线

（3）当光子的能量小于光电子的逸出功，即 $h\nu < W$ 时，电子不能逸出金属表面，因而没有光电效应产生，能产生光电效应的入射光的最低频率 $\nu_0 = W/h$，称为光电效应的截止频率，又称红限频率. 小于红限频率时，无论光强是多少、光照射的时间是多长都不能产生光电效应.

从金属的表面逸出的光电子具有初动能 $\frac{1}{2}mv^2$，因此即使阳极未加正向电压也会形成光电流，甚至当阳极电势低于阴极电势时，也会有光电子到达阳极形成光电流，直到阳极电压低于阴极电压到某一特定值 V_c 时，光电子的动能才为零，光电流也为零，这个使光电流为零的电压 V_c 称为截止电压. 图 10.1.6 是光电流伏安特性曲线，图中曲线和横轴的交点电压即截止电压 V_c. 图 10.1.7 是测反向截止电压的实验电路图.

根据爱因斯坦方程，有

$$eV_c = \frac{1}{2}mv^2 \tag{10.1.3}$$

又由于

$$W = h\nu_0 \tag{10.1.4}$$

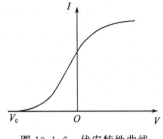

图 10.1.6　伏安特性曲线

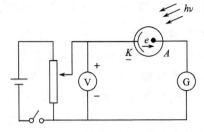

图 10.1.7　测反向截止电压的实验电路

将式(10.1.3)式(10.1.4)代入式(10.1.2)可得

$$V_c = \frac{h}{e}(\nu - \nu_0) \qquad (10.1.5)$$

式(10.1.5)为一线性方程,即截止电压和入射光的频率呈线性关系,如图 10.1.8 所示.因此,要测定普朗克常量 h,只需测出不同频率的光照射光电管时的伏安特性曲线,得出相应的截止电压 V_c,作出 V_c-ν 关系曲线,由此曲线求斜率 K,则

$$h = eK$$

这种求普朗克常量的方法叫减速电势法.

实际上,由实验测出的光电管的伏安特性曲线比图 10.1.6 所示曲线复杂,这是因为存在以下附加电流.

(1) 暗电流:阴极在常温下的热电子发射以及光电管管壳漏电等原因,使光电管阴极未受光照时也能产生微弱的电流,其值随外加电压的变化而变化,其伏安特性曲线接近线性.

(2) 阳极光电流:在制作阴极时,阳极也会被溅上阴极材料,加上阳极本身在光照射下所产生的光电子,用减速法求截止电压时,外电场对这些电子却是一个加速场,因此它们很容易到达阴极,形成反向电流(图 10.1.9).

(3) 本底光电流:由杂散光射入光电管中所产生的电流.

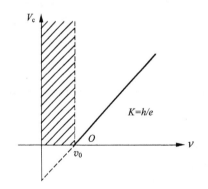

图 10.1.8　截止电压和入射光频率的关系

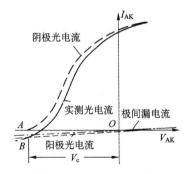

图 10.1.9　阻极光电流

因此,实验中测出的光电流是阴极光电流(包括暗电流、本底电流、光电子流)和阳极光电流的合成电流,如果想要准确地测出截止电压就必须尽量地消除或减少附加电流的影响.

【实验拓展】

将仪器与示波器或是计算机连接,可同时观察 5 条谱线在同一光阑、同一距离下的伏安饱和特性曲线;也可同时观察某条谱线在不同距离、同一光阑下的伏安饱和特性曲线;也可同时观察某条谱线在不同光阑、同一距离下的伏安饱和特性曲线.

【实验意义】

通过光电效应实验,可以证实光的量子性有着重要的地位,而今光电效应已经广泛地应用于各个领域,利用光电效应制成的光电器材已经成为生产和科研中不可缺少的器件.

【思考题】

1. 光电效应的基本规律是什么?
2. 什么叫红限?截止电压指的是什么电压?
3. 光电流、暗电流、阳极光电流和本底电流相互间有何区别?

实验 10.2　弗兰克-赫兹实验

1913 年,丹麦物理学家玻尔(N. Bohr)提出了一个氢原子模型,并指出原子存在能级.1914 年,德国物理学家弗兰克(J. Franck)和赫兹(G. Hertz)对勒纳用来测量电离电势的实验装置作了改进,他们同样采取慢电子(几到几十电子伏特)与单元素气体原子碰撞的办法,但着重观察碰撞后电子发生什么变化(勒纳则观察碰撞后离子流的情况).通过实验测量,电子和原子碰撞时会交换某一定值的能量,且可以使原子从低能级激发到高能级.直接证明了原子发生跃变时吸收和发射的能量是分立的、不连续的,证明了原子能级的存在,从而证明了玻尔理论的正确,获得了 1925 年诺贝尔物理学奖.

【实验目的】

通过测定氩原子等元素的第一激发电势(即中肯电势),证明原子能级的存在.

【实验仪器】

弗兰克-赫兹实验仪(详细说明请见附录一和附录二)、示波器.

【实验方法】

1. 准备

(1) 熟悉实验仪的使用方法(见附录一).

(2) 按照附录二要求检查弗兰克-赫兹管各组工作电源线(注意:仪器连线已经接好,不允许重新连线,实验完成后也不要拆线!),检查无误后开机,将实验仪器预热 $20\sim30\min$.

开机后的初始状态如下:

① 实验仪的"1mA"电流挡位指示灯亮,表明此时电流的量程为 1mA 挡;电流显示值为 $0000(10^{-7}\mathrm{A})$;

② 实验仪的"灯丝电压"挡位指示灯亮,表明此时修改的电压为灯丝电压;电压显示值为 000.0V;最后一位在闪动,表明现在修改位为最后一位;

③ "手动"指示灯亮.

2. 氢元素的第一激发电势测量

(1) 手动测试.

① 设置仪器为"手动"工作状态,按"手动/自动"键,"手动"指示灯亮.

② 设定电流量程(电流量程可参考机箱盖上提供的数据),按下相应电流量程键,对应的量程指示灯点亮.

③ 设定电压源的电压值(设定值可参考机箱盖上提供的数据),用 ↓、↑、←、→键完成,需设定的电压源有:灯丝电压 VF、第一加速电压 V_{G1K}、拒斥电压 V_{G2A}.

④ 按下"启动"键,实验开始.用 ↓、↑、←、→键完成 V_{G2K} 电压值的调节,从 0.0V 起,按步长 1V(或 0.5V)的电压值调节电压源 V_{G2K},同步记录 V_{G2K} 值和对应的 I_A 值,同时仔细观察弗兰克-赫兹管的板极电流值 I_A 的变化(可用示波器观察).切记:为保证实验数据的唯一性,V_{G2K} 电压必须从小到大单向调节,不可在过程中反复;记录完成最后一组数据后,立即将 V_{G2K} 电压快速归零.

⑤ 重新启动.

在手动测试的过程中,按下启动按键,V_{G2K} 的电压值将被设置为零,内部存储的测试数据被清除,示波器上显示的波形被清除,但 VF、V_{G1K}、V_{G2A}、电流挡位等的状态不发生改变.这时,操作者可以在该状态下重新进行测试,或修改状态后再进行测试.

建议:手动测试 I_A-V_{G2K},进行一次或修改 VF 值再进行一次.

(2) 自动测试.

① 自动测试状态设置

自动测试时,VF、V_{G1K}、V_{G2A} 及电流挡位等状态设置的操作过程,弗兰克-赫兹管的连线操作过程与手动测试操作过程一样.

② V_{G2K} 扫描终止电压的设定.

进行自动测试时,实验仪将自动产生 V_{G2K} 扫描电压.实验仪默认 V_{G2K} 扫描电压的初始值为零,V_{G2K} 扫描电压大约每 0.4s 递增 0.2V,直到扫描终止电压.

要进行自动测试,必须设置电压 V_{G2K} 的扫描终止电压.

首先,将"手动/自动"键按下,自动测试指示灯亮;按下 V_{G2K} 电压源选择键,V_{G2K} 电压源选择指示灯亮;用 ↓、↑、←、→键完成 V_{G2K} 电压值的具体设定.V_{G2K} 设定终止值建议以不超过 85V 为好.

③ 自动测试启动.

将电压源选为 V_{G2K},再按面板上的"启动"键,自动测试开始.

在自动测试过程中,观察扫描电压 V_{G2K} 与弗兰克-赫兹管板极电流的相关变化情况.(可通过示波器观察弗兰克-赫兹管板极电流 I_A 随扫描电压 V_{G2K} 变化的输出波形)在自动测试过程中,为避免面板按键误操作,导致自动测试失败,面板上除"手动/自动"按键外的所有按键都被屏蔽禁止.

④ 自动测试过程正常结束.

当扫描电压 V_{G2K} 的电压值大于设定的测试终止电压值后,实验仪将自动结束本次自动测试过程,进入数据查询工作状态.

测试数据保留在实验仪主机的存储器中,供数据查询过程使用.因此,示波器仍可观测到本次测试数据所形成的波形,直到下次测试开始时才刷新存储器的内容.

⑤ 自动测试后的数据查询.

自动测试过程正常结束后,实验仪进入数据查询工作状态.这时面板按键除测试电流指示区外,其他都已开启.自动测试指示灯亮,电流量程指示灯指示于本次测试的电流量程选择挡位;各电压源选择按键可选择各电压源的电压值指示,其中 VF、V_{G1K}、V_{G2A} 三电压源只能显示原设定电压值,不能通过按键改变相应的电压值.用 ↓、↑、←、→ 键改变电压源 V_{G2K} 的指示值,就可查阅到在本次测试过程中,电压源 V_{G2K} 的扫描电压值为当前显示值时,对应的弗兰克-赫兹管板极电流值 I_A 的大小,记录 I_A 的峰、谷值和对应的 V_{G2K} 值(为便于作图,在 I_A 的峰、谷值附近需多取几点).

⑥ 中断自动测试过程.

在自动测试过程中,只要按下"手动/自动"键,手动测试指示灯亮,实验仪就中断了自动测试过程,原设置的电压状态被清除,所有按键都被再次开启工作.这时可进行下一次的测试准备工作.

本次测试的数据依然保留在实验仪主机的存储器中,直到下次测试开始时才被清除.因此,示波器仍会观测到部分波形.

⑦ 结束查询过程恢复初始状态.

当需要结束查询过程时,只要按下"手动/自动"键,手动测试指示灯亮,查询过程结束,面板按键再次全部开启.原设置的电压状态被清除,实验仪存储的测试数据被清除,实验仪恢复到初始状态.

建议:"自动测试"应变化两次 VF 值,测量两组 I_A-V_{G2K} 数据.若实验时间允许,还可变化 V_{G1K}、V_{G2A} 进行多次 I_A-V_{G2K} 测试.

【预期结果】

1. 记录对应的电压电流值.

U/V											
$I/10^{-7}A$											

2. 在坐标纸上绘制充氩四极管 F-H 实验的谱峰曲线.
3. 写出氩原子的第一激发电势能级电压的计算过程.

【实验原理】

1. 关于激发电势

玻尔提出的原子理论指出:

(1) 原子只能较长地停留在一些稳定状态(简称为定态).原子在这些定态时,不发射或吸收能量,各定态有一定的能量,其数值是彼此分隔的.原子的能量不论通过什么方式发生改变,它只能从一个定态跃迁到另一个定态.

（2）原子从一个定态跃迁到另一个定态而发射或吸收辐射时，辐射频率是一定的. 如果用 E_m 和 E_n 分别代表有关两定态的能量，辐射的频率 ν 决定于如下关系：

$$h\nu = E_m - E_n \tag{10.2.1}$$

式中，普朗克常量 $h = 6.63 \times 10^{-34} \text{J} \cdot \text{s}$.

为了使原子从低能级向高能级跃迁，可以通过具有一定能量的电子与原子相碰撞进行能量交换的办法来实现.

设初速度为零的电子在电势差为 U_0 的加速电场作用下，获得能量 eU_0. 当具有这种能量的电子与稀薄气体的原子（如十几个毛的氩原子）发生碰撞时，就会发生能量交换. 如以 E_1 代表氩原子的基态能量，E_2 代表氩原子的第一激发态能量，那么当氩原子吸收从电子传递来的能量恰好为

$$eU_0 = E_2 - E_1 \tag{10.2.2}$$

时，氩原子就会从基态跃迁到第一激发态. 而且相应的电势差称为氩的第一激发电势（或称氩的中肯电势）. 测定出这个电势差 U_0，就可以根据式（10.2.2）求出氩原子的基态和第一激发态之间的能量差了（其他元素气体原子的第一激发电势亦可依此法求得）.

弗兰克-赫兹实验的原理图如图 10.2.1 所示. 在充氩的弗兰克-赫兹管中，电子由热阴极发出，阴极 K 和第二栅极 G2 之间的加速电压 V_{G2K} 使电子加速. 在板极 A 和第二栅极 G2 之间加有反向拒斥电压 V_{G2A}. 管内空间电势分布如图 10.2.2 所示. 当电子通过 KG2 空间进入 G2A 空间时，如果有较大的能量（$\geqslant eU_{G2A}$），就能冲过反向拒斥电场而到达板极形成板极电流，为微电流计 μA 表检出. 如果电子在 KG2 空间与氩原子碰撞，把自己一部分能量传给氩原子而使后者激发的话，电子本身所剩余的能量就很小，以致通过第二栅极后已不足于克服拒斥电场而被折回到第二栅极，这时，通过微电流计 μA 表的电流将显著减小.

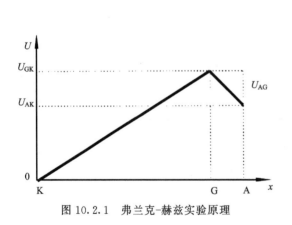

图 10.2.1　弗兰克-赫兹实验原理

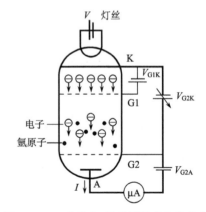

图 10.2.2　弗兰克-赫兹管管内电势分布

实验时，使 V_{G2K} 电压逐渐增加并仔细观察电流计的电流指示，如果原子能级确实存在，而且基态和第一激发态之间有确定的能量差，就能观察到如图 10.2.3 所示的 I_A-V_{G2K} 曲线.

图 10.2.3 所示的曲线反映了氩原子在 KG2 空间与电子进行能量交换的情况. 当 KG2 空间电压逐渐增加时，电子在 KG2 空间被加速而取得越来越大的能量. 但起始阶段，由于电压较低，电子的能量较少，即使在运动过程中它与原子相碰撞也只有微小的能量交换（为

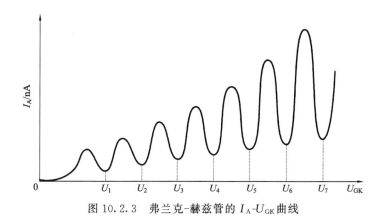

图 10.2.3　弗兰克-赫兹管的 I_A-U_{GK} 曲线

弹性碰撞). 穿过第二栅极的电子所形成的板极电流 I_A 将随第二栅极电压 V_{G2K} 的增加而增大. 当 KG2 间的电压达到氩原子的第一激发电势 U_0 时,电子在第二栅极附近与氩原子相碰撞,将自己从加速电场中获得的全部能量交给后者,并且使后者从基态激发到第一激发态. 而电子本身由于把全部能量给了氩原子,即使穿过了第二栅极也不能克服反向拒斥电场而被折回第二栅极(被筛选掉),因此板极电流将显著减小. 随着第二栅极电压的增加,电子的能量也随之增加,在与氩原子相碰撞后还留下足够的能量,可以克服反向拒斥电场而达到板极 A,这时电流又开始上升. 直到 KG2 间电压是二倍氩原子的第一激发电势时,电子在 KG2 间又会因二次碰撞而失去能量,因而又会造成第二次板极电流的下降,同理,凡在的地方板极电流 I_A 都会相应下跌,形成规则起伏变化的 I_A-V_{GK2} 曲线. 而各次板极电流 I_A 下降相对应的阴、栅极电压差 $U_{n+1}-U_n$ 应该是氩原子的第一激发电势 U_0.

$$V_{G2K} = nU_0 \quad (n = 1, 2, 3, \cdots) \tag{10.2.3}$$

本实验就是要通过实际测量来证实原子能级的存在,并测出氩原子的第一激发电势(公认值为 $U_0 = 11.61\text{V}$).

原子处于激发态是不稳定的. 在实验中被慢电子轰击到第一激发态的原子要跳回基态,进行这种反跃迁时,就应该有 eU_0 电子伏特的能量发射出来. 反跃迁时,原子是以放出光量子的形式向外辐射能量. 这种光辐射的波长为

$$eU_0 = h\nu = h\frac{c}{\lambda} \tag{10.2.4}$$

对于氩原子,$\lambda = \dfrac{hc}{eU_0} = \dfrac{6.63 \times 10^{-34} \times 3.00 \times 10^8}{1.6 \times 10^{-19} \times 11.5} \text{m} = 1081\text{Å}$.

如果弗兰克-赫兹管中充以其他元素,则可以得到它们的第一激发电势(表 10.2.1).

表 10.2.1　几种元素的第一激发电势

元素	Na	K	Li	Mg	Hg	He	Ne
U_0/V	2.12	1.63	1.84	3.2	4.9	21.2	18.6
λ/Å	5898 5896	7664 7699	6707.8	4571	2500	584.3	640.2

如果氩原子从第一激发态又跃迁到基态,这就应当有相同的能量以光的形式放出,其波长可以计算出来:$h\nu = eU_0$.实验中确实能观察到这些波长的谱线.

【实验拓展】

本实验中用点测绘出谱峰曲线,其实我们可以外接一台示波器,这样就可以直接观察谱峰曲线,并由数字电压表测量谱峰或谱谷点的电压,直接测出第一激发电势,提高测量精度.

【实验意义】

弗兰克-赫兹实验设备简单,价格低廉,物理图像清晰,实验方法极具代表性,因此成为备受关注的典型近代物理实验内容.

【思考题】

1. 灯丝电压对实验结果有何影响?是否激发第一电势?
2. 为什么 I_A-V_{G2K} 呈周期性?

【附录一】实验仪面板简介及操作说明

1. 弗兰克-赫兹实验仪前后面板说明

(1) 弗兰克-赫兹实验仪前面板如图 10.2.4 所示,以功能划分为八个区.

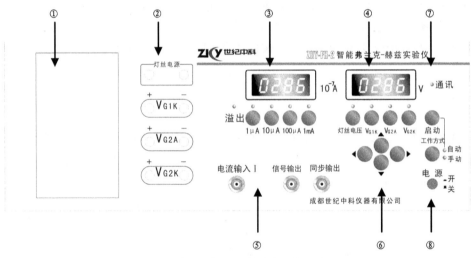

图 10.2.4　弗兰克-赫兹实验仪面板

区 1 是弗兰克-赫兹管各输入电压连接插孔和板极电流的输出插座.

区 2 是弗兰克-赫兹管所需激励电压的输出连接插孔,其中左侧输出孔为正极,右侧为负极.

区 3 是测试电流指示区:

四位七段数码管指示电流值;

四个电流量程挡位选择按键用于选择不同的最大电流量程挡;每一个量程选择同时备有一个选择指示灯指示当前电流量程挡位.

区 4 是测试电压指示区：

四位七段数码管指示当前选择电压源的电压值；

四个电压源选择按键用于选择不同的电压源；每一个电压源选择都备有一个选择指示灯指示当前选择的电压源.

区 5 是测试信号输入输出区：

电流输入插座输入弗兰克-赫兹管板极电流；

信号输出和同步输出插座可将信号送示波器显示.

区 6 是调整按键区，用于：

改变当前电压源电压设定值；

设置查询电压点.

区 7 是工作状态指示区：

通信指示灯指示实验仪与计算机的通信状态；

启动按键与工作方式按键共同完成多种操作.

区 8 是电源开关.

（2）弗兰克-赫兹实验仪后面板说明.

弗兰克-赫兹实验仪后面板上有交流电源插座，插座上自带有保险管座.

2. 基本操作

（1）弗兰克-赫兹实验仪连线说明.

连接面板上的连线图见附录二图 10.2.5. 务必反复检查，切勿连错！

（2）开机后的初始状态.

开机后，实验仪面板状态显示如下：

① 实验仪的"1mA"电流挡位指示灯亮，表明此时电流的量程为 1mA 挡；电流显示值为 0000×10^{-7}A，若最后一位不为 0，属正常现象；

② 实验仪的"灯丝电压"挡位指示灯亮，表明此时修改的电压为灯丝电压；电压显示值为 000.0V；最后一位在闪动，表明现在修改位为最后一位；

③ "手动"指示灯亮，表明此时实验操作方式为手动操作.

（3）变换电流量程.

如果想变换电流量程，则按下在区 3 中的相应电流量程按键，对应的量程指示灯点亮，同时电流指示的小数点位置随之改变，表明量程已变换.

（4）变换电压源.

如果想变换不同的电压，则按下在区 4 中的相应电压源按键，对应的电压源指示灯随之点亮，表明电压源变换选择已完成，可以对选择的电压源进行电压值设定和修改.

（5）修改电压值.

按下前面板区 6 上的 ←/→ 键，当前电压的修改位将进行循环移动，同时闪动位随之改变，以提示目前修改的电压位置.

按下面板上的 ↑/↓ 键，电压值在当前修改位递增/递减一个增量单位.

（6）注意：①如果当前电压值加上一个单位电压值的和值超过了允许输出的最大电压值，再按下 ↑ 键，电压值只能修改为最大电压值. ②如果当前电压值减去一个单位电压值的差值小于零，再按下 ↓ 键，电压值只能修改为零.

实验 10.3 混 沌 实 验

真实世界的物质运动分为两类:一类是确定性的,其运动规律可以用确定性方程描述;另一类是随机性的,其运动形式无法用确定性方程描述.基于牛顿力学体系,人们认为对于确定性系统,只要给定了足够精确的初始条件,则其后乃至无穷长时间的状态都可由系统的方程获得同样精确的预报.然而,自庞加莱对"三体"问题进行深入研究以来,确定性系统的随机性运动表现就在不断的吸引并困扰着相关领域的研究人员.一直到混沌现象的发现,物理现实迫使人们改变了这种观念.因为混沌运动虽然可以用确定性方程描述,但其长期行为却表现出很明显的随机性或不可预测性,也就是说,非线性的确定因果律可能导致随机运动.

在求解单摆或双摆的轨迹图时发现,轨迹图中出现了分支点,这表明在该状态下力学系统的行为不是完全确定的,这种由确定性方程自身演化出来的内在随机性叫做混沌.混沌来自非线性,是非线性系统中存在的一种普遍现象.无论是复杂系统,如气象系统、太阳系、还是简单系统,如钟摆、滴水龙头等,皆因存在着内在随机性而出现类似无轨,但实际是非周期有序运动,即混沌现象.最丰富的混沌现象是非线性震荡电路中观察到的,这是因为电路可以有精密元件控制,因此可以通过精确地改变实验条件得到丰富的实验结果.

【实验目的】

1. 测绘非线性电阻的伏安特性曲线.
2. 调节并观察非线性电路振荡周期分岔现象和混沌现象.
3. 调试并观察混沌同步波形.
4. 用混沌电路方式实现传输信号的掩盖与解密.

【实验仪器】

混沌原理及应用实验仪、双通道示波器 1 台、信号发生器 1 台、电缆连接线 2 根.

【实验原理】

1. 非线性电阻的伏安特性

电阻分为线性电阻和非线性电阻.线性电阻的特点是其电阻不随电压、电流而变,它的伏安关系式欧姆定律,反映在 U—I 平面上是一条通过坐标原点的直线.非线性电阻不满足欧姆定律,伏安关系可能是指数关系、三角关系等等.含有非线性电阻元件的电阻电路称为非线性电阻电路.

2. 混沌波形发生实验

图 10.3.2 是非线性电路系统的一种简单而又经典的电路——蔡氏电路.它只有一个非线性电阻 NR1,电感器 L1 和电容器 C2 组成的损耗可以忽略的谐振回路,可调电阻 RV 以及电容器 C1 串联将振荡器产生的正弦信号移相输出.其中非线性电阻 NR1 是一个三段分线性元件,它的伏安特性曲线如图 10.3.5 所示,它的电流随电压增高而减小,称之为非线

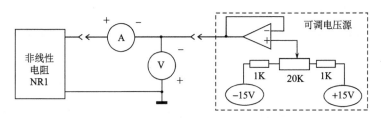

图 10.3.1 非线性电阻伏安特性原理框图

性负阻元件,它是核心元件,是系统产生混沌的必要条件.

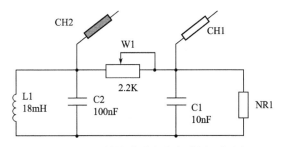

图 10.3.2 混沌波形发生实验原理框图

3. 混沌电路的同步实验

由于混沌单元 2 与混沌单元 3 的电路参数基本一致,它们自身的振荡周期也具有很大的相似性,只是因为它们的相位不一致,所以看起来都杂乱无章.看不出它们的相似性.

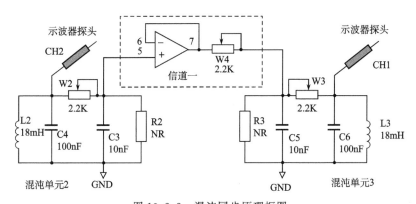

图 10.3.3 混沌同步原理框图

如果能让它们的相位同步,将会发现它们的振荡周期非常相似.特别是将 W2 和 W3 作适当调整,会发现它们的振荡波形不仅周期非常相似,幅度也基本一致.整个波形具有相当大的等同性.让它们相位同步的方法之一就是让其中一个单元接受另一个单元的影响,受影响大,则能较快同步.受影响小,则同步较慢,或不能同步.为此,在两个混沌单元之间加入了"信道一". "信道一"由一个射随器和一只电位器及一个信号观测口组成.射随器的作用是单向隔离,它让前级(混沌单元 2)的信号通过,再经 W4 后去影响后级(混沌单元 3)的工作状态,而后级的信号却不能影响前级的工作状态.混沌单元 2 信号经射随器后,其信号特性基本可认为没发生改变,等于原来混沌单元 2 的信号.即 W4 左方的信号为混沌单元 2 的信号.右方的为混沌单元 3 的信号.电位器的作用是调整它的阻值可以改变混沌单元 2 对混沌单元 3 的影响程度.

4. 混沌掩盖与解密

假设 $x(t)$ 是发送端产生的混沌信号,$s(t)$ 是要传送的消息信号,实验中消息信号由信号发生器输出,为方波或正弦信号.经过混沌掩盖后,传输信号为 $c(t)=x(t)+s(t)$.接收端产生的混沌信号为 $x'(t)$,当接收端和发送端同步时,有 $x'(t)=x(t)$,由 $c(t)-x'(t)=s(t)$,即可恢复出消息信号.用示波器观察传输信号,并比较要传送的消息信号和恢复的消息信号.实验中,信号的加法运算及减法运算可以通过运算放大器来实现.

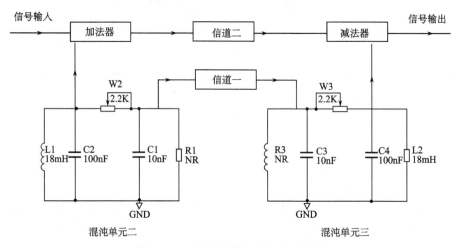

图 10.3.4 混沌掩盖与解密原理框图

【实验方法】

1. 非线性电阻的伏安特性的测量

第一步:在混沌原理及应用实验仪面板上插上跳线 J1、J2,并将可调电压源处电位器旋钮逆时针旋转到头,在混沌单元 1 中插上非线性电阻 NR1.

第二步:连接混沌原理及应用实验仪电源,打开机箱后侧的电源开关.面板上的电流表应有电流显示,电压表也应有显示值.

第三步:按顺时针方向慢慢旋转可调电压源上电位器,并观察混沌面板上的电压表上的读数,每隔 0.5V 记录面板上电压表和电流表上的读数,直到旋钮顺时针旋转到头(约 12V 左右),将数据记录于表 10.3.1(见最后一页)中.

第四步:以电压为横坐标、电流为纵坐标用第三步所记录的数据绘制非线性电阻的伏安特性曲线如图 10.3.5 所示.

2. 混沌波形发生实验

第一步:拔除跳线 J1、J2,在混沌原理及应用实验仪面板的混沌单元 1 中插上电位器

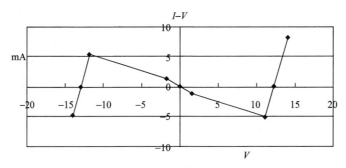

图 10.3.5　非线性电阻伏安特性曲线图

W1、电感 L1、电容 C1、电容 C2、非线性电阻 NR1,并将电位器 W1 上的旋钮顺时针旋转到头.

第二步:用两根 Q9 线分别连接示波器的 CH1 和 CH2 端口到混沌原理及应用实验仪面板上标号 Q8 和 Q7 处.打开机箱后侧的电源开关.

第三步:把示波器的时基档切换到 X-Y.调节示波器通道 CH1 和 CH2 的电压档位使示波器显示屏上能显示整个波形,逆时针旋转电位器 W1 直到示波器上的混沌波形变为一个点,然后慢慢顺时针旋转电位器 W1 并观察示波器,示波器上应该逐次出现单周期分岔(见图 10.3.6)、双周期分岔(见图 10.3.7)、四周期分岔(见图 10.3.8)多周期分岔(见图 10.3.9)、单吸引子(见图 10.3.10)双吸引子(见图 10.3.11)现象.

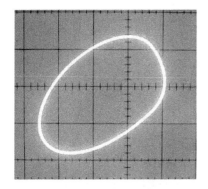

图 10.3.6　单周期分岔

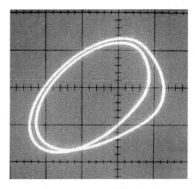

图 10.3.7　双周期分岔

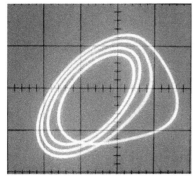

图 10.3.8　四周期分岔

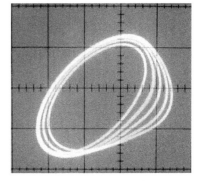

图 10.3.9　多周期分岔

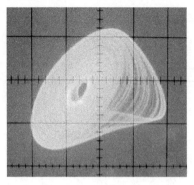

图 10.3.10　单吸引子

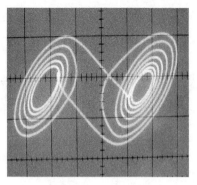

图 10.3.11　双吸引子

3. 混沌电路的同步实验

第一步:插上面板上混沌单元 2 和混沌单元 3 的所有电路模块. 按照实验 2 的方法将混沌单元 2 和混沌单元 3 分别调节到混沌状态,即双吸引子状态. 电位器调到保持双吸引子状态的中点.

调试混沌单元 2 时示波器接到 Q5、Q6 座处.

调试混沌单元 3 时示波器接到 Q3、Q4 座处.

第二步:插上"信道一"和键控器,键控器上的开关置"1". 用电缆线连接面板上的 Q3 和 Q5 到示波器上的 CH1 和 CH2,调节示波器 CH1 和 CH2 的电压档位到 0.5V.

第三步:细心微调混沌单元 2 的 W2 和混沌单元 3 的 W3 直到示波器上显示的波形成为过中点约 45 度的细斜线. 如图 10.3.12.

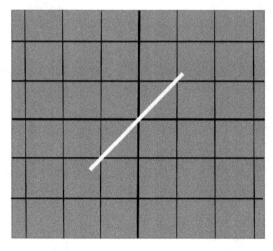

图 10.3.12　混沌同步调节好后示波器上波形状态示意图

4. 混沌掩盖与解密

第一步:在混沌原理及应用实验仪的面板上插上混沌单元 2 和混沌单元 3 的所有电路模块. 按照实验 2 的方法将混沌单元 2 和 3 调节到混沌状态.

第二步:按照实验 3 的步骤将混沌单元 2 和 3 调节到混沌同步状态.

第三步:插上减法器模块 JAN1、信道《二》模块、加法器模块 JIA1,示波器 CH1 端口连接到 Q2 处.

第四步:把示波器的时基切换到 Y-T 并将电压档旋转到 500mV 位置、时间档旋转到 10ms 位置、耦合档切换到交流位置,Q10 处连接信号发生器的输出口,调节信号发生器的输出信号的频率为 100～200Hz、输出幅度为 50mV 左右的正弦信号.

第五步:逆时针调节电位器 W4 上的旋钮,直到示波器上出现频率为的输入频率、幅度约为 0.7V 左右叠加有一定噪声的正弦信号. 细心调节 W2 和 W3,使噪声最小. 如图 10.3.13.

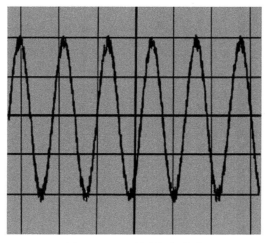

图 10.3.13 混沌解密波形

第六步:用示波器探头测量信道二上面的测试口" TEST2"的输出波形,如图 10.3.14. 观察外输入信号被混沌信号掩盖的效果,并比较输入信号波形与解密后的波形(第五步中输出的波形)的差别.

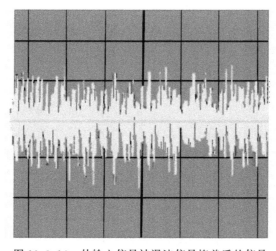

图 10.3.14 外输入信号被混沌信号掩盖后的信号

1. 根据表一用坐标纸绘出伏安特性曲线,并用最小二乘法给出线性表达式.
2. 给出混沌图形(只要求双吸引子)和混沌同步图.
3. 给出加密前后的信号比较图.

表 10.3.1　非线性电阻的伏安特性测量

电压/V	−13.7	−13.2	−12.7	−12.2	−11.7	−11.2	−10.7	−10.2	−9.7
电流/mA									
电压/V	−9.2	−8.7	−8.2	−7.7	−7.2	−6.7	−6.2	−5.7	−5.2
电流/mA									
电压/V	−4.7	−4.2	−3.7	−3.2	−2.7	−2.2	−1.7	−1.2	−0.7
电流/mA									
电压/V	−0.2	0	0.2	0.7	1.2	1.7	2.2	2.7	3.2
电流/mA									
电压/V	3.7	4.2	4.7	5.2	5.7	6.2	6.7	7.2	7.7
电流/mA									
电压/V	8.2	8.7	9.2	9.7	10.2	10.7	11.2	11.7	12.2
电流/mA									

【思考题】

1. 什么是混沌,本实验中对于混沌原理的应用是基于哪些原理,请加以阐释.
2. 非线性电阻在本实验电路中有着怎样的作用?

【实验拓展】

　　混沌现象一直是物理、数学、生命科学、社会学等学科各个前沿课题和研究领域的热点.混沌学以简单明了的原理揭示了自然界以及人类社会中普遍存在的复杂性、有序与无序的统一、确定性和随机性的统一,深刻影响了人们对客观世界的认识,被认为是继 20 世纪相对论和量子力学以来的第三次物理革命.

【实验意义】

　　引导学生深入了解混沌现象以及混沌理论在生产生活中的应用,借助保密通信这一研究课题和社会话题的焦点性使学生深刻理解混沌信号最本质的特征是对初始条件极为敏感,并导致了混沌信号的类随机特性,从而能够理解外在随机性和混沌信号类随机性的根本区别.

实验 10.4　CCD 显微密立根油滴实验

　　近代物理学中对于基本电荷 e(也称元电荷)的精确测定对物理学的发展有着极为重要

的意义. 该实验是由美国著名物理学家密立根(Robert A. Millikan)经历十多年设计并完成的. 这一实验的设计思想简明巧妙、方法简单,而结论却具有不容置疑的说服力,因此堪称物理实验的精华和典范. 1908 年,在总结前人实验经验的基础上,密立根开始研究带电液滴在电场中的运动过程. 结果表明,液滴上的电荷是基本电荷的整数倍,但因测量结果不够准确而不具说服力. 1910 年,他用油滴代替容易挥发的水滴,获得了比较精确的测量结果. 1913 年,密立根宣布了其开创性的研究结果,这一结果具有里程碑的意义:(1)明确了带电油滴所带的电荷量都是基本电荷的整数倍,(2)用实验的方法证明了电荷的不连续性,(3)测出了基本电荷值(从而通过荷质比计算出电子的质量). 此后,密立根又继续改进实验,提高实验精度,最终获得了可靠的结果(经过很多次的实验,密立根测出的实验数据是 $e = 1.5924(17) \times 10^{-19}$ C,这与现在公认的值相差仅 1%),最早完成了基本电荷的测量工作. 这一结果再次证明电子的存在,使对"电子存在"的观点持怀疑态度的物理学家信服. 由于在测定基本电荷值和测出普朗克常数等方面做出的成就,密立根在 1923 年获得了诺贝尔物理学奖.

随着现代测量精度的不断提高,目前公认的元电荷 $e = (1.60217733 \pm 0.00000049) \times 10^{-19}$ C.

【实验目的】

1. 学习用油滴实验测量电子电荷的原理和方法.
2. 验证电荷的不连续性.
3. 测量电子的电荷量.

【实验仪器】

如图 10.4.1 所示,ZKY-MLG-6 型 CCD 显微密立根油滴仪(主机、CCD 成像系统、油滴盒、监视器和喷雾器等部件组成).

【实验原理】

密立根油滴实验测量基本电荷的基本设计思想是使带电油滴在两金属极板之间处于受力平衡状态. 按运动方式分类,可分为平衡法和动态法.

(1) 动态法

首先分析重力场中一个足够小的油滴的运动,设此油滴半径为 r(亚微米量级),质量为 m_1,空气是黏滞流体,故此运动油滴除重力和浮力外还受黏滞阻力的作用. 由斯托克斯定律,黏滞阻力与物体运动速度成正比. 设油滴以速度 v_f 匀速下落,则有

$$m_1 g - m_2 g = K v_f \tag{10.4.1}$$

此处 m_2 为与油滴同体积的空气质量,K 为比例系数,g 为重力加速度. 油滴在空气及重力场中的受力情况如图 10.4.1 左图所示.

若此油滴带电荷为 q,并处在场强为 E 的均匀电场中,设电场力 qE 方向与重力方向相反,如图 10.4.1 右图所示,如果油滴以速度 v_r 匀速上升,则有

$$qE = (m_1 - m_2)g + K v_r \tag{10.4.2}$$

由式(10.4.1)和(10.4.2)消去比例系数 K,可解出 q 为

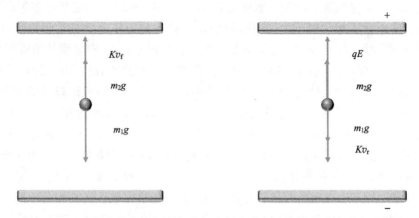

图 10.4.1　左图为重力场中油滴受力示意图,右图为电场中油滴受力示意图

$$q = \frac{(m_1 - m_2)g}{Ev_{\mathrm{f}}}(v_{\mathrm{f}} + v_{\mathrm{r}}) \tag{10.4.3}$$

由式(10.4.3)可以看出,要测量油滴上电荷量 q,需要分别测出 m_1、m_2、E、v_{f}、v_{r} 等物理量.

由喷雾器喷出的油滴的半径 r 是亚微米数量级,直接测量其质量 m_1 是困难的,为此希望消去 m_1,而代之以容易测量的量.设钟表油与空气的密度分别为 ρ_1、ρ_2,于是半径为 r 的油滴的视重为

$$m_1 g - m_2 g = \frac{4}{3}\pi r^3 (\rho_1 - \rho_2)g \tag{10.4.4}$$

由斯托克斯定律,黏滞流体(此处为空气)对球形运动物体的阻力与物体速度成正比,其比例系数 K 为 $6\pi\eta r$,此处的 η 为空气黏度,r 为物体半径.于是可将式(10.4.4)代入式(10.4.1),有

$$v_{\mathrm{f}} = \frac{2gr^2}{9\eta}(\rho_1 - \rho_2) \tag{10.4.5}$$

因此

$$r = \left[\frac{9\eta v_{\mathrm{f}}}{2g(\rho_1 - \rho_2)} \right]^{\frac{1}{2}} \tag{10.4.6}$$

以此代入式(10.4.3)并整理得到

$$q = 9\sqrt{2}\pi \left[\frac{\eta^3}{(\rho_1 - \rho_2)g} \right]^{\frac{1}{2}} \frac{1}{E}(1 + \frac{v_{\mathrm{r}}}{v_{\mathrm{f}}})v_{\mathrm{f}}^{\frac{3}{2}} \tag{10.4.7}$$

因此,如果测出 v_{r}、v_{f} 和 η、ρ_1、ρ_2、E 等宏观量即可得到 q 值.

考虑到油滴的直径与空气分子的间隙相当,空气已不能看成是连续介质,其空气黏度 η 需修正为 η'

$$\eta' = \frac{\eta}{1 + \dfrac{b}{pr}} \tag{10.4.8}$$

此处 p 为空气压强,b 为修正常数,$b = 0.00823\mathrm{N/m}$,因此式(10.4.5)可修正为

$$v_{\mathrm{f}} = \frac{2gr^2}{9\eta}(\rho_1 - \rho_2)\left(1 + \frac{b}{pr}\right) \tag{10.4.9}$$

由于半径 r 在修正项中,当精度要求不是太高时,油滴半径由式(10.4.6)计算即可.

将式(10.4.6)代入式(10.4.8)中,并以(10.4.8)代入式(10.4.7),得

$$q = 9\sqrt{2}\,\pi \left[\frac{\eta^3}{(\rho_1 - \rho_2)g}\right]^{\frac{1}{2}} \frac{1}{E}\left(1 + \frac{v_r}{v_f}\right) v_f^{\frac{3}{2}} \left[\frac{1}{1 + \frac{b}{pr}}\right]^{\frac{3}{2}} \quad\quad (10.4.10)$$

实验中常常固定油滴运动的距离 s,通过测量油滴在距离 s 内所需要的运动时间 t 来求得其运动速度 v,且电场强度

$$E = \frac{U}{d}$$

d 为平行平板间的距离,U 为所加的电压,因此,式(10.4.10)可写成

$$q = 9\sqrt{2}\,\pi d \left[\frac{(\eta s)^3}{(\rho_1 - \rho_2)g}\right]^{\frac{1}{2}} \frac{1}{U}\left(\frac{1}{t_f} + \frac{1}{t_r}\right)\left(\frac{1}{t_f}\right)^{\frac{1}{2}} \left[\frac{1}{1 + \frac{b}{pr}}\right]^{\frac{3}{2}} \quad\quad (10.4.11)$$

式中有些量和实验仪器以及条件有关,选定之后在实验过程中不变,如 d、s、$(\rho_1 - \rho_2)$ 及 η 等,将这些量与常数一起用 C 代表,可称为仪器常数,于是式(10.4.11)简化成

$$q = C\frac{1}{U}\left(\frac{1}{t_f} + \frac{1}{t_r}\right)\left(\frac{1}{t_f}\right)^{\frac{1}{2}} \left[\frac{1}{1 + \frac{b}{pr}}\right]^{\frac{3}{2}} \qu\quad (10.4.11')$$

由此可知,测量油滴上的电荷,只体现在 U、t_f、t_r 的不同. 对同一油滴,t_f 相同,U 与 t_r 的不同,标志着电荷的不同.

(2) 平衡法

平衡测量法的出发点是使油滴在均匀电场中静止在某一位置,或在重力场中作匀速运动.

当油滴在电场中平衡时,油滴在两极板间受到的电场力 qE、重力 $m_1 g$ 和浮力 $m_2 g$ 达到平衡,从而静止在某一位置,即

$$qE = (m_1 - m_2)g \quad\quad (10.4.2')$$

油滴在重力场中作匀速运动时,情形同动态测量法,将式(10.4.4)、(10.4.8)和(10.4.9)代入式(10.4.11)并注意到 $1/t_r = 0$,则有

$$q = 9\sqrt{2}\,\pi d \left[\frac{(\eta s)^3}{(\rho_1 - \rho_2)g}\right]^{\frac{1}{2}} \frac{1}{U}\left(\frac{1}{t_f}\right)^{\frac{3}{2}} \left[\frac{1}{1 + \frac{b}{pr}}\right]^{\frac{3}{2}} \qu\quad (10.4.12)$$

(3) 元电荷的测量方法

测量油滴上所带电荷量 q 的目的是找出电荷的最小单位 e. 为此可以对不同的油滴,分别测出其所带的电荷值 q_i,它们应近似为元电荷的整数倍. 油滴电荷量的最大公约数,或油滴带电量之差的最大公约数,即为元电荷 e.

$$q_i = n_i e \ (n_i \text{ 为整数}) \qu\quad (10.4.13)$$

也可用作图法求 e 值,根据式(10.4.13),e 为直线方程的斜率,通过拟合直线即可求的 e 值.

建议实验中选择带 1—5 个电子的油滴(具体的选择方法会在后面提到),若油滴所带的电子过多,则不好确定该油滴所带的电子个数.

【实验方法】

练习控制油滴在视场中的运动,并选择合适的油滴测量元电荷.要求至少测量 5 个不同的油滴,每个油滴的测量次数应在 5 次.

调整仪器

① 水平调整

调整实验仪主机的调平螺钉旋钮(俯视时,顺时针平台降低,逆时针平台升高),直到水准泡正好处于中心(注:严禁旋动水准泡上的旋钮).将实验平台调平,使平衡电场方向与重力方向平行以免引起实验误差.极板平面是否水平决定了油滴在下落或提升过程中是否发生左右的漂移.

② 喷雾器调整

将少量钟表油缓慢地倒入喷雾器的储油腔内,使钟表油湮没提油管下方,油量不要太多,以免实验过程中不慎将油倾倒至油滴盒内堵塞落油孔.将喷雾器竖起,用手挤压气囊,使得提油管内充满钟表油.

③ 仪器硬件接口连接

主机接线:电源线接交流 220V/50Hz.

监视器:视频线缆输入端接"VIDEO",另一 Q9 端接主机"视屏输出".DC12V 适配器电源线接 220V/50Hz 交流电压.前面板调整旋钮自左至右依次为显示开关、返回键、方向键、菜单键(建议亮度调整为 20、对比度调整为 100).

④ 实验仪联机使用

a.打开实验仪电源及监视器电源,监视器出现仪器名称及研制公司界面.

b.按主机上任意键:监视器出现参数设置界面,首先,设置实验方法,然后根据该地的环境适当设置重力加速度、油密度、大气压强、油滴下落距离."←"表示左移键、"→"表示为右移键、"+"表示数据设置键.

c.按确认键后出现实验界面:计时"开始/结束"键为结束、"0V/工作"键为 0V、"平衡/提升"键为"平衡".

⑤ CCD 成像系统调整

打开进油量开关,从喷雾口喷入油雾,此时监视器上应该出现大量运动油滴的像.若没有看到油滴的像,则需调整调焦旋钮或检查喷雾器是否有油雾喷出.

熟悉实验界面

在完成参数设置后,按确认键,监视器显示实验界面,如图 10.4.2.不同的实验方法的实验界面有一定差异.

极板电压:实际加到极板的电压,显示范围:0～1999V.

计时时间:计时开始到结束所经历的时间,显示范围:0～99.99S.

电压保存提示:将要作为结果保存的电压,每次完整的实验后显示.当保存实验结果后(即按下确认键)自动清零.显示范围同极板电压.

保存结果显示:显示每次保存的实验结果,共 5 次,显示格式与实验方法有关.

平衡法:	(平衡电压)	动态法:	(提升电压)(平衡电压)
	(下落时间)		(上升时间)(下落时间)

当需要删除当前保存的实验结果时,按下确认键 2 秒以上,当前结果被清除(不能连续删仅

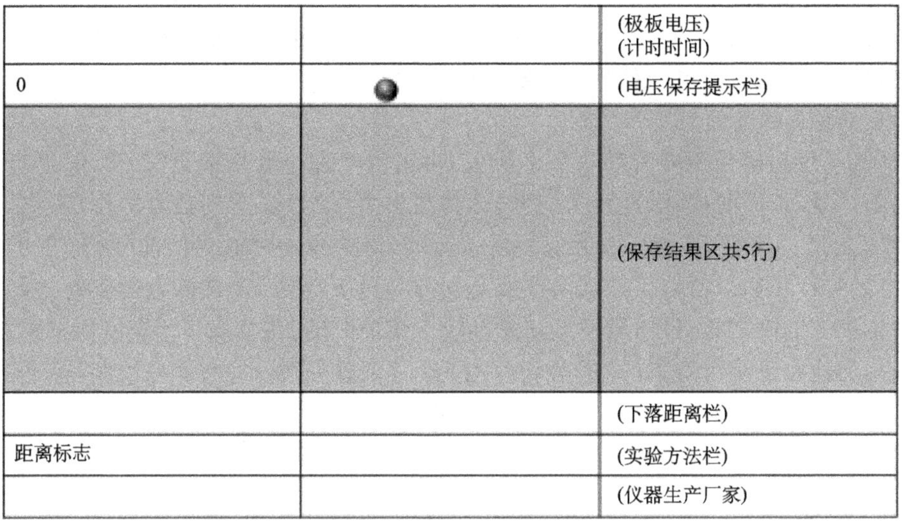

		(极板电压) (计时时间)
0	●	(电压保存提示栏)
		(保存结果区共5行)
		(下落距离栏)
距离标志		(实验方法栏)
		(仪器生产厂家)

图 10.4.2　实验界面示意图

可删除当前结果).

　　下落距离:显示设置的油滴下落距离.当需要更改下落距离的时候,按住平衡、提升键 2 秒以上,此时距离设置栏被激活(动态法 1 步骤和 2 步骤之间不能更改),通过 ＋ 键(即平衡、提升键)修改油滴下落距离,然后按确认键确认修改.距离标志相应变化.

　　距离标志:显示当前设置的油滴下落距离,在相应的格线上做数字标记,显示范围:0.2～1.8mm.垂直方向视场范围为 2mm,分为 10 格,每格 0.2mm.

　　实验方法:显示当前的实验方法(平衡法或动态法),在参数设置界面设定.欲改变实验方法,只有重新启动仪器(关、开仪器电源).对于平衡法,实验方法栏仅显示"平衡法"字样;对于动态法,实验方法栏除了显示"动态法"以外,还显示即将开始的动态法步骤.如将要开始动态法第一步(油滴下落),实验方法栏显示"1 动态法".同样,做完动态法第一步骤,即将开始第二步骤时,实验方法栏显示"2 动态法".

　　仪器生产厂家:显示生产厂家.

　　选择适当的油滴并练习控制油滴(以平衡法为例)

　　① 怎样选择合适的油滴

　　根据油滴在电场中受力平衡公式 $qv/d=4\pi r^3 \rho g/3$ 以及多次实验的经验,当油滴的实际半径在 $0.5\sim1\mu m$ 时最为适宜.若油滴过小,布朗运动影响明显,平衡电压不易调整,时间误差也会增加;若油滴过大,下落太快,时间相对误差增大,且油滴带多个电子的几率增加,一般情况下,油滴带 1～5 个电子适宜本实验的实验条件.

　　操作方法:三个参数设置按键分别为:"结束"、"工作"、"平衡"状态,平衡电压调为约 400V.喷入油滴,调节调焦旋钮,使屏幕上显示大部分油滴,可见带电多的油滴迅速上升出视场,不带电的油滴下落出视场,约 10s 后油滴减少.选择那种上升缓慢的油滴作为暂时的目标油滴,切换"0V/工作"键,这时极板间的电压为 0V,在暂时的目标油滴中选择下落速度为 0.2～0.5 格/s 的作为最终的目标油滴,调节调焦旋钮使该油滴最小最亮.

　　② 平衡电压的确认

　　目标油滴聚焦到最小最亮后,仔细调整平衡时的"电压调节"使油滴平衡在某一格线上,等待一段时间(大约两分钟),观察油滴是否飘离格线.若油滴始终向同一方向飘离,则需重新调整平衡电压;若其基本稳定在格线或只在格线上下做轻微的布朗运动,则可以认为油滴达到了力学平衡,这时的电压就是平衡电压.

③ 控制油滴的运动

将油滴平衡在屏幕顶端的第一条格线上,将工作状态按键切换至"0V",绿色指示灯点亮,此时上、下极板同时接地,电场力为零,油滴在重力、浮力及空气阻力的作用下作下落运动.油滴是先经一段变速运动,然后变为匀速运动,但变速运动的时间非常短(小于0.01s,与计时器的精度相当),所以可以认为油滴是立即匀速下落的.当油滴下落到有0标记的格线时,立刻按下"计时"键,计时器开始记录油滴下落的时间;待油滴下落至有距离标志(1.6)的格线时,再次按下计时键,计时器停止计时(计时位置见图10.4.3),此时油滴停止下落."0V/工作"按键自动切换至"工作","平衡/提升"按键处于"平衡",可以通过"确认"键将此次测量数据记录到屏幕上.将"平衡/提升"按键切换至"提升",这时极板电压在原平衡电压的基础上增加约200V的电压,油滴立即向上运动,待油滴提升到屏幕顶端时,切换至"平衡",找平衡电压,进行下一次测量.每颗油滴共测量5次,系统会自动计算出这颗油滴的电荷量.

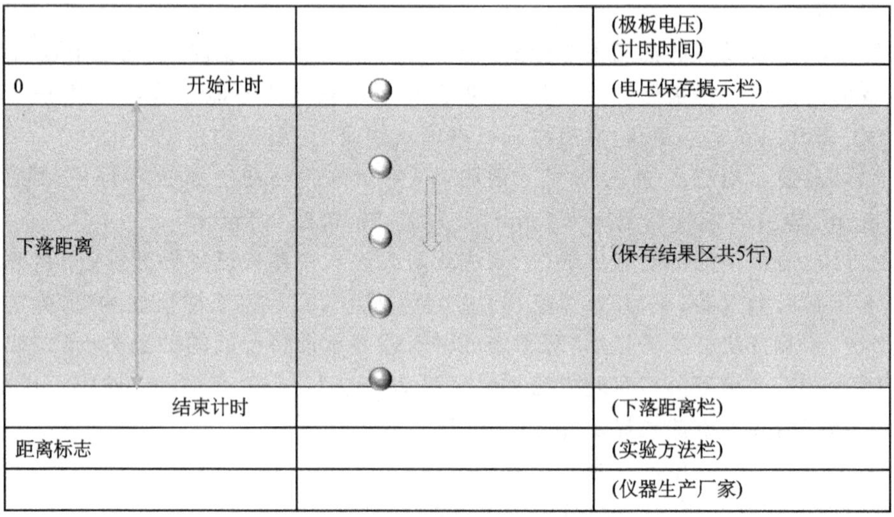

			(极板电压) (计时时间)
0	开始计时	◯	(电压保存提示栏)
下落距离		◯ ◯ ⇩ ◯ ◯	(保存结果区共5行)
	结束计时	◯	(下落距离栏)
距离标志			(实验方法栏)
			(仪器生产厂家)

图10.4.3 实验记录过程示意图

正式测量

实验可选用平衡法(推荐)、动态法.实验前仪器必须调水平.

平衡法

① 开启电源,进入实验界面将工作状态按键切换至"工作",红色指示灯点亮;将"平衡/提升"按键置于"平衡".

② 将平衡电压调整为400V左右,通过喷雾口向油滴盒内喷入油雾,此时监视器上将出现大量运动的油滴.选取合适的油滴,仔细调整平衡电压 U,使其平衡在起始(最上面)格线上.

③ 将"0V/工作"状态按键切换至"0V",此时油滴开始下落,当油滴下落到有"0"标记的格线时,立即按下计时开始键,同时计时器启动,开始记录油滴的下落时间 t.

④ 当油滴下落至有距离标记的格线时(例如:1.6),立即按下计时结束键,同时计时器停止计时,油滴立即静止,"0V/工作"按键自动切换至"工作". 通过"确认"按键将这次测量的"平衡电压和匀速下落时间"结果同时记录在监视器屏幕上.

⑤ 将"平衡/提升"按键置于"提升",油滴将向上运动,当回到高于有"0"标记格线时,将"平衡/提升"键切换至平衡状态,油滴停止上升,重新调整平衡电压. (注意:如果此处的平衡电压发生了突变,则该油滴得到或失去了电子. 这次测量不能作数,从步骤②开始重新找油滴.)

⑥ 重复③④⑤,并将数据(平衡电压 V 及下落时间 t)记录到屏幕上. 当 5 次测量完成后,按"确认"键,系统将计算 5 次测量的平均平衡电压 $\bar{U}$ 和平均匀速下落时间 $\bar{t}$,并根据这两个参数自动计算并显示出油滴的电荷量 q.

⑦ 重复②③④⑤⑥步,共找 5 颗油滴,并测量每颗油滴的电荷量 q_i.

数据处理

计算法:至少测量 5 颗油滴,记录每颗油滴的电荷量 q_i,再 $\dfrac{q_i}{e_{理论}}$,对商四舍五入取整后得到每颗油滴所带电子个数 n_i;再 $\dfrac{q_i}{n_i}=e_i$ 得到每次测量的基本电荷,再求出 n 次测量的 $\bar{e}$,与理论值比较求百分误差及不确定度.

作图法:得到 q_i 和对应的 n_i 后,以 q 为纵坐标,n 为横坐标作图,拟合得到的直线斜率即为基本电荷 $e_{测量}$,与理论值比较求百分误差及不确定度.

动态法

① 动态法分两步完成,第一步骤是油滴下落过程,其操作同平衡法(参看平衡法). 完成第一步骤后,如果对本次测量结果满意,则可以按下确认键保存这个步骤的测量结果,如果不满意,则可以删除(删除方法见前面所述).

② 第一步骤完成后,油滴处于距离标志格线以下. 通过"0V/工作"键、"平衡/提升"键配合使油滴下偏距离"1.6"标志格线一定距离. 调节"电压调节"旋钮加大电压,使油滴上

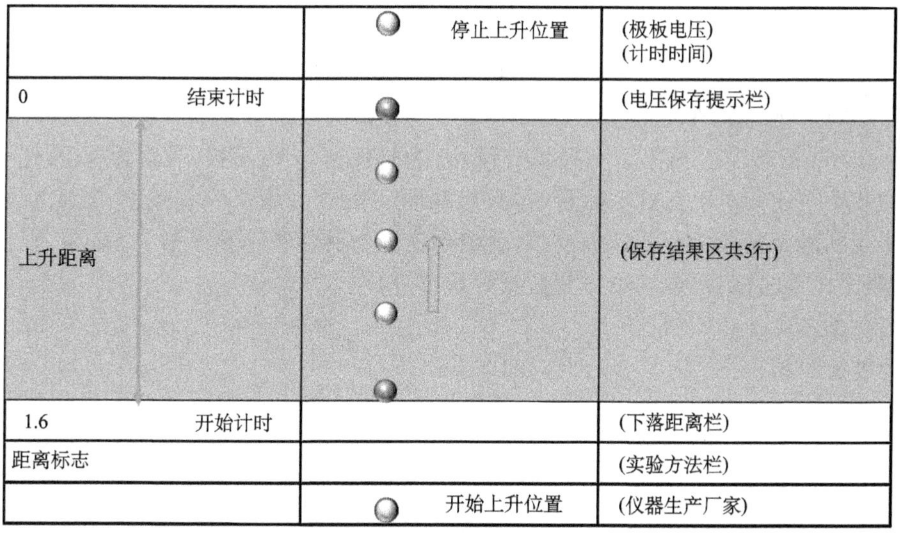

		停止上升位置	(极板电压) (计时时间)
0	结束计时		(电压保存提示栏)
上升距离			(保存结果区共5行)
1.6	开始计时		(下落距离栏)
距离标志			(实验方法栏)
		开始上升位置	(仪器生产厂家)

图 10.4.4 动态法计时位置示意图

升,当油滴到达"1.6"标志格线时,立即按下计时开始键,此时计时器开始计时;当油滴上升到"0"标记格线时,再次按下计时键,停止计时,但油滴继续上升,再次调节"电压调节"旋钮使油滴平衡于"0"格线以上(图10.4.4),按下"确认"键保存本次实验结果.

③重复以上步骤完成5次完整实验,然后按下确认键,出现实验结果画面.动态测量法是分别测出下落时间t_f、提升时间t_r及提升电压U,并代入式(10.4.11)即可求得油滴带电量q.

【预期结果】

(1)手动计算处理数据,数据表如下:

表 10.4.1　数据表

n	$V_平$	t_1	t_2	t_3	t_4	t_5	$\bar{t}$	q	n_i	e_i
1										
2										
3										
4										
5										

a. 根据t_1、t_2、t_3、t_4、t_5求平均值,算出$\bar{t}$.

b. 用V平和$\bar{t}$根据(12)式算出各油滴所带电量q.

c. 用各油滴所带电量q除以标准电子电荷e_0(1.602×10⁻¹⁹C),将所得的倍数值四舍五入取整填入相应的各栏对应的n_i中,之后用相应的q除以n_i得e_i.对e_i取平均值$\bar{e}$,并求出其相对误差$E=\dfrac{\bar{e}-e_0}{e_0}\times100\%$.

(2) 作图法处理数据

设实验得到m个油滴的带电量分别为$q_1,q_2,\cdots,q_m$,由于电荷的量子化特性,应有

$$q_i=n_ie \qquad (10.4.15)$$

式中n_i为第i个油滴的带电量子数,e为单位电荷值.

(10.4.15)在数学上抽象为一直线方程,n_i为自变量,q为函数,截距为0,因此m个油滴对应的数据在n_i——q直角坐标系中,必然在同一条通过原点的直线上,若能在n——q坐标系中找到满足这一关系的这条直线,就能确定该油滴的带电量子数n和e的值.

(3)最小二乘法拟合(参阅第2章数据处理部分)

相应数据:

d 为极板间距　　　　　　　$d=5\times10^{-3}$m

η 为空气黏滞系数　　　　　$\eta=1.83\times10^{-5}$kg·m⁻¹·s⁻¹

l 为下落距离　　　　　　　依设置,默认 1.6mm

ρ 为油的密度　　　　　　　$\rho_1=981$kg·m⁻³(20℃)

g 为重力加速度　　　　　　$g=9.794$m·s⁻²(成都)

b 为修正常数　　　　　　　$b=8.23\times10^{-3}$N/m(6.17×10⁻⁶m·cmHg)

p 为标准大气压强 $\qquad p=101325\mathrm{Pa}(76.0\mathrm{cmHg})$

【思考题】

（1）为什么必须使油滴作匀速运动或静止？实验中如何保证油滴在测量范围内作匀速运动？

（2）对油滴进行跟踪测量时，有时油滴逐渐变得模糊，为什么？应如何避免在测量途中丢失油滴？

（2）怎样区别油滴上电荷的改变和测量时间的误差？

（3）若平行极板不水平，对测量有何影响？

（4）改变电荷法是用 X 光、放射源、紫外线或激光照射运动中的油滴，使之带电量发生变化，变化量应是 e 的整数倍．试简要设计其实验方案．

【实验拓展】

电荷的量子化指的是任何带电体的电量只能取分立、不连续的量值的性质．因此任何带电体的电量都是基本元电荷的整数倍．本实验证明了微小油滴的带电量不是连续变化的，电荷量总是某个元电荷的整数倍，电荷量遵循量子变化规律．1964 年由物理学家默里·盖尔曼和乔治·茨威格提出了夸克模型，夸克的电荷值为分数——基本电荷的 $-1/3$ 倍或 $+2/3$ 倍，但其依然保证了电荷的量子性．

【实验意义】

密立根油滴实验在近代物理学的发展中占有非常重要的地位，该实验以简洁有效的方法和简单的实验条件证明了电荷的基本特性并确定了最小单位电荷的量值．开设本实验的目的不仅仅是为了掌握一种实验方法亦或者是验证前人的实验结果来论证某一物理事实，而是通过实验的设计思路分析和亲身实践使学生掌握发现物理规律的方法，培养学生独立思考并构建学生创新能力．

【附录】

① 仪器介绍

实验仪由主机、CCD 成像系统、油滴盒、监视器和喷雾器等部件组成．

其中主机包括可控高压电源、计时装置、A/D 采样、视频处理等单元模块．CCD 成像系统包括 CCD 传感器、光学成像部件等．油滴盒包括高压电极、照明装置、防风罩等部件．监视器是视频信号输出设备．仪器部件示意如图 10.4.5．

CCD 模块及光学成像系统用来捕捉暗室中油滴的像，同时将图像信息传给主机的视频处理模块．实验过程中可以通过调焦旋钮来改变物距，使油滴的像清晰地呈现在 CCD 传感器的窗口内．

电压调节旋钮可以调整极板之间的电压大小，用来控制油滴的平衡、下落及提升．

计时"开始/结束"按键用来计时、"0V/工作"按键用来切换仪器的工作状态、"平衡/提升"按键可以切换油滴平衡或提升状态、"确认"按键可以将测量数据显示在屏幕上，从而省去了每次测量完成后手工记录数据的过程，使操作者把更多的注意力集中到实验本质上来．

油滴盒是一个关键部件，具体构成，如图 10.4.6 所示．

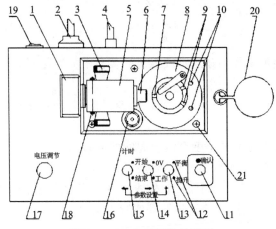

图 10.4.5　主机部件示意图

1.CCD盒;2.电源插座;3.调焦旋钮;4.Q9视频接口;5.光学系统;6.镜头;7.观察孔;8.上极板压簧;9.进光孔;10.光源;11.确认键;12.状态指示灯;13.平衡/提升切换键;14.0V/工作切换键;15.计时开始/结束切换键;16.水准泡;17.电压调节旋钮;18.紧定螺钉;19.电源开关;20.油滴管收纳盒安放环;

21.调平螺钉(3颗)

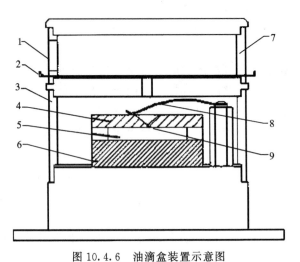

图 10.4.6　油滴盒装置示意图

1.喷雾口;2.进油量开关;3.防风罩;4.上极板;

5.油滴室;6.下极板;7.油雾杯;8.上极板压簧;9.落油孔

　　上、下极板之间通过胶木圆环支撑,三者之间的接触面经过机械精加工后可以将极板间的不平行度、间距误差控制在 0.01mm 以下;这种结构基本上消除了极板间的"势垒效应"及"边缘效应",较好地保证了油滴室处在匀强电场之中,从而有效地减小了实验误差.

　　胶木圆环上开有两个进光孔和一个观察孔,光源通过进光孔给油滴室提供照明,而成像系统则通过观察孔捕捉油滴的像. 照明由带聚光的高亮发光二极管提供,其使用寿命长、不易损坏;油雾杯可以暂存油雾,使油雾不会过早地散逸;进油量开关可以控制落油量;防风罩可以避免外界空气流动对油滴的影响.

② 平衡法系统参数

原理公式

$$q = 9\sqrt{2}\,\pi d \left[\frac{(\eta s)^3}{(\rho_1 - \rho_2)g}\right]^{\frac{1}{2}} \frac{1}{U}\left(\frac{1}{t}\right)^{\frac{3}{2}} \left[\frac{1}{1 + \dfrac{b}{pr}}\right]^{\frac{3}{2}}$$

其中 r 为油滴半径 $r = \left[\dfrac{9\eta s}{2g(\rho_1 - \rho_2)t}\right]^{\frac{1}{2}}$；

d 为极板间距 $d = 5.00 \times 10^{-3}\,\mathrm{m}$

η 为空气黏度 $\eta = 1.83 \times 10^{-5}\,\mathrm{kg \cdot m^{-1} \cdot s^{-1}}$

s 为下落距离依设置，默认 1.6mm

ρ_1 为钟表油密度 $\rho_1 = 981\mathrm{kg \cdot m^{-3}}$（20℃）

ρ_2 为空气密度 ρ_2 1.2928 $\mathrm{kg \cdot m^{-3}}$（标准状况下）

g 为重力加速度 $g = 9.794\mathrm{m \cdot s^{-2}}$（成都）

b 为修正常数 $b = 8.23 \times 10^{-3}\,\mathrm{N/m}$（$6.17 \times 10^{-6}\,\mathrm{m \cdot cmHg}$）

p 为标准大气压强 $p = 101325\mathrm{Pa}$（76.0cmHg）

U 为平衡电压

t 为油滴匀速下落时间

注：

① 由于油的密度远远大于空气的密度，即 $\rho_1 \gg \rho_2$，因此 ρ_2 相对于 ρ_1 来讲可忽略不计（当然也可代入计算）.

② 标准状况是指大气压强 $p = 101325\mathrm{Pa}$，温度 $W = 20℃$，相对湿度 $\phi = 50\%$ 的空气状态. 实际大气压强可由气压表读出，温度可由温度计读出.

③ 油的密度随温度变化关系

$W/℃$	0	10	20	30	40
$\rho/\mathrm{kg/m^3}$	991	986	981	976	971

④ 一般来讲，流体黏度受压强影响不大，当气压从 $1.01 \times 10^5\,\mathrm{Pa}$ 增加到 $5.07 \times 10^6\,\mathrm{Pa}$ 时，空气的黏度只增加 10%，在工程应用中通常忽略压强对黏度的影响. 温度对气体黏度有很强的影响.

气体黏度可用苏士兰公式来表示

$$\frac{\mu}{\mu_0} = \frac{\left(\dfrac{T}{T_0}\right)^{\frac{3}{2}}(T_0 + T')}{T + T'}$$

式中，μ_0 是绝对温度 T_0 的动力黏度，通常取 $T_0 = 273\mathrm{K}$ 时的黏度，$\mu_0 = 1.71 \times 10^{-5}\,\mathrm{kg \cdot m^{-1} \cdot s^{-1}}$；常数 n 和 T' 通过数据拟合得出，对于空气，$n = 0.7$，$T' = 110\mathrm{K}$.

第 11 章　技术性实验

实验 11.1　单摆的研究

【实验目的】

1. 了解设计性实验的一般过程.
2. 掌握不确定度的计算方法.
3. 掌握单摆测量重力加速度实验的设计过程.

【设计性实验的主要步骤】

设计性实验的设计过程主要有以下几步:

1. 根据待测物理量确定出实验方法,写出实验原理并推导出相应的测量公式;判断是否存在着方法误差以及对测量结果的影响程度.

2. 根据实验方法及设计要求,分析误差来源,确定出所需的测量仪器(包括量程、精度等)以及测量环境应达到的要求(如空气、电磁、振动、温度、湿度等).

3. 确定实验步骤,需要测量哪些物理量及测量方法,测量的重复次数等.

4. 设计出实验数据记录表格,需要计算的物理量,如何计算误差等数据处理内容.

5. 实验验证. 用设计出的仪器及参数对相关的物理量进行大量的实际测量并作数据处理,对得到的结果及其误差进行分析,若不符合设计要求则需分析原因,对设计过程及参数作出适当调整并重新进行验证.

设计原则:在满足设计要求的前提下,尽可能选用简单精度低的仪器,并能降低对测量环境的要求,尽量减少实验测量次数.

【设计要求】

1. 本实验是测量重力加速度的设计性实验,考虑到设计难度、实验室资源的限制等因素,规定其实验方法采用单摆法.

2. 要求重力加速度的相对不确度不大于 0.5%,即 $\dfrac{u_g}{g} \leqslant 0.5\%$,确定所需的测量仪器(包括量程和精度)以及测量参数(即摆长和摆动次数的取值).

3. 可供选择的仪器有:钢卷尺(1mm/2m,表示最小分度值为 1mm,量程为 2m,下同)、钢直尺(1mm/1m)、游标卡尺(0.02mm/20cm)、普通直尺(1mm/20cm)、电子秒表(0.01s)、单摆实验仪(含摆线、摆球等).

【设计提示】

1. 单摆的振动周期 T 和摆角 θ 之间的关系,经理论推导可得

$$T = T_0 \left[1 + \left(\frac{1}{2} \right)^2 \sin^2 \frac{\theta}{2} + \left(\frac{1 \cdot 3}{2 \cdot 4} \right)^2 \sin^2 \frac{\theta}{2} + \cdots \right] \tag{11.1.1}$$

其中

$$T_0 = 2\pi \sqrt{\frac{L}{g}} \tag{11.1.2}$$

当 θ 很小时, $T \approx T_0$, 则有

$$g = \frac{4\pi^2 L}{T^2} \tag{11.1.3}$$

式中, L 是单摆的摆长, g 是重力加速度.

2. 由式(11.1.3)可写出 g 的相对不确定度 u_g/g 的表示式

$$\frac{u_g}{g} = \left[\left(\frac{u_L}{L} \right)^2 + \left(\frac{2u_T}{T} \right)^2 \right]^{\frac{1}{2}} \tag{11.1.4}$$

由误差的等量分配原则可得

$$\left(\frac{u_L}{L} \right)^2 = \frac{1}{2} \left(\frac{u_g}{g} \right)^2 \tag{11.1.5}$$

$$\left(\frac{2u_T}{T} \right)^2 = \frac{1}{2} \left(\frac{u_g}{g} \right)^2 \tag{11.1.6}$$

由于在实验之前是无法确定不确定度的 A 类分量的,因此在设计实验时暂不考虑 A 类分量,只考虑 B 类分量,即

$$u = u_B = \sqrt{\sum_i \left(\frac{\Delta a_i}{\sqrt{3}} \right)^2} \tag{11.1.7}$$

3. 估计摆长 L.

在测量摆长时可能存在着如下误差:

(1) 测量所用仪器的仪器误差 Δa_1.

(2) 测量时尺子与摆线不平行所造成的误差 Δa_2.

(3) 摆线自身弹性所造成的误差 Δa_3.

(4) 测量摆球直径所造成的误差 Δa_4.

(5) 其他可能的误差(请自己考虑).

确定出测量摆长用的仪器,分别估算出上面各项误差的大小,代入式(11.1.7)算出 u_L,再代入式(11.1.5)可得到摆长 L 的最小取值,然后根据实际情况确定出摆长的最终取值.

在考虑摆长测量误差时应遵循两个主要的原则:①尽可能地考虑到所有可能的误差. ②对误差值大小的估计一定要合理,估值过小可能会导致最终结果不能满足设计要求,也即实测误差大于了估计误差;而估值过大的结果则是要求提供更为精密的测量仪器以及苛刻的实验条件. 估计误差大小的原则是:在正常测量条件下可能出现的最大误差.

4. 估计摆动次数 n.

在测量摆动时间时可能存在的误差有:

(1) 计时仪器的仪器误差 Δa_1.

(2) 起表时人的反应误差 Δa_2.

(3) 停表时人的反应误差 Δa_3.

（4）其他可能存在的计时误差（请自己考虑，至少写出一项）.

确定计时所用的仪器，将上述误差代入式（11.1.7）可得 u_t. 由上面得到的 L 估算出周期的大小（估算时 g 取为 $9.8\mathrm{m/s^2}$），再利用关系 $t=nT$ 就可以得到摆动次数 n 的下限，然后根据实际情况确定出 n 的最终取值.

注意：L 和 n 的最终取值应比最小值稍大一些，但不要相差得太多.

【验证】

将摆长（含摆球半径）及摆动次数定为设计值，对摆动总时间进行多次测量，计算出周期的平均值后代入式（11.1.4）计算出重力加速度的相对不确定度，检验其是否满足设计要求，若不满足要求则需对设计过程及参数进行调整直到满足要求为止.

验证过程必须注意以下几点：

（1）验证过程中不得改变 L 及 n 的取值.

（2）由于 L 及 T 进行的是多次测量，因此在计算 u_L 和 u_T 时必须考虑 A 类分量.

【实验方法】

1. 原理分析，写出单摆法测量公式完整的推导过程，并画出原理图.
2. 不确定度的推导与计算.
3. 分析实验过程中的主要误差来源及估算.
4. 估算实验参数（摆长和摆动次数）.
5. 设计实验步骤与数据表格.
6. 实验与验证.

【实验拓展】

1. 研究摆角大小对相对不确定度的影响.
2. 研究在所用的仪器及测量参数中，哪个对结果的精度影响最大.

【思考题】

1. 摆长＝摆线长度＋摆球半径，摆球的半径通常由游标卡尺测出. 实际测量时游标卡尺是不是必需的？或者说，如果用普通米尺来测量会给结果带来多大的误差？如何减少它对 g 的精度的影响？
2. 假若有三种计时仪器：精度为 1s 的普通手表或电子表、精度为 0.1s 的机械秒表、精度为 0.01s 的电子秒表，哪一种最适合作本实验的计时工具？为什么？
3. L 与 n 中哪一个对 g 的测量结果影响最大.

实验 11.2　电表改装与校准

【实验目的】

1. 学习看懂电路图和连接简单的电路.
2. 学习电学常用仪表的使用方法.

3. 电流表和电压表的扩程改装.

【设计要求】

1. 将微安表扩程到毫安表.
2. 将微安表改装成伏特表.
3. 可供选择的仪器:直流稳压电源、微安表头、电流表、电压表、滑线变阻器、电阻箱、开关、导线等.

【设计提示】

1. 将微安表扩程到毫安表

微安表的量程一般都很小,如实验室给出的微安表(又称表头)的量程为 100 μA,如果要用它来测大一些的电流就必须先将它扩程.

微安表扩大量程的方法如图 11.2.1 所示,即在微安表两端并联一个分流电阻 R_p,使超过微安表量程的那部分电流从 R_p 流过即可.

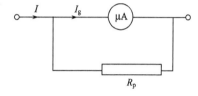

图 11.2.1 微安表扩大量程

分流电阻 R_p 的计算:设微安表的量程为 I_g,内阻为 R_g,需要将其量程扩大到 I,由 $I_g R_g = (I - I_g) R_p$ 可得

$$R_p = \frac{I_g R_g}{I - I_g} = \frac{R_g}{n - 1} \qquad (11.2.1)$$

其中,$n = I/I_g$,为扩大的倍数. 上式表明,如果知道 R_g,根据所需扩大的倍数求得相应的 R_p,即可完成电流表的扩程工作.

2. 将微安表改装成伏特表

微安表的内阻一般是数百到数千欧,如实验室给出的微安表内阻一般在 $1\sim 2\text{k}\Omega$,这样加在微安表两端的最大允许电压也就不到 1V.

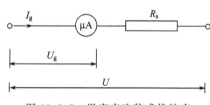

图 11.2.2 微安表改装成伏特表

如果要将微安表当成电压表使用并能测得较大的电压,其方法如图 11.2.2 所示,将一高值电阻 R_s 与微安表串联在一起,使超过微安表最大允许电压的那部分电压分在 R_s 上即可.

分压电阻 R_s 的计算:假设微安表的量程为 I_g,内阻为 R_g,若需改装成量程为 U 的电压表,则

$$I_g (R_g + R_s) = U \qquad (11.2.2)$$

$$R_s = \frac{U}{I_g} - R_g \qquad (11.2.3)$$

3. 扩程表或改装表的校准

从式(11.2.1)和(11.2.3)可以看出,如果想要得到准确的 R_p 或 R_s 就必须知道准确的 R_g. 虽然有多种方法可以较为准确地测出 R_g,但我们可采用如下方法来对 R_p 或 R_s 进行校准:由于 R_g 甚至 I_g 有可能不准,因此通过式(11.2.1)或(11.2.3)得到的应该是 R_p 或 R_s 的

估值,然后将扩程表或改装表分别与高精度的标准电流表或标准电压表同时接入电路,实际调节 R_p 或 R_s,当扩程表或改装表与标准表同时满足要求时即可得到准确的 R_p 或 R_s.

上述方法只对改装表的满刻度(或满量程)进行了校准,但电表的误差并不是固定的一个数,它往往与被测电流或电压的大小有关,因此对于零刻度与满刻度之间的数据通常采用校准曲线的方法来进行校准.

校准曲线的作法:以扩程表为例,将扩程表与标准电流表同时接入校准电路,在扩程表的零刻度与满刻度之间选取若干个测量点,分别读出扩程表的读数 I_r 与标准表的读数 I_s,其差值视为误差,即 $\Delta I = I_r - I_s$. 在坐标纸上以 I_r 为横坐标、ΔI 为纵坐标作出的折线就称为校准曲线.

校准曲线的用法:在实际测量中,将改装表的读数用校准曲线进行修正,这样的结果才是实际的测量结果.

4. 扩程表或改装表的准确度等级

电表的准确度等级从 0.1 到 5.0 共分为 7 个等级,即 0.1、0.2、0.5、1.0、1.5、2.5、5.0,其值越小表明测度精度越高. 下面以扩程表为例来说明如何确定改装表的准确度等级.

从校准曲线数据中取出最大的误差(绝对值)ΔI_{max} 再除以扩程表的量程 I_{max} 即可得到标称误差,在标准表的误差不能忽略的情况下,

$$标称误差 = \frac{|\Delta I_{max}|}{I_{max}} \times 100\% + a\%$$

其中,a 为标准电流表的确准度等级.

计算出标称误差后,再根据取大的原则即可得到相应的准确度等级. 例如,计算出的标称误差为 1.6%,则相应的准确度等级为 2.0 级.

【验证】

将改装表与标准电流表(或电压表)一同接入电路中,对同一电流(或电压)进行测量,然后分析两者之间的误差并计算出标称误差. 若误差值偏大,应分析其原因并进行重新设计.

【实验方法】

1. 仔细观察实验室所给出的仪器,取得相关的技术参数及操作注意事项并记录在原始数据记录纸上.

2. 根据设计要求计算出扩程表及改装表的相关参数.

3. 在原始数据记录纸上画出扩程表及改装表的校准电路图,概要写出满刻度校准及作校准曲线的操作步骤.

4. 分别列出扩程表及改装表满刻度校准及作校准曲线所需的数据记录表格. 作校准曲线时其测量点不得少于 11 个.

5. 实际操作,取得测量数据.

【实验拓展】

1. 如何准确地测量出表头的内阻?

2. 如何设计出多量程电表?

实验 11.3　自组电桥实验

电桥法测量是电磁学实验中最重要的测量方法之一,有着非常广泛的应用. 它具有灵敏度和准确度都较高、结构简单、使用方便的特点. 在非电量测量中也广泛采用,如压力、温度等. 在现代自动化控制和仪器仪表中,许多都是利用电桥进行设计、调试和控制的.

【实验目的】

1. 掌握直流电桥测电阻的原理及其测量方法.
2. 了解直流电桥的灵敏度及其影响因素.
3. 掌握非平衡电桥测量物体重量的原理.

【实验仪器】

ZKY-DQ1 自组电桥实验装置仪及其附件箱.

【实验原理】

电桥是将电阻、电容、电感等电参数变化量变换成电压或电流值的一种电路. 电桥电路在检测技术中应用非常广泛,根据激励电源的性质不同,可把电桥分为直流电桥和交流电桥两种. 根据桥臂阻抗性质的不同,可分为电阻电桥、电容电桥和电感电桥三种. 根据电桥工作时是否平衡来区分,可分为平衡电桥和非平衡电桥两种. 平衡电桥用于测量电阻、电容和电感,而非平衡电桥在传感技术和非电量测量技术中广泛用作测量信号的转换.

电阻按其阻值可分为高、中、低三类,$R < 1\Omega$ 的电阻叫低值电阻,$R < 10^6 \Omega$ 的电阻叫高值电阻,电阻值在 $1 \sim 10^6 \Omega$ 的电阻叫中值电阻. 对于上述三类阻值的电阻,为了提高测量的准确度,一般需采用不同的方法和仪器进行测量.

在现代测量技术中常常需要将非电量(温度、力、压力、加速度、位移等)利用传感器转变成电量后再进行测量. 由于这些信号通常很小,用一般的测量仪表很难直接检测出来,通常把它转换成电压变化后再用电测仪来进行测定. 电桥电路正是进行这种变换的一种最常用的方法,由于电桥的灵敏度和准确度都很高,并且具有很大的灵活性,传感器可以放在桥路四个臂中的任何一个臂内,工作臂的数目可以从一个到四个任选,这些都给提高精度改进性能创造了良好条件,因此电桥线路在检测技术中应用非常广泛. 在非电量电测技术中,常采用非平衡电桥检测微小信号. 非平衡电桥是利用电桥输出电流或电压与电桥各参数间的关系进行测量的. 测量时桥路平衡被破坏,桥路对角线有电压(电流)输出.

1. 用单臂电桥测量中值电阻

1) 电桥的工作原理

单臂电桥(即惠斯通电桥)是一种用比较法测量电阻的仪器,适用于 $1 \sim 10^6 \Omega$ 的中值电阻的测量. 惠斯通电桥线路如图 11.3.1 所示,R_1、R_2、R_3、R_4(或 R_x)为四个电阻,连成一个四边形,每一边称为电桥的一个臂. A、C 与电源相连,B、D 间跨接检流计 G,当 B、D 两点电势相等时,检流计中无电流通过,称电桥平衡. 这时,AB 间电势差等于 AD 间电势差

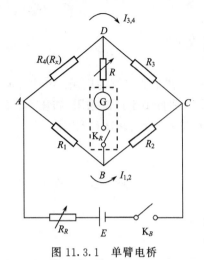

图 11.3.1　单臂电桥

$$I_{1,2}R_1 = I_{3,4}R_4$$

同理

$$I_{1,2}R_2 = I_{3,4}R_3$$

于是,可得

$$\frac{R_1}{R_2} = \frac{R_4}{R_3}$$

或

$$R_x = \frac{R_1}{R_2}R_3 \qquad (11.3.1)$$

这就是电桥的平衡方程. 通常称 R_1/R_2 为比例臂(或称倍率)、R_3 比较臂、R_x 为测量臂. 根据平衡方程,只要使电桥达到平衡,就可测得 R_1/R_2 和 R_3 的值,算出 R_x 值.

2) 电桥灵敏度

在实际操作时,通常是通过观察检流计指针有无偏转来判断电桥是否平衡,但检流计的灵敏度总是有限的. 为了能够定量反映这一误差的大小,我们引入了电桥灵敏度 S 的概念,它的定义式为

$$S = \frac{\Delta n}{\Delta R_x / R_x} \qquad (11.3.2)$$

式中,ΔR_x 为在电桥平衡后,使电桥略失平衡时 R_x 的微小改变量;Δn 为由于电桥偏离平衡而引起的电流计偏转的格数(一般只允许偏转 1 格左右).

因此 S 在数值上等于电桥桥臂有单位增量 $\Delta R_x / R_x$ 时,所引起的检流计的相应偏转格数. 由于待测电阻 R_x 值是不能改变的,因此实际改变的是比较臂 R_3,所以式(11.3.2)可改写为

$$S = \frac{\Delta n}{\Delta R_3 / R_3} \qquad (11.3.3)$$

S 越大,说明电桥灵敏度越高,带来的误差就越小. 实验和理论证明,电桥灵敏度 S 与检流计的电流灵敏度 S_i 成正比,与电源电动势成正比,与比例臂 R_1/R_2 和检流计内阻 R_g 等有关.

3) 减小电桥测量误差的方法

(1) 由电桥灵敏度而引入的误差. 可采用下面的方法减小测量误差.

① 选择合适的比例臂 R_1/R_2,如果条件许可,R_x 值恰在 R_3 调节范围内,一般采用

$$\frac{R_1}{R_2} = 1$$

的比例臂,因为这时 $\Delta R_3 / R_3$ 最小.

② 增大电源电压(本实验中是增大 AC 电压,即减小 R_n 值),但要注意各元件的允许功率.

③ 选择灵敏度稍高的检流计,但不要太高,否则操作起来不太方便.

(2) 由桥臂元件及 R_1、R_2 和 R_3 的准确度等级而引起误差. 为减小这类误差,可在比例臂 R_1/R_2 保持不变的情况下,将测量臂 R_x 与比较臂 R_3 互易位置,分别测出互易前后电桥

平衡时比较臂的指示值 R_3 和 R'_3. 由(11.3.1)式,考虑到 R_3 与 R'_3 相差甚微,利用近似关系可得

$$R_x = \sqrt{R_3 \cdot R'_3} = \frac{1}{2}(R_3 + R'_3) \tag{11.3.4}$$

这样,就可消除由于电阻元件值的偏差引入的系统误差.

2. 用双臂电桥测量低值电阻

对于 1Ω 以下的低值电阻,不能用惠斯通电桥进行准确的测量,其主要原因是在电桥的接触处存在着接触电阻,大小在 $10^{-2}\Omega$ 的数量级,当待测电阻小于 $10^{-1}\Omega$ 时,用惠斯通电桥进行测量则显然失去了测量的意义. 因此,对于低值电阻,一般用双臂电桥(开尔文电桥)进行测量,对于 $10^6\Omega$ 以上的高值电阻,一般用专测高阻抗电阻的设备或兆欧表进行测量.

双臂电桥又叫开尔文电桥,它是在惠斯通电桥的基础上加以改进而成,其主要特点是消除了接触电阻的影响. 图 11.3.2 是双臂电桥的原理图. 图中 R_x 是待测低电阻,r_1、r_2、r_3、r_4 和 r 是接触电阻,其值很小. 双臂电桥电路具有以下特点.

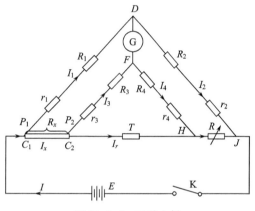

图 11.3.2 双臂电桥

(1) 在检流计的下端增加了由 R_3、r_3、R_4、r_4 组成的附加电路.

(2) 点 C_1 和 C_2 之间接入待测样品(低电阻),连接时用了四个接头,C_1、C_2 叫电流接头,P_1、P_2 叫电压接头. 被测电阻 R_x 是点 P_1、P_2 之间的电阻. 由于 R_1、R_2 和 R_3、R_4 并列,故称双臂电桥. 附加电路中 R_3、R_4 远比 R_x 和 R 大,R_1、R_2 也远大于 R_x 和 R.

(3) 电流 I 从 P_1 处分成 I_1 和 I_x 两部分,电流 I_x 在 P_1 处没有接触电阻,因为它连续通过同一导体,电流 I_1 则要通过接触点,故在 P_1 处产生接触电阻 r_1,使桥臂电阻增大为 $R_1 + r_1$. r_1 一般远小于 R_1,而流经桥臂的电流又远小于流经 R_x 和 R 电阻上的电流,因此经过桥路连线上的电压降和流经触点电阻 r_1、r_2、r_3、r_4 上的电压降远远地小于电阻 R_1、R_2、R_3 和 R_4 上的电压降,由它们所引起的误差也可忽略不计.

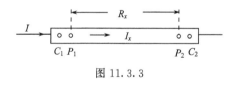

图 11.3.3

(4) 被测低电阻 R_x 和标准低值电阻一般都加工成四端连接方式,如图 11.3.3 所示. 其用作电流接头的两端点 C_1、C_2 和用作电压接头的两端点 P_1、P_2 是各自分开的,这样在 I_x 的电流支路中,就没有了接触点电阻的影响.

当双臂电桥电路中通过检流计的电流 I_g 为零时,电桥达到平衡,此时有

$$V_{P_1D} = V_{P_1P_2F}$$

$$I_x R_x + I_3(R_3 + r_3) = I_1(R_1 + r_1) \tag{11.3.5}$$

$$V_{DJ} = V_{FHJ}$$

$$I_3(R_3 + r_3) + I_4(R_4 + r_4) = I_r r \tag{11.3.6}$$

由于

$$r_1 \ll R_1, \quad r_2 \ll R_2, \quad r_3 \ll R_3, \quad I_g = 0$$

$$I_1 = I_2, I_3 = I_4, I_x = I_R, I_r = I_x - I_3$$

可得

$$\begin{cases} I_x R_x + I_3 R_3 = I_1 R_1 & (11.3.7) \\ I_x R + I_3 R_4 = I_1 R_2 & (11.3.8) \\ I_3 (R_3 + R_4) = (I_x - I_3) r & (11.3.9) \end{cases}$$

解以上联立方程可得

$$R_x = \frac{R_1}{R_2} R + \frac{R_4 r}{R_3 + R_4 + Rr} \left(\frac{R_1}{R_2} - \frac{R_3}{R_4} \right) \qquad (11.3.10)$$

式中,第一项与惠斯通电桥相同,第二项为修正项. 为了测量方便,一般选取测量参量,若能做到

$$\frac{R_1}{R_2} - \frac{R_3}{R_4} = 0 \qquad (11.3.11)$$

则式(11.3.10)可简化为

$$R_x = \frac{R_1}{R_2} R \qquad (11.3.12)$$

若式(11.3.11)能被满足,则双臂电桥的测量方法就等同于单臂电桥,要达到这点,在实验中,R_1、R_2、R_3、R_4 几个变阻器一般使用联动开关来调节. 除此之外还应尽量采用粗导线以减小导线电阻和触点电阻,使修正项尽量地小,以致式(11.3.11)未被严格满足时也可忽略修正项对测量结果的影响.

对于半桥差动电路,若电桥开始时是平衡的,则 $R_1 : R_2 = R_3 : R_4$. 在对称情况下,$R_1 = R_2 = R_3 = R_4, \Delta R_3 = \Delta R_4 = \Delta R$,则半桥差动电路输出电压为

$$U_{AB} = \frac{U_0 \cdot \Delta R}{2R_0} \qquad (11.3.13)$$

电桥的输出电压灵敏度为

$$S = \frac{U_0}{2R_0} \qquad (11.3.14)$$

可见,半桥差动电路的输出电压灵敏度比单臂输入时的最大电桥电压灵敏度提高了一倍.

3. 非平衡电桥与应变式测力传感器

1) 压力传感器

压力传感器是把一种非电量转换成电信号的传感器. 弹性体在压力(重量)作用下产生形变(应变),导致(按电桥方式连接)粘贴于弹性体中的应变片,产生电阻变化的过程.

压力传感器的主要指标是它的最大载重(压力)、灵敏度、输出输入电阻值、工作电压(激励电压)(V_{IN})、输出电压(V_{OUT})范围.

压力传感器是由特殊工艺材料制成的弹性体、电阻应变片、温度补偿电路组成;并采用非平衡电桥方式连接,最后密封在弹性体中.

（1）弹性体.

一般由合金材料冶炼制成,加工成 S 形、长条形、圆柱形等.为了产生一定弹性,挖空或部分挖空其内部.

（2）电阻应变片.

金属导体的电阻 R 与其电阻率 ρ、长度 L、截面 A 的大小有关.

$$R = \rho \frac{L}{A} \tag{11.3.15}$$

导体在承受机械形变过程中,电阻率、长度、截面都要发生变化,从而导致其电阻变化.

$$\frac{\Delta R}{R} = \frac{\Delta \rho}{\rho} + \frac{\Delta L}{L} - \frac{\Delta A}{A} \tag{11.3.16}$$

这样就把所承受的应力转变成应变,进而转换成电阻的变化.因此电阻应变片能将弹性体上应力的变化转换为电阻的变化.

（3）电阻应变片的结构.电阻应变片一般由基底片、敏感栅、引线及履盖片用黏合剂粘合而成.

电阻应变片的结构如图 11.3.4 所示:

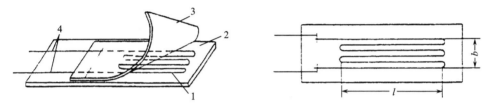

图 11.3.4　电阻丝应变片结构示意图
1. 敏感栅(金属电阻丝);2. 基底片;3. 覆盖层;4. 引出线

压力传感器是将四片电阻片分别粘贴在弹性平行梁 A 的上下两表面适当的位置,如图 11.3.5 所示.R_1、R_2、R_3、R_4 是四片电阻片,梁的一端固定,另一端自由用于加载荷(如外力 F).

弹性梁受载荷作用而弯曲,梁的上表面受拉,电阻片 R_1、R_3 亦受拉伸作用电阻增大,梁的下表面受压,R_2、R_4 电阻减小.外力的作用通过梁的形变而使四个电阻值发生变化.

应变片可以把应变的变化转换为电阻的变化,为了显示和记录应变的大小,还需把电阻的变化再转换为电压或电流的变化.最常用的测量电路为电桥电路.

2）四臂输入时电桥的电压输出特性

在惠斯通电桥电路中,若电桥的四个臂均采用可变电阻,即将两个变化量符号相反的可变电阻接入相邻桥臂内,而将两个变化量符号相同的可变电阻接入相对桥臂内,这样构成的电桥电路称为全桥差动电路.

为了消除电桥电路的非线性误差,通常采用不平衡电桥进行测量.传感器上的电阻 R_1、R_2、R_3、R_4 接成如图 11.3.1 所示的直流桥路,cd 两端接稳压电源 E,ab 两端为电桥电压输出端,输出电压为 U_0,可得

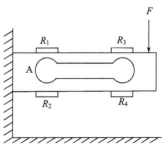

图 11.3.5　压力传感器

$$U_0 = E\left(\frac{R_1}{R_1+R_2} - \frac{R_4}{R_3+R_4}\right) \tag{11.3.17}$$

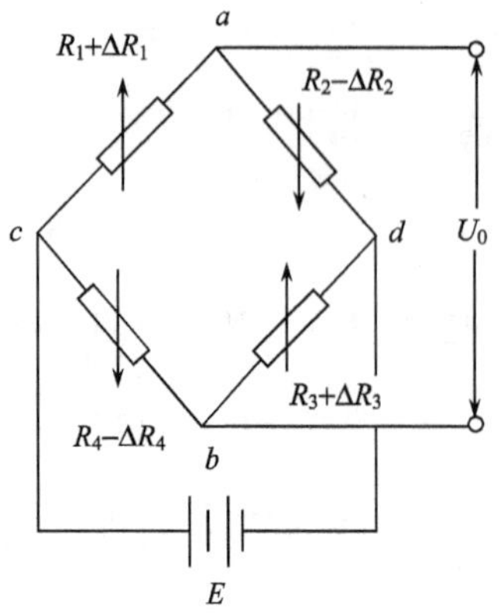

当电桥平衡时，$U_0 = 0$，于是可得

$$R_1 \cdot R_3 = R_2 \cdot R_4 \tag{11.3.18}$$

式(11.3.18)就是我们熟悉的电桥平衡条件，在传感器上贴的电阻片是相同的四片电阻片，其电阻值相同，即有

$$R_1 = R_2 = R_3 = R_4 = R \tag{11.3.19}$$

所以当传感器不受外力作用时，电桥满足平衡条件，a、b 两端输出的电压 $U_0 = 0$.

当梁受到载荷 F 的作用时，R_1 和 R_3 增大，R_2 和 R_4 减小，如图 11.3.6 所示，这时电桥不平衡，并有

$$U_0 = E\left(\frac{R_1+\Delta R_1}{R_1+\Delta R_1+R_2-\Delta R_2} - \frac{R_4-\Delta R_4}{R_3+\Delta R_3+R_4-\Delta R_4}\right)$$

$$\tag{11.3.20}$$

假设

$$\Delta R_1 = \Delta R_2 = \Delta R_3 = \Delta R_4 = \Delta R \tag{11.3.21}$$

将式(11.3.20)和(11.3.21)代入(11.3.12)式后，得

$$U_0 = E \cdot \frac{\Delta R}{R} \tag{11.3.22}$$

图 11.3.6

由式(11.3.22)可知，电桥输出的不平衡电压 U_0 与电阻的变化 ΔR 成正比，如测出 U_0 的大小即可反映外力 F 的大小. 由式(11.3.22)还可说明电源电压不稳定将给测量结果带来误差，因此电源电压一定要稳定. 另外，若要获得较大的输出电压 U_0，可以采用较高的电源电压，但电源电压的提高受两方面的限制，一是应变片的允许温度，一是应变电桥电阻的温度误差.

【实验方法】

采用本实验必做的内容有采用平衡电桥法测量电阻值和非平衡电桥测量压力. 平衡电桥是用比较法进行测量的，在平衡条件下将待测电阻与标准电阻进行比较以确定待测电阻.

1. 用单臂直流电桥测量 3 个未知电阻(几十欧、几百欧和几千欧各一个)的阻值及其相应的电桥灵敏度

按照面板上右下角的直流单臂电桥电路连接实验线路，"R_s"是比较臂上的电阻，"R_X"为被测电阻. 将被测电阻接在"R_X"接线端钮之间，连接接线端钮，接好实验线路. 选取比例臂 R_1/R_2 为 1,0.1,0.001 时，分别测量待测电阻 R_x 的阻值.

(1) 取 $R_1:R_2 = 1:1$，测量待测电阻 R_{X1}，并用交换法作为一次完整的测量，

$$R_x = \sqrt{R_s \cdot R_s'} = \frac{1}{2}(R_s + R_s')$$

(2) 先用万用表等粗略确定 R_{x1} 的值，调节好比较臂 R_s 达到相应数值. 然后先合上 K_B 开关，然后用跃接法试接一下 K_g 开关，在合上 K_g 的瞬间观察检流计偏转情况，适当调节

R_s 使偏转减小,反复跃接 K_g 和调节 R_s,使检流计指针趋向零位. 减小保护电阻 R 的阻值以提高电桥灵敏度,进一步调节 R_s,使检流计无偏转,然后反复断合开关 K_g(跃接法),直到检流计指针无微小颤动为止,记录下 R_s 值. 互易比较臂 R_s 和测量臂 R_x,用同样的方法测出 R_x',就可用式(11.3.4)计算出 R_x 的值.

(3) 在以上三种比例臂下,分别测量电桥灵敏度 S.

在电桥达到平衡后,使 R_s 增加 ΔR_s 值,使检流计指针偏 1 格. 根据式(11.3.3),计算电桥的灵敏度 S.

(4) 改变电源电压(使 R_n 为最大或最小),测量 R_x 值、电桥灵敏度 S.

2. 用自组双臂电桥测量低值电阻

(1) 按照面板上"自组双臂电桥"电路连接好接线端钮,注意尽量减小导线电阻和接触点电阻.

(2) 调节电阻 R_1、R_2、R_4 的阻值使流经检流计的电流为零. 自拟表格记录 R_1、R_2 和 R 值.

(3) 将电源反向连接测电桥平衡时的 R_1、R_2 和 R 的值.

(4) 计算金属棒的电阻值.

3. 测定压力传感器输出特性

1)测定压力传感器灵敏度

按照实验装置上面板的线路连接好电路. 先将仪器电源打开,预热 5min 以上,调节电源电压为 4.0V. 再旋转调零旋钮,使压力电压显示值为 0.000V.

① 按顺序增加砝码的数量(每次 1 个,共 8 次),记录每次加载时的输出电压值 U_0.

② 再按相反次序将砝码逐一取下,记录输出电压值 U_0'.

③ 用逐差法求出传感器的灵敏度

$$S = \frac{\Delta U_0}{\Delta F}(\text{V/kg})$$

2)用压力传感器测量任意物体的重量

① 将一个未知重量的物体放置于加载平台上,测出电压 U_0',同一物体测量三次求出平均值 U_0'.

② 物体的重量

$$W = U_0' \times \frac{1}{S}$$

3)测量传感器电源电压 E 与电桥输出电压 U_0 的关系

① 保持加载砝码的质量不变,改变压力传感特性测试仪的电源电压,使其由 2.0V 变至 10.0V,每隔 1.0V 记录一个输出电压值 U_0.

② 在坐标纸上作 E-U_0 关系曲线,分析是否为线性关系.

【预期结果】

电桥电路可测电阻范围为 $1 \sim 10^6 \Omega$,通过传感器可以测量一些非电量,如温度、适度、应变力等.

用单臂直流电桥测量 3 个未知电阻实验数据如表 11.3.1 所示.

表 11.3.1　数据记录表

R_n	R_1/R_2	R_3/Ω	R_3'/Ω	R_x/Ω	S
大	1				
	0.1				
	0.01				
小	1				
	0.1				
	0.01				

对 R_{X2} 和 R_{X3} 进行比例臂为 1∶1 的与上述相同的测量.

【实验拓展】

1. 若铝的电阻率已知并多给一根铝棒(调零用),用本机设计一个测黄铜电阻率的电路,并实测估计误差(铝棒非纯铝,电阻率略大于 $2.8 \times 10^{-8} \Omega \cdot m$).

2. 设计采用本实验装置测定铂电阻温度系数的实验. 根据本实验方法,可用金属铂电阻制成温度计测量温度.

【实验意义】

直流电桥是一种采用比较法测量电阻的仪器. 通过传感器,利用电桥电路还可以测量一些非电量,如温度、湿度、应变等,在非电量的电测方法中有着广泛的应用.

【思考题】

1. 非平衡电桥检测微小信号的原理是什么? 采用非平衡电桥测量有什么特点?

2. 全桥差动和半桥差动电路与单应变片传感器组成的单臂电路相比有什么优点?

3. 电桥供电电源电压的大小与稳定性,对测量会产生什么影响?

4. 用双臂电桥测量时,如果 P_1、P_2 两点的电线又细又长,对测量结果有何影响?

5. 什么条件下,双臂电桥的测量方法等同于单臂电桥?

6. 设计由四个压力传感器组成的汽车称原理连接图,如何调整称平面各处称重的一致性.

【附录】

控制操作面板如图 11.3.7 所示,现从左到右,从上至下逐一简明介绍.

仪表一,$3^{1/2}$ 位数显直流电压表,量程 0~19.99V,整机唯一给实验电路供电的精密稳压电流,电压从表下方红、黑两端子输出,表的下方设有量程选择(0~2V;0~10V)开关,电压连续调节旋钮和通、断开关. 其最大输出电流为 1A.

仪表二,$4^{1/2}$ 位数显直流电压表,量程 0~1.9999V,用以精确显示电桥电路中的电压值. 未接待测电路时,电压表处于悬浮状态,表面显示无规则数字. 不用时,可将输入端(红、黑间)短接.

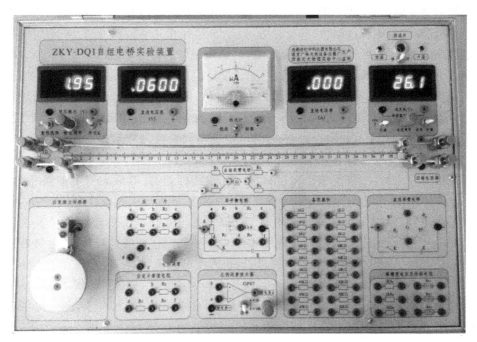

图 11.3.7　自组电桥实验仪面板

仪表三,中值微安表(指零表、检流计).量程 $0\sim\pm25\mu A$,表的下方除了输入端子外,尚有"粗测—断—精测"开关,"粗测"状态表的输入电路中串有一只较大的电阻,用以保护桥路远离平衡点时微安表不会被烧毁.

仪表四,$3^{1/2}$ 位数显电流表,量程 $0\sim1.999A$,用来显示、监视实验电路里的电流值,使用时请串入实验电路.

仪表五,$3^{1/2}$ 位数显电压表,$0\sim1999mV$,用来显示温度值,测温量程 $0\sim199.9\text{℃}$. 以集成测温传感器 AD590 探测温度,其灵敏度为 $1\mu A/\text{℃}$,即温度每变化 1℃,AD590 的输出有 $1\mu A$ 的电流变化量.若通过标准的 $10k\Omega$ 电阻,将有 $10mV$ 的电压降,在数显表上显示"10",最后一位添加小数点,则显示 $1.0(\text{℃})$. 100.0℃ 时将显示 $100.0mV$,则可直接读出温度值,精确到 0.1℃. AD590 对温度的测量从绝对零度起数,0℃ 时在 $10k\Omega$ 电阻上的压降为 $2.732V$,100℃ 时为 $3.732V$. 由运算放大器将 $2.732V$ 转为 $0.0mV$,则 100℃ 时为 $100.0mV$.直读为 100.0℃. 表的下方端子为传感器 AD590 输出电压值实测点.可用 $4^{1/2}$ 位数显表监测、校准显示值.监测、校准表的引入造成 -0.3℃ 的误差.

恒温井,温度表的上方设有恒温井,井的两边还有加热(红),恒温(绿),指示灯,恒温井是干井,没有介质,内置 AD590 在井的中下部测量井温,待定标、校准、测试的传感器从井的上方插入,插入深度为与 AD590 接触为止.井的下方是一只通、断开关,开关控制了整个恒温系统的供电(温度表除外).温度表的下方有风扇开关,温度设置电势器和设置、测量转换开关.风扇在内部对恒温井降温用.温度设置电势器用来设置恒温温度,当"设置—测量"转换开关拨向"设置",温度表上将显示待定温度,调节温度设置电势器,井温可设置在 $0\sim100\text{℃}$.拨回"设置—测量"开关(至"测量"位)将显示现在井温.井温将在设定值 $\pm2\text{℃}$ 内波动,最高设定温度为 80℃.

"双臂直流电桥"处于仪器的中部,它是由两根"四端电阻器"和一套固定电阻($100\Omega\pm$

1‰×4)的双臂电路组成.随机配 $\phi3$ 铝棒和 $\phi3$ 黄铜棒各一根,用另配 QJ44 或 QJ42 双臂直流电桥可测铝棒或黄铜棒的阻值,并依据 $R=\rho L/S$ 可计算其电阻率.

自组双臂电桥电路测黄铜棒的电阻率时,可认为铝棒的电阻率是已知的($2.8\times10^{-8}\,\Omega\cdot$m),滑动黄铜棒上的活动端子使桥路平衡,用长度比测黄铜的电阻率.

"应变测力传感器",在仪器控制面板的左下角,选用 S 形的双弯曲梁为弹性元件,四个应变片分别贴在梁的上、下两表面上,每个应变片的直流电阻为 1000Ω,应变片端点引线直接接到控制面板上的"应变片"一栏.使用时可依据不同实验内容选择不同的连接方式,配合"应变片等值电阻"一栏作有关实验.

"比例运算放大器"一栏里有比例运算放大器接线插座,并有放大倍率转换开关.共分两挡:×10 和×100;同时设有放大器调零旋钮.使用时,放大器应先调零.

"非平衡电桥"一栏里绘有非平衡电桥接线图.面版上凡橙黄色连线是没有连接的线路,黑实线是在箱内已连好的电路,无需外部再重复连接.图中电桥零点调节电势器已事先接入电路,这是为了避免调零电势器引线过长,引入空间电磁干扰.将应变片引入非平衡电桥电路时尽量选用短连线,运算放大器输入信号微弱易被干扰,应用屏蔽线.

"备用器件"栏里有 $10\Omega\times3,100\Omega\times3,1k\Omega\times3,10k\times3,47k\times3,82k\times3$ 等备选元器件,可用连接线引出实验中使用.

"直流单臂电桥"一栏里绘有电桥电路图,实验者可接入不同的桥臂电阻测量待测电阻的阻值,并练习消减误差,也可接入 Pt100、铜电阻等传感器,标定不同温度下铂电阻的电阻值,用铂电阻测恒温井的温度,估计误差.

"高精度电阻及待测电阻"一栏里有三只相对误差为±1‰的精密电阻,还有三只没有提供数值的电阻,但告诉了电阻大概范围,可自行检测、计算误差.待测电阻是专为使用"惠斯通电桥"测中值电阻而设置的.

"附件箱"随主机箱外另附一个附件箱,箱内装有 50cm、30cm 和 15cm 专用连接线,还有屏蔽线,双臂电桥专用线及引入电阻箱专用线,电源国标线等,供实验时选用.每个附件箱里配有 Pt100 铂电阻一支,另外配了专用砝码和清单.

实验 11.4　硅太阳能电池特性的研究

太阳能发电有两种方式:一是光—热—电转换方式,利用太阳辐射产生的热能发电,该方式的缺点是效率很低而成本很高;二是光—电直接转换方式,利用光生伏特效应而将太阳光能直接转化为电能.光—电转换的基本装置就是太阳能电池,根据所用材料的不同,太阳能电池可分为硅太阳能电池、化合物太阳能电池、聚合物太阳能电池、有机太阳能电池等.其中,硅太阳能电池具有性能稳定、光谱范围宽、频率响应好、光电转换效率高、耐高温辐射、寿命长、价格便宜等,因而在光信号探测器、光电转换、自动控制、计算机输入和输出等方面发挥着重要作用.

本实验研究单晶硅、多晶硅、非晶硅三种太阳能电池的特性.

【实验目的】

通过对硅光电池基本特性的测量,了解光电池的基本特性及有关的测量方法,进而对日益广泛使用的各种光电池的一般特性有所了解.

【实验仪器】

1. 导轨,滑动支架,试件盒(内装太阳能电池),导线,遮光罩,可变负载(电阻箱);
2. 光源;
3. 太阳能电池特性实验仪(含电压源、电流表、电压/光强表).

本实验中的光源采用碘钨灯,它的输出光谱接近太阳光谱.调节光源与太阳能电池之间的距离可以改变照射到太阳能电池上的光强,具体数值由光强探头测量.

太阳能电池特性实验仪为实验提供电源,同时可以测量并显示电流、电压以及光强的数值.电压源:可以输出 $0\sim 8V$ 连续可调的直流电压,为太阳能电池伏安特性测量提供电压.电压/光强表:通过"测量转换"按键,可以测量输入"电压输入"接口的电压,或接入"光强输入"接口的光强探头测量到的光强数值.表头下方的指示灯确定当前的显示状态.通过"电压量程"或"光强量程",可以选择适当的显示范围.电流表:可以测量并显示 $0\sim 200mA$ 的电流,通过"电流量程"选择适当的显示范围.

【实验原理】

太阳能电池利用半导体 PN 结受光照射时的光伏效应发电,图 11.4.1 为 PN 结示意图.在没有光照射时,由于多数载流子(P 型半导体中的多数载流子为空穴,N 型半导体中的多数载流子为电子)的扩散,在 P 型区与 N 型区半导体接触面形成阻挡层——一个由 N 区指向 P 区的电场,阻止多

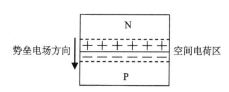

图 11.4.1　半导体 PN 结示意图

数载流子的扩散,但是这个电场却能帮助少数载流子(P 区的少数载流子为电子,N 区的少数载流子为空穴)通过阻挡层.当入射的光子能量大于一定值时,P 区和 N 区内均产生电子-空穴对,它们在运动中一部分重新复合,其余部分在到达 PN 结附近时受阻挡层电场的作用,空穴向 P 区迁移,使 P 区显示正电性,电子向 N 区迁移,使 N 区带负电,因此在光电池两端产生了电动势.如果以导线将光电池两端连接起来,导线内便有电流流过,电流的方向是由 P 区经导线流向 N 区.如果停止光照,因少数载流子没有了来源,电流就会停止.这就是光电池受光照射时产生电动势(光伏效应)和光电流的简单原理.

若将 PN 结两端接入外电路,就可向负载输出电能.在一定的光照条件下,改变太阳能电池负载电阻的大小,测量其输出电压与输出电流,得到输出伏安特性,如图 11.4.2 实线所示.

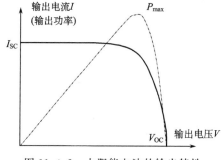

图 11.4.2　太阳能电池的输出特性

负载电阻为零时测得的最大电流 I_{SC} 称为短路电流.

负载断开时测得的最大电压 V_{OC} 称为开路电压.

太阳能电池的输出功率为输出电压与输出电流的乘积.同样的电池及光照条件,负载电阻大小不一样时,输出的功率是不一样的.若以输出电压为横坐标,输出功率为纵坐标,绘出的 P-V 曲线如图 11.4.2 虚线所示.

输出电压与输出电流的最大乘积值称为最大输出功率 $P_{\max}$.

填充因子 FF 定义为

$$\mathrm{FF} = \frac{P_{\max}}{V_{\mathrm{OC}} \times I_{\mathrm{SC}}} \qquad (11.4.1)$$

填充因子是表征太阳电池性能优劣的重要参数,其值越大,电池的光电转换效率越高,一般的硅光电池填充因子 FF 值在 $0.75 \sim 0.80$.

转换效率 η_{s} 定义为

$$\eta_{\mathrm{s}}(\%) = \frac{P_{\max}}{P_{\mathrm{in}}} \times 100\% \qquad (11.4.2)$$

P_{in} 为入射到太阳能电池表面的光功率.

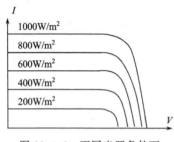

图 11.4.3　不同光照条件下的 I-V 曲线

理论分析及实验表明,在不同的光照条件下,短路电流随入射光功率线性增长,而开路电压在入射光功率增加时只略微增加,如图 11.4.3 所示.

硅太阳能电池分为单晶硅太阳能电池、多晶硅薄膜太阳能电池和非晶硅薄膜太阳能电池三种.

单晶硅太阳能电池转换效率最高,技术也最为成熟.在实验室里最高的转换效率为 24.7%,规模生产时的效率可达到 15%.在大规模应用和工业生产中仍占据主导地位.但由于单晶硅价格高,大幅度降低其成本很困难,为了节省硅材料,发展了多晶硅薄膜和非晶硅薄膜作为单晶硅太阳能电池的替代产品.

多晶硅薄膜太阳能电池与单晶硅比较,成本低廉,而效率高于非晶硅薄膜电池,其实验室最高转换效率为 18%,工业规模生产的转换效率可达到 10%.因此,多晶硅薄膜电池可能在未来的太阳能电池市场上占据主导地位.

非晶硅薄膜太阳能电池成本低,重量轻,便于大规模生产,有极大的潜力.如果能进一步解决稳定性及提高转换率,无疑是太阳能电池的主要发展方向之一.

【实验方法】

1. 硅太阳能电池的暗伏安特性测量

暗伏安特性是指无光照射时,流经太阳能电池的电流与外加电压之间的关系.

太阳能电池的基本结构是一个大面积平面 PN 结,单个太阳能电池单元的 PN 结面积已远大于普通的二极管.在实际应用中,为得到所需的输出电流,通常将若干电池单元并联.为得到所需输出电压,通常将若干已并联的电池组串联.因此,它的伏安特性虽类似于普通二极管,但取决于太阳能电池的材料、结构及组成组件时的串并联关系.本实验提供的组件是将若干单元并联.要求测试并画出单晶硅、多晶硅、非晶硅太阳能电池组件在无光照时的暗伏安特性曲线.

测量原理如图 11.4.4 所示.将待测的太阳

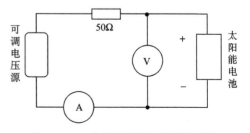

图 11.4.4　伏安特性测量接线原理图

能电池接到测试仪上的"电压输出"接口,电阻箱调至 50Ω 后串联进电路起保护作用,用电压表测量太阳能电池两端电压,电流表测量回路中的电流.

用遮光罩罩住太阳能电池,将电压源调到 0V,然后逐渐增大输出电压,每间隔 0.3V 记一次电流值,并记录到表 11.4.1 中.

将电压输入调到 0V. 然后将"电压输出"接口的两根连线互换,即给太阳能电池加上反向的电压. 逐渐增大反向电压,记录电流随电压变换的数据于表 11.4.1 中.

2. 开路电压、短路电流与光强关系的测量

打开光源开关,预热 5min,打开遮光罩. 将光强探头装在太阳能电池板位置,探头输出线连接到太阳能电池特性测试仪的"光强输入"接口上. 测试仪设置为"光强测量". 由近及远移动滑动支架,测量距光源一定距离的光强 I,将测量到的光强记入表 11.4.2.

将光强探头换成单晶硅太阳能电池,测试仪设置为"电压表"状态. 按图 11.4.5(a)接线,按测量光强时的距离值(光强已知),记录开路电压值于表 11.4.2 中.

按图 11.4.5(b)接线,记录短路电流值于表 11.4.2 中.

将单晶硅太阳能电池更换为多晶硅太阳能电池,重复测量步骤,并记录数据.

将多晶硅太阳能电池更换为非晶硅太阳能电池,重复测量步骤,并记录数据.

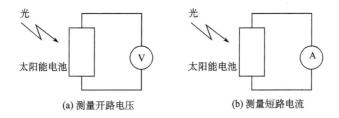

图 11.4.5　开路电压、短路电流与光强关系测量示意图

3. 硅太阳能电池输出特性实验

按图 11.4.6 接线,以电阻箱作为太阳能电池负载. 在一定光照强度下(将滑动支架固定在导轨上某一个位置),分别将三种太阳能电池板安装到支架上,通过改变电阻箱的电阻值,记录太阳能电池的输出电压 V 和电流 I,并计算输出功率 $P_o = V \times I$,填于表 11.4.3 中.

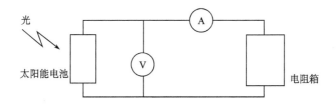

图 11.4.6　测量太阳能电池输出特性

若时间允许,可改变光照强度(改变滑动支架的位置),重复前面的实验.

【实验内容及步骤】

1. 在无光照条件下,测量光电池加正/反向电压时的端电压和电流,研究光电池的暗伏安特性(1 个 $U \sim I$ 曲线图,并试着用曲线拟合的方式将 $\ln I = \beta U + \ln I_0$ 中 β 和 I_0 值求出).

U/V	-8	-6	-4	-2	0	1.5	1.7	1.9	2.1	2.2	2.3	2.4	2.5
I/mA													

2. 测量光电池的光照特性(即光电池的短路电流、开路电压和光强之间的关系).

改变光电池与光源之间的距离,分别测量对应位置的光强、硅光电池的开路电压和短路电流,做出 $I \sim 1/D^2$、$U_{oc} \sim I$ 以及 $I_{sc} \sim I$ 的关系图(共 3 张图),说明意义.

距离 D/cm	10	15	20	25	30	35	40	45	50
光强 $I/W/m^2$									
开路电压 U_{oc}/V									
短路电流 I_{sc}/mA									

3. 测量光电池的负载特性.

将硅光电池置于距光源 40cm 处,改变负载阻值 R,测量硅光电池的输出电压 U 和电流 I,并计算出输出功率 $P = U \times I$ 和填充因子 $FF = P_{max}/U_{oc}/I_{sc}$,并做出 $U \sim I$ 和 $P \sim R$ 曲线图(共 2 张图),在图中标注出此硅光电池适合带动的负载阻值大小.

R/Ω	50	100	150	200	220	240	260	280	300	320	340	360	400	500
U/V														
I/mA														
P/mW														

4. 测量多晶硅片(选做)、非晶硅片(选做)的特性,内容与单晶硅片相同.

【实验拓展】

添加滤色片,可测量硅太阳能电池的相对光谱响应曲线.

【实验意义】

能源短缺和地球生态环境污染已经成为人类面临的最大问题,推广使用可再生能源是未来发展的必然趋势. 太阳能是取之不尽、用之不竭,而且是不会产生环境污染的绿色能源. 利用本实验中硅太阳能电池将太阳能转换成电能原理,串联或并联很多硅太阳能电池,可以建成太阳能发电站.

【思考题】

1. 讨论太阳能电池的暗伏安特性与一般二级管的伏安特性有何异同?

2. 光电流与短路电流有什么关系？

实验 11.5　液晶的电光特性实验

液晶是介于液体与晶体之间的一种物质状态，从外观上看，液晶与液体相似，具有流动性. 然而它内部分子排列结构却不同于液体，具有固体分子排列结构的某些特点，因此液晶还呈现晶体的各向异性. 目前人们发现，合成的液晶材料已近十万种之多.

1888 年，奥地利植物学家 Reinitzer 作有机物溶解实验时，观察到在一定的温度范围内出现了液晶态. 直到 1961 年，美国 RCA 公司的 Heimeier 发现了液晶体的一系列电光效应，并据此制成了显示器件. 由于液晶显示器件具有驱动电压低（几伏特），功耗极小，体积小，寿命长，无辐射等优点，当今已广泛应用于各种显示器件中. 除此之外，液晶还应用于检测器和感应器方面，这主要是利用液晶的热效应、切变力效应和光生伏特效应；液晶还应用于分析化学、合成化学方面，这主要是利用电场或磁场使液晶分子整齐排列，从而用作各向异性溶剂，等等.

【实验目的】

1. 了解液晶的物理结构、工作原理和特性.
2. 研究线偏振光通过液晶后，在驱动电场作用下的变化情况. 测量驱动电压与透射光的功率、偏振态的关系，确定液晶的扭曲角.
3. 测量液晶电光特性曲线.
4. 观察在特定条件下液晶的衍射现象，计算出液晶材料的微观结构尺寸.

【实验仪器】

一台 800mm 光学实验导轨，一台二维可调半导体激光源，一个光电池探头，一台光功率指示计，一个液晶盒，一台液晶驱动电源，二个偏振片，一个白屏，一根钢板尺等.

【实验原理】

液晶材料大多由有机化合物构成，这些有机化合物分子多为细长的棒状结构，长度为数纳米，粗细为 0.1nm 数量级，液晶分子按一定规律排列. 液晶可以分为三大类：向列相、近晶相和胆甾相液晶，如图 11.5.1 所示. 图 11.5.1(a)为向列相液晶：分子质心的位置随机分布，但分子长轴方向取向一致；图 11.5.1(b)为近晶相液晶：分子分层排列，每一层分子长轴相互平行，垂直（或倾斜）于层面；图 11.5.1(c)为胆甾相液晶：分子分层排列，每一层内分子长轴方向基本一致，且平行于各层面，但相邻的两层中分子长轴方向逐渐转过一个角度（例如，从上向下看顺时针转），总体来看，分子长轴的方向呈现一种螺旋结构. 应当注意，同一种液晶物质并不一定只具有一种类型的液晶相.

以上是液晶在自然状态下的特征，当对这些液晶施加影响时，它们的状态将会发生改变，从而表现出不同的物理光学特性.

下面以最常用的向列相液晶为例，介绍液晶的基本特点、特性. 将液晶材料夹在两个玻璃基片之间，两基片的内表面事先涂覆了取向膜，将两基片四周密封，再经过其他适当处理，可使基片间的液晶分子形成许多平行于基片的薄层，每一薄层内液晶分子的取向基本一

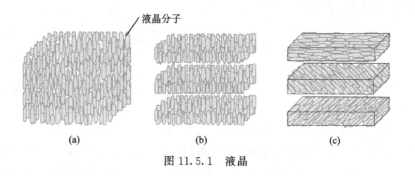

图 11.5.1　液晶

致,且平行于层面,各相邻层面分子的取向逐渐转过一个角度,如图 11.5.2(a)所示,它的结构与自然状态下的胆甾相液晶相似,但是在这里分子取向所扭转的角度可以通过取向膜人为控制.如果线偏振光入射到这种扭曲的向列型液晶,光的偏振方向将顺着分子的扭转方向旋转,一般旋转的角度等于两基片取向膜取向之间的夹角,图 11.5.2(b)表现的是取向膜取向成 90°夹角的情形.线偏振光的振动方向发生旋转称为旋光.

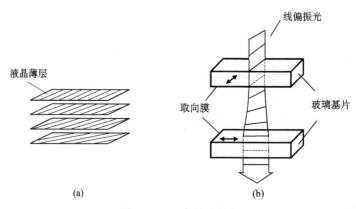

图 11.5.2　液晶的特点

为了对液晶施加电场,在两个玻璃基片的内侧事先还要各镀一层透明电极.由玻璃基片、透明电极、取向膜、液晶和密封材料组成的结构称为液晶盒.当我们在液晶盒的两个透明电极之间加上适当电压后,液晶分子电矩在电场作用下发生转动,平衡后分子的总体排列规律发生变化,如图 11.5.3 所示,这会导致液晶盒对偏振光的旋光作用减弱甚至消失.1963 年有人首度发现了这种现象,称之为液晶的的电光效应.

液晶的电光效应可以从不同的几个方面体现,如旋光效应、对外加电压的响应速度和衍射现象等,下面分别介绍.

1. 旋光效应和扭曲角

如前述,如果不对液晶盒施加电场,由于取向膜的作用,垂直入射的线偏振光通过液晶盒后会产生旋光效应,当对液晶盒施加足够强的电场时,液晶分子排列发生变化,通过液晶盒的线偏振光偏振方向也会发生旋转,但与未加电场情形下旋转的角度是不同的,两者之差定义为扭曲角.使用检偏器可以测量扭曲角.

 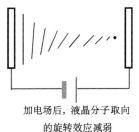

未加电场，液晶分子
取向旋转90°

加电场后，液晶分子取向
的旋转效应减弱

图 11.5.3　液晶分子转动示意图

2. 响应速度

液晶对外加电场的响应（反应）速度是液晶产品的一个重要参数. 不同的应用对液晶显示的响应速度有不同的要求, 总体来说液晶的响应速度是比较低的. 如果用光电二极管探头测量, 可测出电压波形的所谓"上升时间 T_1"和"下降时间 T_2". 图 11.5.4 给出了两者的定义, 通常用 T_1 和 T_2 来衡量液晶对外加驱动电压的响应情况. T_1 和 T_2 越大, 则响应速度越小. T_1 和 T_2 的大小与显

外加到液晶上
的电压波形

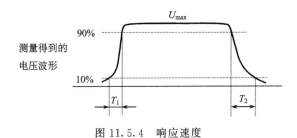

测量得到的
电压波形

图 11.5.4　响应速度

示方式、液晶黏度系数、弹性系数、液晶盒厚度、外加电压等因素有关.

3. 液晶光栅

当给液晶加上适当电压时, 液晶的内部结构形如一个三维光栅, 图 11.5.5(a) 是在偏光显微镜下拍到的照片, 该结构可以使入射光产生衍射; 图 11.5.5(b) 为液晶产生的衍射条纹照片. 设 φ 为衍射角, h 为液晶等效光栅常数, 光栅方程可写为

$$h \sin\varphi = k\lambda \tag{11.5.1}$$

式中, 当 $k=1$ 时, φ 为第一级衍射角; h 为液晶等效光栅常数. 通过测量 φ 可推算出特定条件下液晶的结构参量——等效光栅常数.

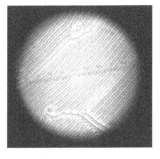 

(a) 显微镜下的液晶光栅　　　　　(b) 液晶光栅衍射图案

图 11.5.5　液晶光栅

【实验方法】

本实验使用光电池将光转换为电,实现非电量电测.用间接测量法得到液晶扭曲角和等效光栅常数.

注意:在操作过程中,不要触摸各光学表面;另外不可正对激光观察,以免损伤眼睛.

1. 准备

按顺序将激光器、起偏器、液晶盒、检偏器、光探头安装于光具座上,参考图11.5.6.打开激光电源,调整激光器或光探头的方向和空间位置,使激光束对准光探头的感光面中央.用偏振片检验激光的偏振态(取下不需要的器件),然后将起偏器的偏振化方向置于光振动最强的方向上,此时接收到的光功率达到最大.

2. 测量扭曲角

保持激光器不动,保持起偏器偏振化方向不变,在起偏器和光探头之间,插入液晶盒和检偏器,打开液晶驱动电源,将功能键置于连续状态,驱动电压调整到12V.待光功率稳定,转动检偏器,直到透过的光功率最大,记录此时检偏器指示的角位置;关闭液晶电源,当光功率稳定后,转动检偏器,直到光功率最大,记录此时的角位置.计算检偏器转过的角度.连续测量扭曲角3次,列表填入数据.

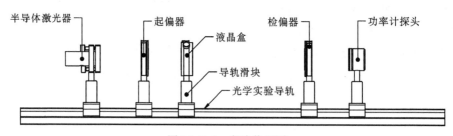

图 11.5.6　实验装置图

3. 测量液晶电光曲线

调节检偏器,使透射光最强,记录此时的光功率值.打开液晶驱动电源,将功能按键置于"连续",对应于液晶驱动电压 U 分别为 4,5,6,7,8,10,12(V),测量对应光功率 P.注意要在光功率基本稳定后再记录数据.在数据记录纸上列数据表,填入数据(含未加电压时的光功率值).根据测量数据,画曲线 P-U 的草图.

4. 测量液晶等效光栅常数 h

将白屏置于检偏器前,液晶驱动电压置于6V左右,等待几分钟.微调驱动电压,同时沿导轨移动白屏,直至屏上出现适于测量的衍射点阵.记录此时的驱动电压值,用直尺量出零级主极大到第一级主极大的距离,用式(11.5.1)求出该"液晶光栅"的等效光栅常数.

5. 观察衍射光点的偏振状态

在最佳衍射状态下,在液晶盒与白屏之间,手持检偏器,在转动检偏器360°过程中,观察白屏上各级衍射光点的亮度变化. 试分析它们的偏振状态,将观察结果写入实验报告(参考预期结果第 5 条).

【预期结果】

由于液晶内部结构复杂,存在个体差异,本实验的定量测量只能给出大致结果.

1. 写出激光的偏振态.

2. 根据实验方法 2 的数据,计算检偏器转过角度的平均值,其值为液晶盒在该波长(650nm)下的扭曲角.

3. 根据电光特性测量数据,按作图法在坐标纸上绘出 P-U 曲线,即电光特性曲线(起始点 $U=0$). 由曲线得出两个转折点对应的电压值,由曲线说明液晶的电光特性.

4. 写出 h 计算式及计算结果.

5. 由实验方法 5,说明液晶第一、二级衍射光的偏振态及两者之间的关系.

【实验拓展】

将光电池探头换成光电二极管探头,并与示波器连接,可以测量"上升时间"和"下降时间",得到液晶的响应速度参量.

【实验意义】

通过一些初步的观察和研究,对液晶材料的光学性质及内部物理结构有一个基本了解.

【思考题】

1. 为什么液晶存在扭曲角?

2. 根据实验结果,简要描述液晶的电光特性.

实验 11.6　液晶显示成像实验

液晶是一种特殊的物质形态,其分子结构及稳定性介于液体与晶体之间. 一般的液体内部分子排列是无序的,而液晶从宏观角度看具有液体的流动性,其微观层面分子又按一定规律有序排列,使它呈现晶体的各向异性. 当光通过液晶时,会产生偏振面旋转、双折射等效应. 液晶分子是含有极性基团的极性分子,在电场作用下,偶极子会按电场方向取向,导致分子原有的排列方式发生变化,从而液晶的光学性质也随之发生改变,这种因外电场引起的液晶光学性质的改变称为液晶的电光效应.

液晶分子的排布和各种形变是液晶显示技术的核心部分,利用外加电场对具有各向异性的液晶分子进行控制,改变液晶的光光学特性,实现液晶对外界光的调制是液晶显示技术的常用方式.

【实验目的】

1. 测量由液晶光开关矩阵所构成的液晶显示器的视角特性以及在不同视角下的对比度,了解液晶光开关的工作条件.

2. 了解液晶光开关构成图像矩阵的方法,学习和掌握这种矩阵所组成的液晶显示器构成文字和图形的显示模式,从而了解一般液晶显示器件的工作原理.

【实验仪器】

液晶电光效应综合实验仪.

【实验原理】

液晶光开关的工作原理

液晶的种类很多,仅以常用的 TN(扭曲向列)型液晶为例,说明其工作原理.

TN 型光开关的结构如图 11.6.1 所示.在两块玻璃板之间夹有正性向列相液晶,液晶分子的形状如同火柴一样,为棍状.棍的长度在十几埃(1 埃 = 10^{-10} 米),直径为 4~6 埃,液晶层厚度一般为 5~8 微米.玻璃板的内表面涂有透明电极,电极的表面预先作了定向处理(可用软绒布朝一个方向摩擦,也可在电极表面涂取向剂),这样,液晶分子在透明电极表面就会躺倒在摩擦所形成的微沟槽里;电极表面的液晶分子按一定方向排列,且上下电极上的定向方向相互垂直.上下电极之间的那些液晶分子因范德瓦尔斯力的作用,趋向于平行排列.然而由于上下电极上液晶的定向方向相互垂直,所以从俯视方向看,液晶分子的排列从上电极的沿 $-45°$ 方向排列逐步地、均匀地扭曲到下电极的沿 $+45°$ 方向排列,整个扭曲了 $90°$.如图 11.6.1 左图所示.

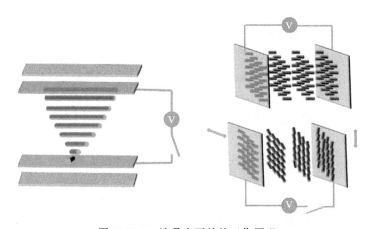

图 11.6.1 液晶光开关的工作原理

理论和实验都证明,上述均匀扭曲排列起来的结构具有光波导的性质,即偏振光从上电极表面透过扭曲排列起来的液晶传播到下电极表面时,偏振方向会旋转 $90°$.

取两张偏振片贴在玻璃的两面,P1 的透光轴与上电极的定向方向相同,P2 的透光轴与下电极的定向方向相同,于是 P1 和 P2 的透光轴相互正交.

在未加驱动电压的情况下,来自光源的自然光经过偏振片 P1 后只剩下平行于透光轴的线偏振光,该线偏振光到达输出面时,其偏振面旋转了 $90°$.这时光的偏振面与 P2 的透光轴平行,因而有光通过.

在施加足够电压情况下(一般为 1~2V),在静电场的作用下,除了基片附近的液晶分子被基片"锚定"以外,其他液晶分子趋于平行于电场方向排列.于是原来的扭曲结构被破坏,成了均匀结构,如图 11.6.1 右图所示.从 P1 透射出来的偏振光的偏振方向在液晶中传播时不再旋转,保持原来的偏振方向到达下电极.这时光的偏振方向与P2正交,因而光被关断.

由于上述光开关在没有电场的情况下让光透过,加上电场的时候光被关断,因此叫做常通型光开关,又叫做常白模式.若P1和P2的透光轴相互平行,则构成常黑模式.

由于上述光开关在没有电场的情况下让光透过,加上电场的时候光被关断,因此叫做常通型光开关,又叫做常白模式.若P1和P2的透光轴相互平行,则构成常黑模式.

液晶可分为热致液晶与溶致液晶.热致液晶在一定的温度范围内呈现液晶的光学各向异性,溶致液晶是溶质溶于溶剂中形成的液晶.目前用于显示器件的都是热致液晶,它的特性随温度的改变而有一定变化.

液晶光开关的电光特性

图 11.6.2 为光线垂直液晶面入射时本实验所用液晶相对透射率(以不加电场时的透射率为 100%)与外加电压的关系.

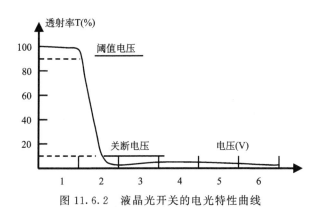

图 11.6.2　液晶光开关的电光特性曲线

由图 11.6.2 可见,对于常白模式的液晶,其透射率随外加电压的升高而逐渐降低,在一定电压下达到最低点,此后略有变化.可以根据此电光特性曲线图得出液晶的阈值电压和关断电压.

阈值电压:透过率为 90% 时的驱动电压;

关断电压:透过率为 10% 时的驱动电压.

液晶的电光特性曲线越陡,即阈值电压与关断电压的差值越小,由液晶开关单元构成的显示器件允许的驱动路数就越多.TN 型液晶最多允许 16 路驱动,故常用于数码显示.在电脑,电视等需要高分辨率的显示器件中,常采用 STN(超扭曲向列)型液晶,以改善电光特性曲线的陡度,增加驱动路数.

液晶光开关的时间响应特性

加上(或去掉)驱动电压能使液晶的开关状态发生改变,是因为液晶的分子排序发生了改变,这种重新排序需要一定时间,反映在时间响应上,液晶的响应时间越短,显示动态图像的效果越好,这是液晶显示器的重要指标.早期的液晶显示器在这方面逊色于其他显示器,现在通过结构方面的技术改进,已达到很好的效果.

液晶可分为热致液晶与溶致液晶.热致液晶在一定的温度范围内呈现液晶的光学各向异性,溶致液晶是溶质溶于溶剂中形成的液晶.目前用于显示器件的都是热致液晶,它的特性随温度的改变而有一定变化.

液晶光开关的视角特性

液晶光开关的视角特性表示对比度与视角的关系. 对比度定义为光开关打开和关断时透射光强度之比,对比度大于 5 时,可以获得满意的图像,对比度小于 2,图像就模糊不清了.

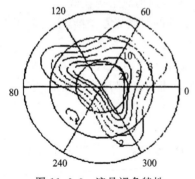

图 11.6.3　液晶视角特性

图 11.6.3 表示了某种液晶视角特性的理论计算结果. 图 11.6.3 中,用与原点的距离表示垂直视角(入射光线方向与液晶屏法线方向的夹角)的大小.

图中 3 个同心圆分别表示垂直视角为 30、60 和 90°. 90°同心圆外面标注的数字表示水平视角(入射光线在液晶屏上的投影与 0°方向之间的夹角)的大小. 图 3 中的闭合曲线为不同对比度时的等对比度曲线.

由图 11.6.3 可以看出,液晶的对比度与垂直与水平视角都有关,而且具有非对称性. 若我们把具有图 11.6.3 所示视角特性的液晶开关逆时针旋转,以 220°方向向下,并由多个显示开关组成液晶显示屏. 则该液晶显示屏的左右视角特性对称,在左,右和俯视 3 个方向,垂直视角接近 60°时对比度为 5,观看效果较好. 在仰视方向对比度随着垂直视角的加大迅速降低,观看效果差.

液晶光开关构成图像显示矩阵的方法

除了液晶显示器以外,其他显示器靠自身发光来实现信息显示功能. 这些显示器主要有以下一些:阴极射线管显示(CRT),等离子体显示(PDP),电致发光显示(ELD),发光二极管(LED)显示,有机发光二极管(OLED)显示,真空荧光管显示(VFD),场发射显示(FED). 这些显示器因为要发光,所以要消耗大量的能量.

液晶显示器通过对外界光线的开关控制来完成信息显示任务,为非主动发光型显示,其最大的优点在于能耗极低. 正因为如此,液晶显示器在便携式装置的显示方面,例如电子表、万用表、手机、传呼机等具有不可代替地位. 下面我们来看看如何利用液晶光开关来实现图形和图像显示任务.

矩阵显示方式,是把图 11.6.4(a)所示的横条形状的透明电极做在一块玻璃片上,叫做行驱动电极,简称行电极(常用 X_i 表示),而把竖条形状的电极制在另一块玻璃片上,叫做列驱动电极,简称列电极(常用 S_i 表示). 把这两块玻璃片面对面组合起来,把液晶灌注在这两片玻璃之间构成液晶盒. 为了画面简洁,通常将横条形状和竖条形状的 ITO 电极抽象为横线和竖线,分别代表扫描电极和信号电极,如图 11.6.4(b)所示.

矩阵型显示器的工作方式为扫描方式. 显示原理可依以下的简化说明作一介绍.

欲显示图 11.6.5(b)的那些有方块的像素,首先在第 A 行加上高电平,其余行加上低电平,同时在列电极的对应电极 c、d 上加上低电平,于是 A 行的那些带有方块的像素就被显示出来了. 然后第 B 行加上高电平,其余行加上低电平,同时在列电极的对应电极 b、e 上加上低电平,因而 B 行的那些带有方块的像素被显示出来了. 然后是第 C 行、第 D 行……,余此类推,最后显示出一整场的图像. 这种工作方式称为扫描方式.

这种分时间扫描每一行的方式是平板显示器的共同的寻址方式,依这种方式,可以让每一个液晶光开关按照其上的电压的幅值让外界光关断或通过,从而显示出任意文字、图形和图像.

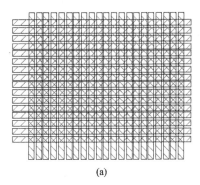
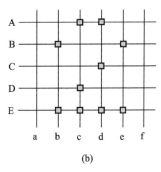

图 11.6.4　液晶光开关组成的矩阵式图形显示器

【实验方法】

实验步骤：将液晶板金手指 1(如图 11.6.5)插入转盘上的插槽,液晶凸起面必须正对光源发射方向. 打开电源开关,点亮光源,使光源预热 10 分钟左右.

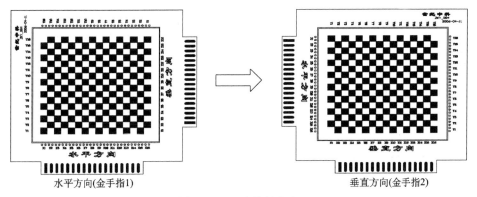

水平方向(金手指1)　　　　　　　垂直方向(金手指2)

图 11.6.5　液晶板方向

在正式进行实验前,首先需要检查仪器的初始状态,看发射器光线是否垂直入射到接收器;在静态 0V 供电电压条件下,透过率显示经校准后是否为"100％". 如果显示正确,则可以开始实验,如果不正确,指导教师可以根据附录的调节方法将仪器调整好再让学生进行实验.

1. 液晶光开关视角特性的测量

① 水平方向视角特性的测量

将模式转换开关置于静态模式. 首先将透过率显示调到 100％,然后再进行实验.

确定当前液晶板为金手指 1 插入的插槽(如图 11.6.5 所示). 在供电电压为 0V 时,按照表 11.6.1 所列举的角度调节液晶屏与入射激光的角度,在每一角度下测量光强透过率最大值 TMAX. 然后将供电电压设置为 2.20V,再次调节液晶屏角度,测量光强透过率最小值 TMIN,并计算其对比度. 以角度为横坐标,对比度为纵坐标,绘制水平方向对比度随入射光入射角而变化的曲线.

② 垂直方向视角特性的测量

关断总电源后,取下液晶显示屏,将液晶板旋转 90°,将金手指 2(垂直方向)插入转盘插槽(如图 11.6.5 所示).重新通电,将模式转换开关置于静态模式.按照与①相同的方法和步骤,可测量垂直方向的视角特性.并记录入表 11.6.1 中.

2. 液晶显示器显示原理

将模式转换开关置于动态(图像显示)模式.液晶供电电压调到 5V 左右.

此时矩阵开关板上的每个按键位置对应一个液晶光开关象素.初始时各相素都处于开通状态,按 1 次矩阵开光板上的某一按键,可改变相应液晶相素的通断状态,所以可以利用点阵输入关断(或点亮)对应的象素,使暗相素(或点亮象素)组合成一个字符或文字.以此让学生体会液晶显示器件组成图像和文字的工作原理.矩阵开关板右上角的按键为清屏键,用以清除已输入在显示屏上的图形.

实验完成后,关闭电源开关,取下液晶板妥善保存.

【预期结果】

本实验在理解液晶显示技术成像特点的基础之上,分析液晶成像过程中的视角影响,掌握液晶成像的基本原理和影响要素.

1. 液晶光开关视角特性的测量

① 水平方向视角特性的测量

以角度为横坐标,对比度为纵坐标,绘制水平方向对比度随入射光入射角而变化的曲线.

② 垂直方向视角特性的测量

测量垂直方向的视角特性.并记录入表 11.6.1 中.

表 11.6.1　液晶光开关视角特性测量

角度(°)		−75	−70	……	−10	−5	0	5	10	……	70	75
水平方向视角特性	TMAX(%)											
	TMIN(%)											
	TMAX/TMIN											
垂直方向视角特性	TMAX(%)											
	TMIN(%)											
	TMAX/TMIN											

2. 液晶显示器显示原理

在动态模式下,通过仪器的点阵型开关矩阵设置不同图形以实现不同的成像效果.

【思考题】

1. 结合实验结果分析一般液晶显示技术存在哪些技术问题,应该如何解决?

2. 本实验中所采用的液晶板为常黑型液晶板还是常白型液晶板,如何判断?

【实验拓展】

普通液晶显示器一般采用透射式工作方式,会造成照射光被吸收从而导致亮度不高,使得液晶显示器的应用受到一定限制. 硅基液晶显示技术是一种全新的数码成像技术,以半导体集成电路芯片作为反射式液晶基片,采用反射式设计,保证了同样功耗情况下提高透光率. 由于其采用半导体来作为分辨率控制的基板,从而使得成像画质也得到了根本性改善.

【实验意义】

通过实验操作和结果分析,使学生了解现代显示技术的发展的方向和趋势,激发学生对技术创新的热情.

【附录】

1. 仪器介绍

本实验所用仪器为液晶光开关电光特性综合实验仪,其外部结构如图 11.6.6 所示. 下面简单介绍仪器各个按钮的功能.

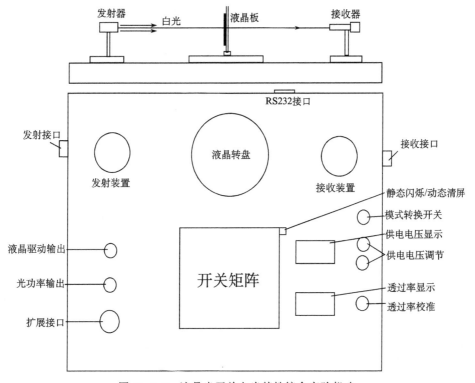

图 11.6.6 液晶光开关电光特性综合实验仪功

模式转换开关:切换液晶的静态和动态(图像显示)两种工作模式. 在静态时,所有的液晶单元所加电压相同,在(动态)图像显示时,每个单元所加的电压由开关矩阵控制. 同时,当开关处于静态时打开发射器,当开关处于动态时关闭发射器.

静态闪烁/动态清屏切换开关:当仪器工作在静态的时候,此开关可以切换到闪烁和静止两种方式.

当仪器工作在动态的时候,此开关可以清除液晶屏幕因按动开关矩阵而产生的斑点.

供电电压显示:显示加在液晶板上的电压,范围在 0.00～7.60V 之间.

供电电压调节按键:改变加在液晶板上的电压,调节范围在 0～7.6V 之间. 其中单击＋按键(或－按键)可以增大(或减小)0.01V. 一直按住＋按键(或－按键)2 秒以上可以快速增大(或减小)供电电压.

透过率显示:显示光透过液晶板后光强的相对百分比;透过率校准按键:在接收器处于最大接收状态的时候(即供电电压为 0V 时),如果显示值大于"250",则按住该键 3 秒可以将透过率校准为 100％;如果供电电压不为 0,或显示小于"250",则该按键无效,不能校准透过率.

液晶驱动输出:接存储示波器,显示液晶的驱动电压;

光功率输出:接存储示波器,显示液晶的时间响应曲线,可以根据此曲线来得到液晶响应时间的上升时间和下降时间;

扩展接口:连接 LCDEO 信号适配器的接口,通过信号适配器可以使用普通示波器观测液晶光开关特性的响应时间曲线;

发射器:为仪器提供较强的光源;液晶板:本实验仪器的测量样品;

接收器:将透过液晶板的光强信号转换为电压输入到透过率显示表;

开关矩阵:此为 16×16 的按键矩阵,用于液晶的显示功能实验;

液晶转盘:承载液晶板一起转动,用于液晶的视角特性实验;

电源开关:仪器的总电源开关. RS232 接口:只有微机型实验仪才可以使用 RS232 接口. 用于和计算机的串口进行通信,通过配套的软件,可以实现将软件设计的文字或图形送到液晶片上显示出来的功能. 必须注意的是,只有当液晶实验仪模式开关处于动态的时候才能和计算机软件通信.

2. 准备工作

1.1　将液晶板插入转盘上的插槽,凸起面正对光源发射方向. 打开电源,点亮光源,让光源预热 10～20 分钟.(若光源未亮,检查模式转换开关. 只有当模式转换开关处于静态时,光源才会被点亮.)

1.2　检查仪器初始状态:发射器光线必须垂直入射到接收器(当没有安装液晶板时,透过率显示为"999"的情况下,我们就认为光线垂直入射到了接收器上);在静态、0 度、0V 供电电压条件下,透过率显示大于"250"时,按住透过率校准按键 3 秒以上,透过率可校准为 100％.(若供电电压不为 0,或显示小于"250",则该按键无效,不能校准透过率)若不为此状态,需增加光源预热时间,再重新调整仪器光路,直到达到上述条件为止.

3. 液晶光开关视角特性的测量

1.3　确认液晶板以水平方向插入插槽.

1.4　将模式转换开关置于静态模式,在转角为 0 度、供电电压为 0V、透过率显示大于"250"时,按住"透过率校准"按键 3s 以上,将透过率校准为 100％.

1.5　将供电电压置于 0V,按照表 11.6.1 所列举的角度调节液晶屏与入射激光的角度,记录下在每一角度时的光强透过率值 $T_{\max}$.

1.6 将液晶转盘保持在 0 度位置,调节供电电压为 2V. 在该电压下,再次调节液晶屏角度,记录下在每一角度时的光强透过率值 $T_{\min}$.

1.7 切断电源,取下液晶显示屏,将液晶板旋转 90 度,以垂直方向插入转盘.(注:在更换液晶板方向时,一定要切断电源)

1.8 打开电源,按照步骤 2、3、4,可测得垂直方向时在不同供电电压,不同角度时的透过率值.

2 液晶显示器显示原理

2.1 将模式转换开关置于动态模式,液晶转盘转角逆时针转到 80 度,供电电压调到5V 左右.

2.2 按动矩阵开关面板上的按键,改变相应液晶相素的通断状态,观察由暗象素(或亮象素)组合成的字符或图像,体会液晶显示器件的成像原理.

2.3 组成一个字符或文字后,可由"静态闪烁/动态清屏"按键清除显示屏上的图像.

2.4 如果是微机型,在实验仪处于动态模式下,还可以通过对应的软件在 PC 机上设计文字或图像,然后将其发送到液晶屏上显示. 显示的文字或图像可以是静止不动的,也可以是动态循环的播放.

完成实验后,关闭电源,取下液晶板妥善保存.